“十三五”高等职业教育规划教材

单片机原理及应用

赵旭辉　杨　灵◎主　编
孟祥娜　葛传琦◎副主编

中国铁道出版社有限公司
CHINA RAILWAY PUBLISHING HOUSE CO., LTD.

内 容 简 介

本书以 AT89C51 为基本机型，按模块化方式组织了单片机的基本工作原理、C51 程序设计和 Proteus 虚拟仿真软件的应用等教学内容。针对读者需求侧重讲解了单片机的简单工作原理和实践应用，在内容安排上降低了理论难度，突出了实践应用的内容，使初学者更容易入门上手，有利于激发其学习兴趣，促进其创新思维的形成。

本书适合作为高职高专非计算机专业单片机课程教材，也可作为高校成人教育培训教材，以及单片机初学者的入门书籍或竞赛培训资料。

图书在版编目（CIP）数据

单片机原理及应用/赵旭辉，杨灵主编. —北京：中国铁道出版社有限公司，2021.1（2023.8 重印）
“十三五”高等职业教育规划教材
ISBN 978-7-113-27429-0

Ⅰ.①单… Ⅱ.①赵… ②杨… Ⅲ.①单片微型计算机-高等职业教育-教材 Ⅳ.①TP368.1

中国版本图书馆 CIP 数据核字（2020）第 229539 号

书　　名：单片机原理及应用
作　　者：赵旭辉　杨　灵

策　　划：祁　云　　　　**编辑部电话：**（010）63549458
责任编辑：祁　云　绳　超
封面设计：付　巍
封面制作：刘　颖
责任校对：孙　玫
责任印制：樊启鹏

出版发行：中国铁道出版社有限公司（100054，北京市西城区右安门西街 8 号）
网　　址：http://www.tdpress.com/51eds/
印　　刷：北京铭成印刷有限公司
版　　次：2021 年 1 月第 1 版　2023 年 8 月第 2 次印刷
开　　本：850 mm×1 168 mm　1/16　**印张：**15.25　**字数：**368 千
书　　号：ISBN 978-7-113-27429-0
定　　价：42.00 元

前言

本书深入贯彻落实党的二十大精神，“必须坚持科技是第一生产力、人才是第一资源、创新是第一动力，深入实施科教兴国战略、人才强国战略、创新驱动发展战略，开辟发展新领域新赛道，不断塑造发展新动能新优势”。单片机是一种应用最为广泛的微型计算机，因其体积小、功耗低、控制能力强、扩展灵活、使用方便，被广泛应用于各个领域。单片机功能强大、应用广泛，但自身结构和工作原理又相对简单，便于人们学习和研究计算机的控制原理和应用，所以大多数高等院校的自动控制、通信信号、计算机、物联网、电子等专业都将单片机作为专业核心课程之一。学习使用单片机，会涉及数学、物理、计算机信息技术、电子技术等多学科知识，非常有利于学生知识的重组和升华，有利于促进学生综合运用知识解决问题的能力和创新思维的形成。可以说单片机课程是一门有趣、有用、有价值的重要课程。

本书的读者对象为非计算机专业的高职高专学生、成人专科学生、单片机初学者，因此侧重于讲解单片机的简单工作原理和实践应用；在内容安排上降低了理论难度，突出了实践应用的内容，使初学者更容易入门上手。

本书在编写上有以下几个突出特点：

(1) 理论知识选取宽、浅并重。在理论深度上，充分考虑读者定位，摒弃复杂的、艰深的理论知识，以实际应用够用为原则，不作过多理论堆砌；在宽度安排上，基本涵盖了各类单片机竞赛的考点以及常用元器件的使用，以激发兴趣、启迪思考为目的，突出单片机的实用功能。

(2) 应用虚拟仿真强化实践能力。对于初学者，通过简单的实验环节激发学习兴趣，是最好的教学激励手段。但对于初学者，马上购买实验板在资金上、操作能力上都具有压力。应用虚拟仿真软件来模拟单片机运行，一方面降低了学习成本和学习难度，另一方面能达到类似于使用实验板的实践体会。本书的全部实例均采用 Proteus 仿真实践（仿真电路图中的图形符号与国家标准符号不符，二者对照关系见附录D)，能使学生边学边练，趁热打铁，有助于激发兴趣，提高学习效果。

(3) 单片机、C51、虚拟仿真相结合，立体化结构组织内容。学习单片机，离不开语言编程、离不开动手实践。本书将单片机理论、C51 语言以及 Proteus 仿真结合为一体。在理论应用过程中，涉及多少学习多少。随着课程的深入，逐步增加单片机、C51 语言和 Proteus 仿真软件的应用内容，使学生在立体化的知识结构中循序渐进、不知不觉地提高应用能力。

(4) 丰富的习题资源和有趣的实验环节。每个模块学习结束之后都安排了有趣的虚拟仿真实践环节，供读者动手练习，同时辅以丰富的习题，以巩固学习效果。附录中还提供了全部习题的答案，方便读者自我检查使用。在习题中增加了创新设计题型，鼓励读者积极思考，创新思维。

本书已经在智慧职教平台优慕课平台开通了在线课堂，读者可以扫码登录参与在线课程学习，获得更多教育资源。

本书由辽宁铁道职业技术学院赵旭辉、辽宁机电职业技术学院杨灵任主编，辽宁铁道职业技术学院孟祥娜、葛传琦任副主编。其中赵旭辉编写了模块1～模块3，孟祥娜编写了模块4、模块5，葛传琦编写了模块6、模块7，杨灵编写了模块8以及附录。全书由赵旭辉统稿。

本书在编写过程中，查阅、参考、借鉴、引用了大量的同类书籍和互联网上的相关信息，并得到了相关网络社区热心网友的无私帮助（由于参考资料众多无法一一提及，如有遗漏、或资料使用不当，请相关人员联系本书编者以便做出修改）。在此深深感谢这些热心于传播知识的人，正是他们的无私才使得我们的知识不断得以传承、丰富和发展。

由于时间仓促，加之编者水平所限，书中疏漏和不足之处在所难免，恳请广大读者批评指正。

编　者

2023年8月

扫码参与在线课程学习
（智慧职教）

扫码参与在线课程学习
（优慕课平台）

目录

模块1

单片机基础知识

单片机是一种应用最为广泛的微型计算机。它是一种单芯片形式的计算机，其主要部件都集成在一块芯片上面，因此得名。由于单片机体积小、功耗低、控制能力强、扩展灵活、使用方便，被广泛地应用于各个领域，上到卫星、飞船，下到儿童玩具，处处都有单片机的身影。在现代生活中凡是与自动化控制或简单运算有关的电子设备里都有单片机的应用，单片机无处不在。

内容要点：

- 单片机的命名、封装及主要引脚功能；
- 单片机的内部逻辑结构；
- 单片机中的常用术语；
- 二进制及运算。

1.1　单片机概述

课件　单片机概述

单片机虽然体积微小，但它具备了一般计算机的特征，在单片机内部同样存在 CPU、存储器和各种接口电路等。虽然单片机号称是最小的计算机，但它与普通的微型计算机相比，还是有很多的不同。它的 CPU 比普通微型计算机的 CPU 要简单许多且运算能力上相差也很大。但“尺有所短，寸有所长”，相比普通计算机，单片机更加轻巧，功耗更低，在完成专项的控制功能上优势更明显，也更加适用。另外，单片机也不能独立地拿来就用，它的外观仅是一块芯片而已，需要为它搭建合适的环境，才能发挥其特点正常工作。

视频　单片机概述

1. 单片机的由来与发展历程

最早的单片机是美国 Fairchild 公司于 1974 年推出的 F8 系列机，1976 年 Intel 公司推出了影响巨大、应用广泛的 MCS-51 系列单片机，完善了单片机的体系结构，由此开始了一个单片机的时代。

单片机的发展大体经历了这样几个时期：

（1）起步时期（1974—1976 年）：这个时期生产的单片机制造工艺落后，集成度较低，而且采用双片形式，典型的代表产品有 Fairchild 公司的 F8 系列机。

（2）完善时期（1977—1978 年）：这个阶段已经将各类接口、存储器和 CPU 等集成到一块芯片上。但性能较低，产品数量和品种较少，典型产品是 Intel 公司的 MCS-48 系列机。

（3）成熟时期（1979—1982 年）：以 Intel 公司的 MCS-51 系列机和 Motorola 公司的 MC6801 系列机为代表，是 8 位单片机技术的成熟阶段。MCS-51 系列单片机是 8 位单片机，其体系结构完善，成了事实上的单片机结构标准。

（4）发展时期（1983 年以后）：随着单片机在各个领域的广泛应用，出现了高速度、大寻址范围、强运算能力的 8 位、16 位、32 位通用型单片机。不断扩展满足嵌入式应用对象系统要求的各种外围电路和接口电路，提高智能化控制能力。针对应用对象的不同，各大厂商相继推出了应用于不同领域的专门化、智能化的单片机，如空调、冰箱、电子游戏、汽车控制等的专用单片机。

2. 单片机的封装形式

单片机内部的 CPU、存储器和各种接口都集成在一片芯片上，从表现形式上看，就是一个芯片而已。使用单片机的场合众多，凡是与自动控制和逻辑运算有关的电子设备中，都有其身影。根据使用场合的不同，单片机的外观形式也千变万化，如图 1-1 所示。这种不同的外观形式，主要是呈现出来的引脚数量、外观形状、大小的不同，即不同的封装形式①。单片机常见的封装形式主要有：DIP（直插封装）形式、PLCC（贴片，引脚向内折起）形式、TQFP（贴片，引脚向外侧伸展）形式等，此外，还有很多其他封装形式，这里不一一列举。

（a）DIP　　（b）PLCC　　（c）TQFP

图 1-1　常见的单片机封装形式

其中，DIP 形式封装的单片机是日常学习当中最常见到的形式。一般的实验板、开发板上应用的多是这种 DIP 形式封装的单片机。下面来认识一下 DIP 封装的单片机。首先在外壳的正中央印有字（型号）的一面是单片机的正面，在单片机外壳的正面的一侧边缘上有一个半月形的凹陷，同时还有一个圆形的小坑在旁边。将半月形凹陷向上，此时离圆形小坑最近的左边的引脚为芯片的 1 号引脚（或者把单片机印有型号的一面朝上并使文字正立，1 号引脚就是左手边下侧一排最左边的第一个引脚），然后按逆时针顺序依次为 2、3、4……40 号引脚。这样数的

① 封装：就是指把硅片上的电路引脚，用导线接引到外部接头处，以便于其他器件连接。封装形式是指安装半导体集成电路芯片用的外壳。它不仅起着安装、固定、密封、保护芯片及增强电热性能等方面的作用，而且还通过芯片上的接点用导线连接到封装外壳的引脚上，这些引脚又通过印制电路板上的导线与其他器件相连接，从而实现内部芯片与外部电路的连接。

引脚号与电路图上所标的引脚号是一一对应的。对于其他封装的器件，方法与此类似，可以参考实际的器件使用手册来找到引脚的排列顺序。

3. 51 单片机

单片机优秀的特点使其非常适合于各种控制设备，自出现以后，就得到了非常广泛的应用。世界上有许多厂家生产各种不同用途、型号的单片机，在众多的单片机中又以51单片机最为风靡，使用最为广泛。

何为51单片机呢？所谓的51单片机是对所有兼容Intel 8031指令系统的单片机的统称。尽管这类单片机型号繁多，但根据它们的构架及指令系统，都可以归为MCS-51。这一系列的单片机始祖是Intel的8004单片机。随着Flash ROM技术的发展，8004单片机取得了长足的进展，成为应用最为广泛的8位单片机之一。

在众多的单片机厂家中，Atmel是非常有名的公司，其生产的AT89系列单片机，广泛应用于工业测控系统之中，是51单片机中最为优秀的代表之一，因此也被国内外很多教材选择为教学范例。我国生产的STC89系列、STC12系列、STC15系列，也都属于51芯片，其性能优越，在生产和教学当中应用广泛。我们日常使用的学习板、开发板等标配都是STC单片机。表1-1列出了世界上主要的51单片机厂商及其产品。供大家在今后的学习工作中选择使用。

表1-1 世界上主要的51单片机厂商及其产品

公司	产品
Atmel	AT89C51、AT89C52、AT89C53、AT89C55、AT89S51、AT89S52等
Phlips（飞利浦）	P80C54、P80C58、P87C54、P87C58等
Winbond（华邦）	W78C54、W78C58、W78E58等
Intel（英特尔）	i87C54、i87C58、i87L58、i87C51FB、i87C51FC等
Siemens（西门子）	C501-1R、C501-1E、C513A-H、C503-1R、C504-2R等
STC（宏晶）	STC89C51RC、STC89C52RC、STC89C53RC、STC89LE51RC等

表1-1中列举了部分厂商的部分产品，实际上生产51系列单片机的企业还有很多，产品种类也很多，不可能一一列出来。但由于这些企业生产的都是51内核的单片机，所以只要学会了一种51单片机的操作，这些单片机就都可以拿来使用，它们的操作具有共通性。

4. 单片机的命名规则

Atmel公司是第一家将Flash EEPROM存储器用于51单片机的生产商，其典型产品有AT89C51、AT89C52，与之对应的低功耗产品为AT89LV51和AT89LV52。下面就以Atmel公司产品AT89C51-12PI为例，简单说明一下单片机的命名规则①。

AT：前缀，表示芯片的生产厂商是Atmel公司。

8：表示该芯片为8051内核芯片，即这是一个51单片机。

9：表示内部含有Flash EEPROM存储器。

C：表示该芯片为CMOS产品。LV、LE表示该芯片为低电压产品，S表示该芯片具有可以串行下载功能的Flash存储器，即具有ISP在线编程功能。

---

① 不同厂商对自己的产品有不同的命名规则，需要查看对应的产品手册才能掌握芯片命名的含义。

5：固定不变。

1：表示该芯片内部存储空间的大小。1 为 4 KB，2 为 8 KB，3 为 12 KB，即该数字 ×4 KB。

“-”以后的部分为后缀，这部分用来标明该芯片的晶振频率、产品级别（商用、工业、军用等）、封装形式等。

12：表示该芯片的晶振频率是 12 MHz，如果为 16 就表示 16 MHz 等。

P：表示该芯片的封装形式为塑料双列直插 DIP 封装。D 表示陶瓷封装、Q 表示 PQFP 封装、J 表示 PLCC 封装、A 表示 TQFP 封装、W 表示裸芯片、S 表示 SOIC 封装。

I：表示该芯片工作的温度范围，或者说是产品级别。C 表示商用产品（温度范围为 0~70 ℃），I 表示工业用产品（温度范围为-40~+85 ℃），A 表示汽车用产品（温度范围为-40~+125 ℃），M 表示军用产品（温度范围为-55~+150 ℃）。

通过观察上面的单片机型号 AT89C51-12PI，就可以知道该单片机是 Atmel 公司生产的带有 Flash EEPROM 的 51 单片机，采用 CMOS 技术，晶振为 12 MHz，封装形式为塑封双列直插式，按工业用品标准工艺生产。

不同的厂家对自己产品命名的方法稍有不同。具体的产品命名规则要参看厂家提供的文档说明材料。

5. 单片机的引脚及功能

较为常见的是 40 引脚 DIP 形式封装的 51 单片机，也有 20、28、32、44 等不同引脚数的 51 单片机。本书以较为常见的 40 引脚 DIP 封装的单片机 AT89C51 为例介绍单片机的引脚与功能。

AT89C51 的引脚按功能大致可分为 4 类：电源、时钟、控制和 I/O 引脚。其引脚分布情况如图 1-2 所示。

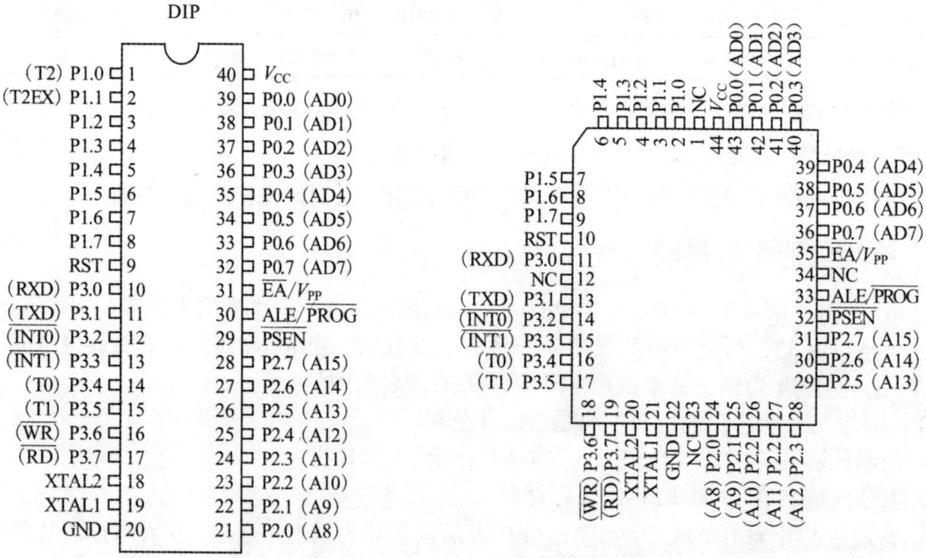

图 1-2 AT89C51 单片机的引脚

下面分类说明各引脚的功能：

1）电源引脚

①V_{CC}：芯片电源引脚，接+5 V 电源。

②GND：芯片接地引脚。

2）时钟引脚

有两个引脚 XTAL1、XTAL2，分别为晶体振荡电路的反相输入端和输出端。

3）控制信号引脚

①ALE/$\overline{PROG}$：地址锁存允许/片内 EPROM 编程脉冲引脚。

ALE：用于指示当前在复用的 P0 引脚上输出的是地址信号，并使外部锁存器将其锁存为低 8 位地址。另外，即使单片机不访问外部存储器，ALE 引脚仍会周期性地输出正脉冲信号，其频率为振荡频率的 1/6，这一频率可以用作系统中其他电路的时钟信号。

$\overline{PROG}$：片内有 EPROM 芯片，在 EPROM 编程期间，此引脚输入编程脉冲。

②$\overline{PSEN}$：程序存储器允许信号或者作为外部 ROM 的读选通信号。

③RST：复位信号。复位信号输入功能。当该引脚上出现两个机器周期的高电平，将使单片机复位。

④$\overline{EA}$/V_{PP}：内外 ROM 选择/片内 EPROM 编程电源。

$\overline{EA}$：内外 ROM 选择端。当$\overline{EA}$为低电平时，此时只能访问外部程序存储器，而不管内部是否具有程序存储器；当此引脚为高电平时，表示访问的是内部程序存储器。对于 Intel 的 8031/8032 芯片，由于其内部没有程序存储器，所以其$\overline{EA}$引脚必须为低电平。

V_{PP}：片内有 EPROM 的芯片，在 EPROM 编程期间，用于施加 21 V 的编程电源。

4）I/O 引脚

51 单片机共有 4 个 8 位并行 I/O 端口：P0、P1、P2、P3 口，共 32 个引脚。单片机的输入/输出接口具有多种功能，是单片机与外界进行交互实现控制的主要途径。其中一种功能是连接成“三总线”形式，即数据总线 DB（使用 P0 口）、地址总线 AB（使用 P2 口作为地址的高 8 位，复用 P0 口作为地址的低 8 位）和控制总线 CB（使用 P3 口），如图 1-3 所示。由于现在大部分系统都不采用“三总线”结构，故不详述，感兴趣的读者可以自行查找“三总线”的相关资料。

6. 单片机的内部逻辑结构

因为单片机有特定的应用方式，所以它的内部结构和普通计算机相比有很大的差别。单片机内部含有大量的 CPU 辅助电路和接口电路以及片内存储器，这些特点使得用单片机构建的计算机系统既简单又高效。图 1-4 是典型的单片机内部结构框图。

51 单片机内部由内部总线将 CPU、程序存储器（这里为只读存储器 ROM）、数据存储器（这里为随机存储器 RAM）、定时/计数器、串并行口、中断系统等连接在一起，构成了一个功能齐全的计算机硬件系统。下面逐一介绍各主要部件：

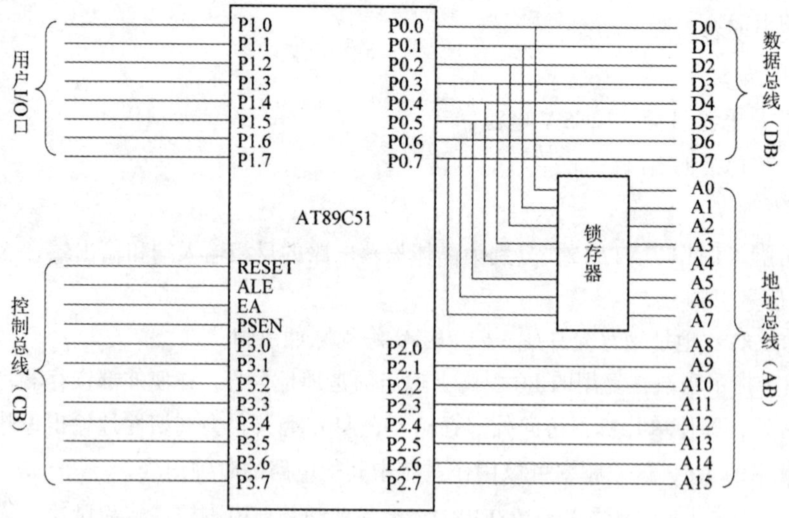

图 1-3　单片机引脚“三总线”结构图

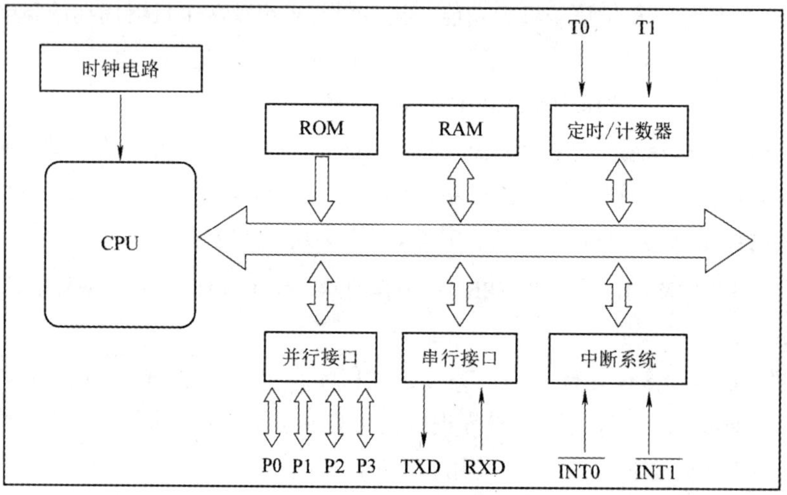

图 1-4　典型的单片机内部结构框图

1）CPU

CPU 是单片机的核心部件，主要由运算器、控制器和寄存器阵列构成。运算器用来完成算术运算和逻辑运算功能。运算器主要由算术逻辑单元（ALU）、累加器（ACC）、暂存寄存器（TMP1、TMP2）和状态寄存器（PSW）组成。控制器是单片机内部的控制核心，主要用来分析和执行指令，并使单片机按一定时序协调工作的部件。控制器主要由程序计数器（PC）、指令寄存器（IR）、指令译码器（ID）和定时控制逻辑电路等构成。

2）ROM

ROM 可以用来存放程序、常数或表格等。通俗地说，ROM 就是程序和数据的存放空间，不同的单片机其内部 ROM 的大小也不尽相同。8052 单片机内部的 ROM 为 8 KB，8051 单片机内部的 ROM 为 4 KB。而 8031/8032 等单片机则不提供内部 ROM，只能通过外部存储器存储程序。

通常单片机的 ROM 一般在 4~64 KB 之间。

3）RAM

RAM 用来保存程序运行期间产生的临时数据等，通俗地讲，就是程序运行时的内存空间。单片机中 RAM 普遍较小，51 系列单片机中的 RAM 只有 256 B。即使如此，这 256 B 也不能全部使用，只有低 128 B 可以作为内部的随机存储器进行访问，剩余的高 128 B 作为特殊功能寄存器被占用。特殊功能寄存器对应单片机内部各个接口电路的控制、状态和数据寄存器。

4）定时/计数器

定时/计数器可以周期性地产生定时或计数信号，完成精确定时、外部事件计数等功能，还可以为串行接口提供时钟。51 系列单片机中提供 2 个 16 位的定时/计数器；而 52 系列单片机内部有 3 个定时/计数器。

5）并行接口

51 系列单片机有 4 个 8 位并行接口，分别命名为 P0 口、P1 口、P2 口和 P3 口。除 P0 口外，其余都是 8 位准双向口，每次可以并行输入或输出 8 位二进制信息。也可以按位操作进行输入或输出信息。每个并行 I/O 接口内部都有 1 个 8 位数据锁存器、1 个输出驱动器和 1 个 8 位输入缓冲器。因此，CPU 进行数据输出时可以将数据锁存，进行数据输入时可以得到缓冲。除 P1 口外，其余 3 个接口均有第二项功能。

6）串行接口

51 系列单片机的串行接口主要用于与远程设备进行全双工的异步串行通信，也可用于同步移位寄存器来扩展 I/O 接口。典型的 51 单片机只有 1 个串行接口，复用 P3 口的 P3.0 和 P3.1 引脚。现在很多单片机也扩展出了多个串行接口，如 STC 的 15 系列单片机都具有 2~3 个串行接口。

7）中断系统

单片机中的中断是指 CPU 暂停正在执行的原程序转而为中断源服务（执行中断服务程序），在执行完中断服务程序后再回到原程序继续执行。中断系统是指能够处理上述中断过程所需要的那部分接口电路。51 系列单片机的中断系统可以管理 5 个中断源，这 5 个中断源又可分为 2 个优先级，而且利用外部芯片也可将中断系统进行扩充。

8）时钟电路

时钟电路主要产生单片机运行需要的时钟信号。51 系列单片机的时钟产生有两种方式：一种是使用片内的时钟振荡方式，需要在两个引脚（XTAL1、XTAL2）上外接石英振荡晶体和电容（一般取 10~30 pF）；另一种是使用外部时钟的方式，直接使用外部时钟输入（XTAL2 接入）。

课件 单片机常用术语

1.2 单片机使用中的常用术语

视频 单片机常用术语

1. 存储器

存储器是计算机系统中的记忆设备，用来存放程序和数据空间。计算机中的全部信息，包括输入的原始数据、计算机程序、中间运行结果和最终运行结果都要保存在存储器中。有了存储器，计算机才有记忆功能，才能保证准确高效运行。

1）位和字节

存储器由大量的存储单元构成，每个存储单元都有 0 和 1 两种状态，因此可以存放 1 个二进制数据，即 1 位（bit）数据。位是存储器最小的存储单位，每 1 个存储单元就是 1 个位。

存储器中的最基本的存储单位是字节，1 字节（Byte）由 8 个二进制位（bit）组成。

2）存储器地址和工作原理

存储器的结构如图 1-5（a）所示，感觉上就像中药店内存放中药的一个个的小抽屉。每 1 个小抽屉里又分成八个小格子，这些小格子就是用来存放数据的空间。通过与之相连的导线中电流的变化，可以完成数据的存取。存储器中每个小抽屉可以存放一个数据，称为一个“存储单位”，即 1 字节，每一个小格子称为一个“存储单元”，即 1 位。

比如，想要放进一个十进制数据 14（二进制表示为 00010100），只需要把对应抽屉的第三号和第五号小格子里存满电荷，而将其他小格子里的电荷放掉（清零）就行了，如图 1-5（b）所示。

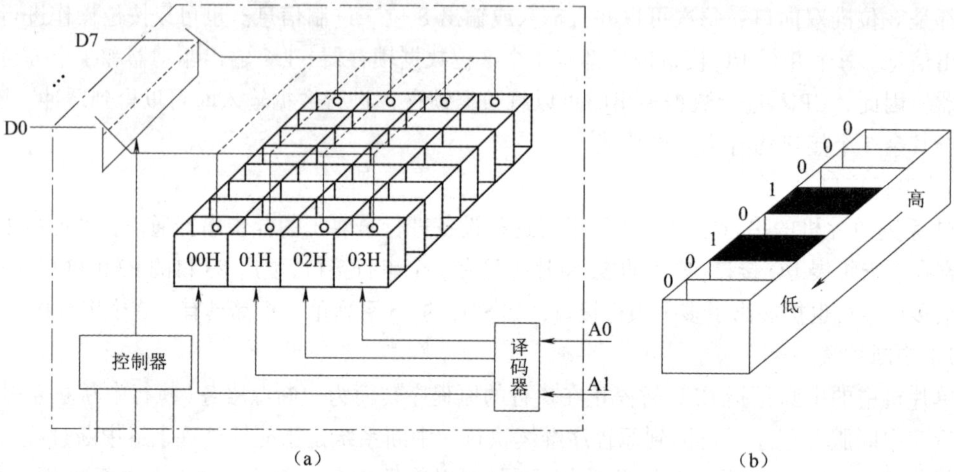

图 1-5 存储器的存储结构示意图

但是一个存储器由很多存储单元组成，数据线（D0~D7）是并联的，在放入电荷（数据）的时候，会将电荷（数据）放入所有的单元中，而释放电荷（数据）的时候，又会把每个单元中的电荷都放掉，这样的话，不管存储器有多少个单元，都只能放同一个数据，显然这不是我们希望的结果。因此，要为每个单元再增加一条控制线，当要把数据放进某个单元时，就通过控制线，发一个打开信号给这个单元，将这个存储单元的开关打开，数据就能顺利写入了，而其他单元控制线上没有打开信号，即“抽屉”没打开，所以不会受到影响。如此，就解决了多个不同数据存储和读取的问题。

由上面的分析可知，存储器中不同的存储单元要由不同的控制线来控制开/关状态，因此需要为每一个存储单元都单独设定一条控制线。比如 27C512 存储器芯片有 65 536 个存储单元，就需要 65 536 根控制线。但是这些线又不能都引出到集成电路外部，只能有少量的外接引脚引出。为了解决这个问题，通常在存储器内部带有译码器，如图 1-5（a）所示。译码器的输出端即为通向各个存储单元的控制线，译码器的输入端通过集成电路的外部引脚接入，称为地址线。

而每一根地址线都可以有 0 和 1 两种状态，n 条地址线就可以得出 2^n 种状态。那么要顺利访问到 27C512 芯片中的每一个存储单元，显然需要 16 根地址线（2^{16} = 65 536）就可以了。将这些不同的输入线组合值分配给每一个存储单元，作为该单元的唯一标识编号，这个编号就称为该存储单元的地址。

3）存储器体系结构

51 系列单片机中主要有两类存储器：一类是 ROM 又称程序存储器，用来存放用户编写的程序代码；另一类是 RAM 又称数据存储器，用来存放程序运行中产生的临时数据以及用作特殊功能寄存器使用。这两类存储器在单片机中访问方式的不同，形成了两种不同的体系结构，一种是普林斯顿结构，另一种是哈佛结构，如图 1-6 所示。

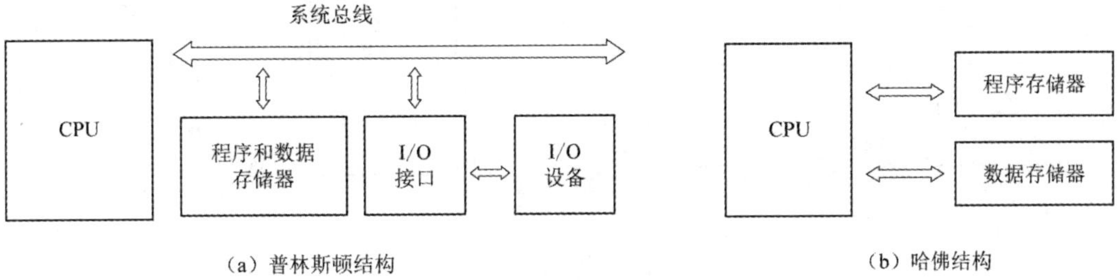

图 1-6　普林斯顿结构与哈佛结构

普林斯顿结构如图 1-6（a）所示，是一种将程序指令存储器和数据存储器合并在一起的存储器结构。即用来存储程序和数据的物理存储器是在同一个物理存储器空间中，因此程序指令和数据的宽度相同。采用普林斯顿结构的计算机，结构简单，编程灵活，因此常见的通用计算机（如 X86 系列）普遍采用这种形式。

哈佛结构如图 1-6（b）所示，是一种将程序指令存储、数据存储分开来进行的存储器结构。中央处理器首先到程序指令存储器中读取程序指令内容，解码后得到数据地址，再到相应的数据存储器中读取数据，并进行下一步的操作（通常是执行）。程序指令存储和数据存储分开，可以使指令和数据具有不同的数据宽度，增加了系统处理的灵活性。

采用哈佛结构的微处理器通常具有较高的执行效率。主要源于程序指令和数据指令分开组织、存储，使得系统在执行前一条指令时，可以预先读取下一条指令。目前使用哈佛结构的中央处理器和微控制器有很多，51 系列单片机就采用哈佛结构。

4）51 系列单片机的存储器配置

从物理上看，51 系列单片机有 4 个存储器：内部程序存储器、外部程序存储器、内部数据存储器和外部数据存储器。从逻辑上看，51 系列单片机只有 3 个存储器：芯片内外部统一的程序存储器、内部数据存储器、外部数据存储器。51 系列单片机的存储器配置如图 1-7 所示。

内外部统一的程序存储器由 $\overline{EA}$ 引脚来区分，当 $\overline{EA}$ 引脚为低电平时，表示此时操作的是外部程序存储空间；当 $\overline{EA}$ 引脚为高电平时，表示使用的是内部程序存储空间。由于 8031/8032 单片机本身没有内部程序存储空间，所以它的 $\overline{EA}$ 引脚必须接低电平。即使芯片内部有 ROM，也可以通过调整 $\overline{EA}$，只使用外部程序存储空间。尤其是在产品开发阶段，便于修改程序。程序存储器的地址为 0000H~FFFFH，共 64 KB，单片机对于内、外部 ROM 采用统一编址并使用同样时序访问。如果内部 ROM 为 4 KB，程序执行访问超过 0FFFH 时，会自动转向外部 ROM；反之，当访问低于 1000H 时，也会自动转回内部 ROM。

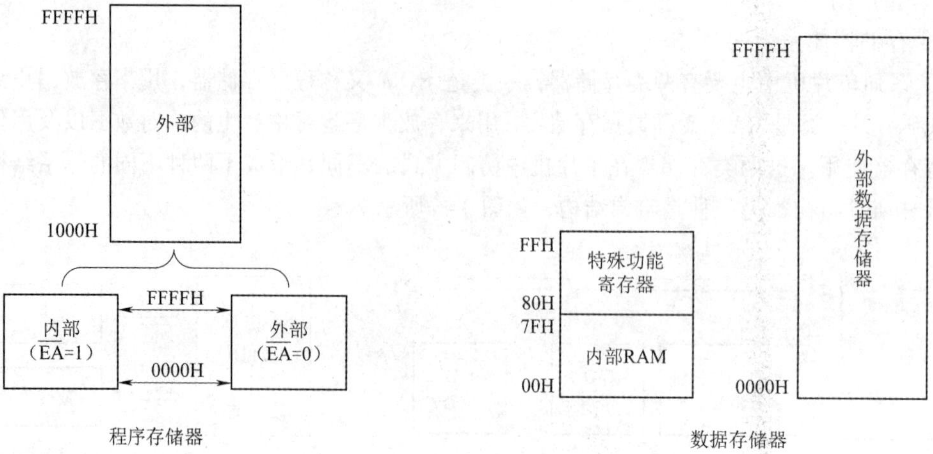

图 1-7　51 系列单片机的存储器配置

内部数据存储器即内部 RAM，最大空间为 256 B（8031/8051）或 384 B（8052/8032），采用 8 位地址为 00H~FFH。外部数据存储器即外部 RAM，采用 16 位地址，其地址空间为 0000H~FFFFH，共 64 KB。

5）锁存器与特殊功能寄存器

所谓锁存器实际也是一种对脉冲电平敏感的存储单元电路，它的输出端状态不会随输入端的状态变化而变化，只有当锁存信号有效时输入的状态才被保存到输出，直到下一个锁存信号到来时才改变。锁存器虽然也是一种存储单元，但它不属于 ROM 也不属于 RAM，典型的锁存器逻辑电路是 D 触发器电路。

锁存器的作用除了把信号暂存以维持某种电平状态即缓存数据，还能解决高速的控制与慢速外设不同步问题，以及 I/O 口既能输出也能输入的问题。因此对 51 系列单片机并行 I/O 口的读写只要将数据送入对应 I/O 口的锁存器即可。

对于定时/计数器、串行 I/O 口等操作是通过对特殊功能寄存器的访问来实现的。特殊功能寄存器（SFR）是 51 系列单片机中 CPU 各外围功能部件所对应的寄存器，它们起着专用寄存器的作用，用来设置片内电路的运行方式，记录电路的运行状态，并表明有关标志等。51 单片机共有 21 个特殊功能寄存器（SFR）。这些特殊功能寄存器属于 RAM 范畴，位于内部 RAM 的高 128 B。从功能上大体可分为两类：一类是与芯片的引脚有关，如 P0~P3 是映射并行和串行 I/O 端口的寄存器，对这些寄存器的读/写，可实现从相应 I/O 端口的输入、输出操作；另一类则作为片内功能的控制使用，见表 1-2。

21 个特殊功能寄存器不连续地分布在 128 B 的 SFR 存储空间中，地址空间为 80H~FFH。在 SFR 空间中，包含 128 个位地址空间，地址也是 80H~FFH，但只有 83 个有效位地址，其中可对 11 个特殊功能寄存器进行位寻址操作。

表 1-2　51 系列单片机的特殊功能寄存器

符号	地址	功能介绍
ACC	E0H	累加器
B	F0H	B 寄存器
PSW	D0H	程序状态字
SP	81H	堆栈指针
DPH	83H	数据地址指针（DPTR 高 8 位）
DPL	82H	数据地址指针（DPTR 低 8 位）
P0	80H	P0 口寄存器
P1	90H	P1 口寄存器
P2	A0H	P2 口寄存器
P3	B0H	P3 口寄存器
IP	B8H	中断优先级控制寄存器
IE	A8H	中断允许控制寄存器
SBUF	99H	串行口锁存器
SCON	98H	串行口控制寄存器
PCON	87H	电源控制寄存器
TH1	8DH	定时/计数器 1（高 8 位）
TL1	8CH	定时/计数器 1（低 8 位）
TH0	8BH	定时/计数器 0（高 8 位）
TL0	8AH	定时/计数器 0（低 8 位）
TMOD	89H	T0、T1 定时/计数器方式控制寄存器
TCON	88H	T0、T1 定时/计数器控制寄存器

2. 时钟电路

时钟电路产生单片机所需要的时钟信号。51 系列单片机内部有时钟电路，负责将内部振荡电路产生或外部输入的时间信号进行分频，送往 CPU 以及其他各功能部件。

51 系列单片机内部有一个高增益的反相放大器，其输入端为引脚 XTAL1，输出端为引脚 XTAL2，用于外接石英晶体振荡器或陶瓷谐振器和微调电容，构成稳定的自激振荡器，其发出的脉冲可直接送入内部的时钟电路，如图 1-8（a）所示。

外部接入方式常用于多片单片机组成的系统中，以便各单元之间的时钟信号同步运行。

对于 HMOS 型单片机（如 8051），可用来输入外部脉冲信号，如图 1-8（b）所示，XTAL1 接地，XTAL2 接外部时钟，由于 XTAL2 的逻辑电平与 TTL 电平不兼容，所以还要接一个上拉电阻。

对于 CHMOS 型单片机（如 80C51），外部时钟要由 XTAL1 引入，而 XTAL2 引脚应悬空，如图 1-8（c）所示。

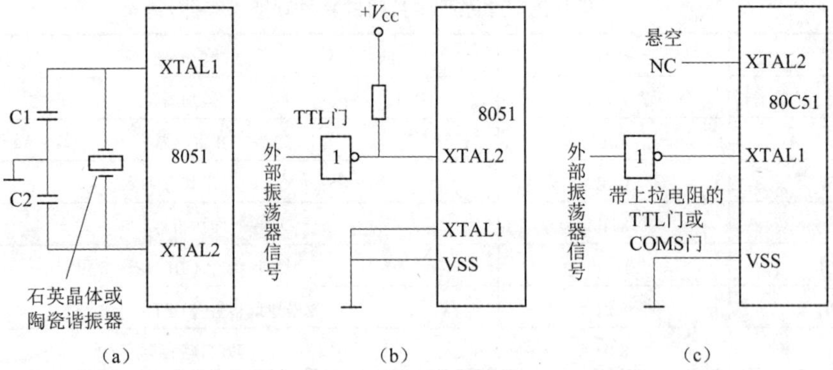

图 1-8　MCS-51 振荡电路及外部时钟源的连接

图 1-8 中部分元件的作用及推荐取值如下：

①电容 C1、C2 对频率具有微调作用，电容一般取值 10 ~ 30 pF，典型值为 30 pF；

②晶振：选择范围为 1.2 ~ 12 MHz，典型值为 6 MHz 和 12 MHz。（一般情况下，选用 12 MHz 的石英晶体，而在串行通信情况下通常选用 11.059 2 MHz。）

3. 时序

时序就是 CPU 执行指令时所需要的控制信号的时间顺序。时序中使用的定时单位有大有小，51 系列单片机的时序定时单位有 4 个，分别是节拍、状态、机器周期和指令周期，如图 1-9 所示。

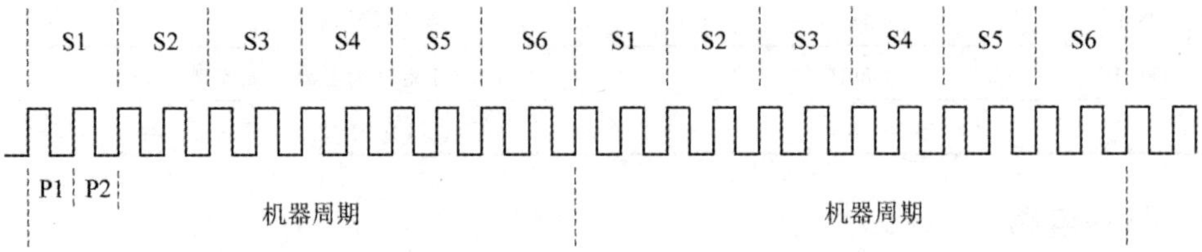

图 1-9　MCS-51 单片机的时序单位

1）节拍

一个振荡周期（时钟周期）就是一个节拍，其值为外接晶振的频率或外部输入的时钟频率的倒数。例如，外接晶振的频率为 12 MHz，则其 1 个节拍（振荡周期、时钟周期）= $\frac{1\,\text{s}}{12\,\text{MHz}}=\frac{1}{12}\,\mu\text{s}$。

2）状态

经过内部二分频触发器对振荡频率分频产生的连续两个节拍称为一个状态（或状态周期）。一个状态的前半周期称为 P1，后半周期称为 P2。

3）机器周期

一个机器周期包括 6 个状态，依次可以记为 S1~S6。而每个状态又包括 2 个节拍，每个节拍又是一个振荡周期，所以每个机器周期等于 12 个振荡周期（节拍），或者说是机器周期是振荡频率的 12 分频。

4）指令周期

指令周期是指执行一条指令所需要的时间。根据指令不同，51 系列单片机的指令周期可以包括 1、2 或 4 个机器周期。

单片机的基本操作周期为机器周期。一个机器周期分为 6 个状态，每个状态由 2 个脉冲组成，也就是所谓的两相（前一个脉冲 P1 称为相位 1，后一个脉冲 P2 称为相位 2）。因此一个机器周期共有 12 个振荡脉冲。再根据时钟频率计算出一个机器周期的时长，就可以得出指令周期的时长。

比如某单片机的振荡频率为 12 MHz 时，一条指令的执行时长最短为一个指令周期，即一个机器周期，计算得出 $\frac{1\,\text{s}}{12\,\text{MHz}}\times 12=1\,\mu\text{s}$，最长的指令周期为 4 个机器周期，计算得出 $\frac{1\,\text{s}}{12\,\text{MHz}}\times 12\times 4=4\,\mu\text{s}$。

4. 单片机的复位

单片机控制系统设计完成交付使用后，第一步就是上电开始工作。为了使系统能从一个确定的状态开始工作，必须进行内部的复位操作，然后再进入程序执行方式。或者是在系统运行过程当中，因为有外部干扰或者是其他因素导致不正常的工作状态时，也需要通过手动方式对系统进行复位。

单片机的复位是通过对 RST 引脚提供一个持续 2 个机器周期以上的高电平信号来触发的。51 单片机的上电复位电路原理如图 1–10 所示。

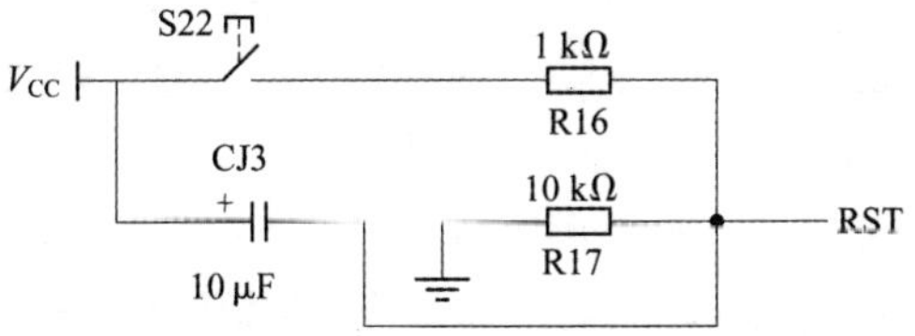

图 1–10　51 单片机的上电复位电路原理

分析图中的复位电路，可以看到：

（1）上电复位：上电瞬间，电容充电电流最大，电容相当于短路，RST 端自然是高电平，这一过程持续的时长会超过 2 个机器周期，因此单片机进行自动复位；当电容两端的电压达到电源电压时，电容充电电流为零，电容相当于开路，于是 RST 端为低电平，单片机程序开始正常运行。

（2）手动复位：当按下复位按键时，此时 RST 直接与 V_{CC} 相连，RST 端为高电平，系统开始复位，与此同时电路中的电解电容被短路放电；按键松开时，V_{CC} 对电容充电，充电电流在电阻上，RST 依然为高电平，重复上电复位过程，充电完成后，电容相当于开路，RST 为低电平，正常工作。

5. 最小系统

单片机最小系统，也可称为最小应用系统，是指用最少的元件组成的可以工作的单片机系统。对 51 系列单片机来说，最小系统一般主要由电源、复位、振荡电路以及扩展部分等部分组成。单片机最小系统如图 1-11 所示。

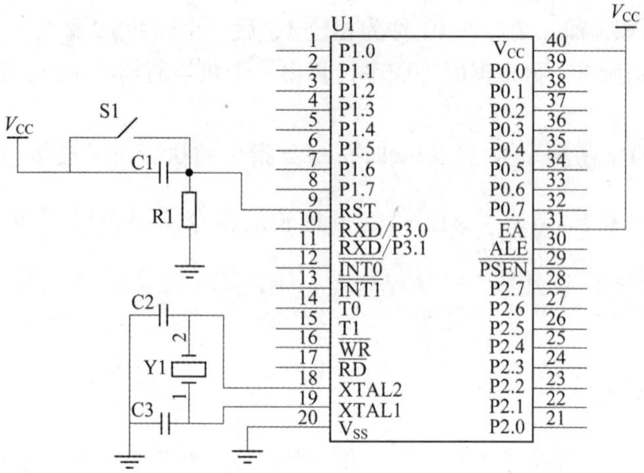

图 1-11 单片机最小系统

6. 单片机中常用的逻辑电平

单片机是一种数字集成芯片。数字电路中通常只有两种电平：高电平和低电平。单片机的输入和输出需要使用不同的逻辑电平信号作为标识。

常用的逻辑电平有 TTL、CMOS、RS-232-C 等。其中，TTL 和 CMOS 的逻辑电平按典型电压可分为 4 类：5 V 系列、3.3 V 系列、2.5 V 系列和 1.8 V 系列。5 V TTL 和 5 V CMOS 是通用的逻辑电平。3.3 V 及以下的逻辑电平称为低电压逻辑电平。

TTL 电平在单片机中使用最多，这是因为数据表示通常采用二进制，TTL 电平中+5 V 等价于逻辑 1，0 V 等价于逻辑 0，这被称为 TTL（晶体管-晶体管逻辑电平）信号系统，是计算机处理器控制的设备内部各部分之间通信的标准技术。

课件 二进制及其运算

计算机串口通信使用的是 RS-232-C 电平，RS-232-C 是负逻辑电平，即高电平为-12 V，低电平为+12 V。因此，当计算机与单片机之间通过串口通信时，要进行电平转换。

1.3 二进制及其运算

视频 二进制及其运算

计算机中所有的数据都是以二进制来表示的，单片机中的数据也是如此。

1. 二进制、八进制、十六进制和十进制

组成计算机的电子元件通常有两种稳定状态，如电流的高或低、电路的导通或断开等，这两种状态由 0 和 1 来表示，就形成了二进制。所谓二进制是指由 0 和 1 两个数字构成的进制，

每个数字的取值只能是 0 和 1 中的一个，要么是 0 要么是 1，数值最大为 1，超过 1 会产生进位。计算机中所有的数据或指令都是采用二进制来表示的。由于二进制中数字符号很少，当需要表达复杂的含义或是数据很大时，都需要增加二进制数的位数才行。但这样带来的后果是指令长度急剧增加，既不便于阅读也不便于记忆。因此人们又发明了八进制和十六进制来简化二进制的表达。八进制包含由 0 到 7 八个符号，十六进制包含由 0 到 9 再加上由 A 到 F，共 16 个符号。这几种进制在日常生活中都不怎么使用，我们平时多使用的是十进制。

在一种进制表示当中，只能使用一组固定的数字符号来表示数目的大小，具体使用多少个符号，这个数量被称为数制的基数。如二进制中需要使用 0 和 1 两个符号，所以二进制的基数就是 2。类似地十六进制需要使用 0~9、A~F 共 16 个符号，所以十六进制的基数就是 16；八进制使用 0~7 共 8 个符号，其基数就为 8；其余依此类推。一个符号处在数字中不同位置时所代表的值是不同的，这与人在不同的岗位就肩负不同的职责相似。每个符号所表示的数值等于该符号乘以一个与其所在位置相关的常数，这个常数就称为位权。位权值等于基数^{位置}值。如十进制数 123，基数为 10，数字 1 所在位置编号是 2，则它的位权是 $10^2=100$；数字 2 所在位置编号是 1，则它的位权是 $10^1=10$；数字 3 的位置编号是 0，则它的位权就是 $10^0=1$。

常用进制信息及比较见表 1-3。

表 1-3　常用进制信息及比较

进制名称	基数	使用符号	位权	进位方法	字母标识
十进制	10	0~9	10^i	逢十进一	D
二进制	2	0、1	2^i	逢二进一	B
八进制	8	0~7	8^i	逢八进一	O
十六进制	16	0~9，A~F	16^i	逢十六进一	H

2. 十进制转换为二进制

十进制是人们日常生活中使用的进制，而二进制是计算机中使用的进制，这二者之间需要进行转换，才能使计算机接受输入的数值。

十进制转换为二进制，需要对整数部分和小数部分分别转换，方法如下。

1）整数部分

十进制整数转换为二进制整数采用“除 2 取余”的方法，即用十进制整数除以 2，计算每次得到的余数，直至最后商为 0 为止，再将各步得到的余数由后向前排列，就是转换得到的二进制数。

例：（15）D =（1111）B。

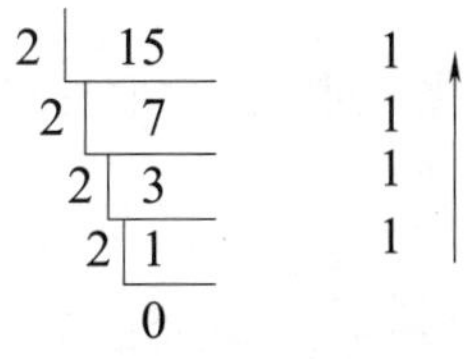

2）小数部分

十进制小数转换为二进制小数采用“乘 2 取整”的方法，即用十进制小数部分乘以 2，计算每次得到的整数部分，直到达到计算精度为止。将各步得到的整数从前向后依次排列并加上小数点，即为转换后的二进制小数[①]。

例：（0.618）D =（0.1001）B。

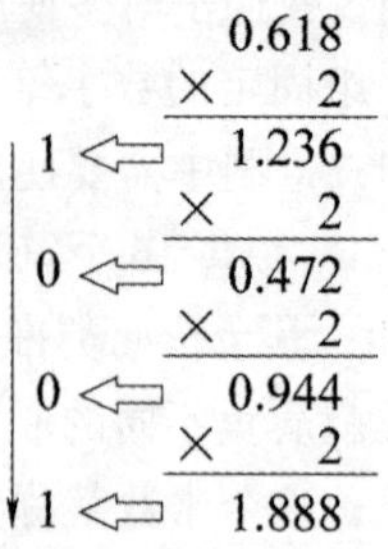

对于带有小数的十进制数，进行二进制转换时，要对整数部分和小数部分分开进行转换，最后将整数部分与小数部分组合，即为转换后的二进制数。

3. 二进制转换为十进制

二进制转换为十进制，是将计算机中的数据转换为人类可读的数据。与上面的介绍相同，也要对整数部分与小数部分分别进行转换。

1）整数部分

二进制整数转换为十进制可以用每一位二进制数乘以自己的位权后求代数和的方法来实现。

例：（101000101）B =（325）D。

$1\times2^8+0\times2^7+1\times2^6+0\times2^5+0\times2^4+0\times2^3+1\times2^2+0\times2^1+1\times2^0=256+64+4+1=325$

2）小数部分

二进制小数转换为十进制也是用每一位二进制数乘以自己的位权后求代数和的方法来实现。但要注意，小数点后数字位权中的指数，是从小数点开始向后数，依次递减（即–1、–2、–3……）。

对于二进制数转换为十进制数也可以一次性完成。

例：（11.01011）B =（3.34375）D。

$1\times2^1+1\times2^0+0\times2^{-1}+1\times2^{-2}+0\times2^{-3}+1\times2^{-4}+1\times2^{-5}=2+1+1/4+1/16+1/64=3.343\ 75$

4. 二进制与其他进制之间的转换方法

1）二进制与八进制的转换

八进制和十六进制是人类为了简化二进制应用而提出来的进制方法。在计算机中只能识别二进制。

① 使用二进制小数无法精确地表达十进制小数。

二进制转换为八进制的方法比较简单，可以将二进制数字从低位起，每 3 位分为一组，然后再将每组内的二进制数转换为八进制字符即可。

例：（1011001110）B=（1316）O。

将 1011001110 从右至左，每 3 位分成一组，即 001 | 011 | 001 | 110，最前面一组不够 3 位时，可以用零补位。然后将各组二进制数按照上面转换为十进制整数的方法，各组分别转换，并将转换后得到的数字排列在一起，即为转换得到的八进制数。

要将八进制转换为二进制，同样只要将每一位八进制字符转换为与其等值的 3 位二进制数即可。

例：（2534）O=（10101011100）B。

将 2534 中的每个数字分别转换为 3 位二进制数（不足 3 位，在数字前面填零），然后再将结果组合起来，就是最终的结果。2 转换为二进制为 010，5 转换为二进制为 101，3 转换为二进制为 011，4 转换为二进制为 100。

2）二进制与十六进制的转换

二进制转换为十六进制的方法与二进制转换为八进制的方法类似，从低位开始，每 4 位分一组，然后将每组内的二进制数转换成十六进制数即可。

例：（1011001110）B=（2CE）H。

将 1011001110 从右至左，每 4 位分成一组，即 0010 | 1100 | 1110，最前面一组不够 4 位时，可以用零补齐。然后将各组二进制数按照转换为十进制整数的方法，各组分别转换，并将转换后得到的数字排列在一起，即为转换得到的十六进制数。

要将十六进制转换为二进制，只需将对应的每一位十六进制字符转换为与其相等的 4 位二进制数即可。

例：（2534）H=（10010100110100）B。

将 2534 中的每个数字分别转换为 4 位二进制数（不足 4 位，在数字前面补零），然后再将结果组合起来，就是最终的结果。2 转换为二进制为 0010，5 转换为二进制为 0101，3 转换为二进制为 0011，4 转换为二进制为 0100。

课件　二进制位运算

5. 二进制的位运算

位运算是指对构成二进制数字的每一位进行的运算。在单片机的控制中，经常会用到二进制的位运算。二进制的位运算主要有以下几种，如表 1-4 所示。

视频　二进制位运算

表 1-4　二进制中常用的位运算

运算符	含义	运算符	含义
&	与运算	~	非运算
|	或运算	<<	左移运算
^	异或运算	>>	右移运算

1）与运算

参与运算的两个二进制数的对应位进行与运算。其运算规则如下：

0&0=0　　0&1=0　　1&0=0　　1&1=1

可归纳为：参与运算的两个数都为 1，结果才为 1，否则为 0。换一个角度，也可以这样总结：任何数字（1 或 0）与 0 相与，结果一定是 0；任何数字（1 或 0）与 1 相与，结果仍是原数字本身。

例：（10100110）B&（01100101）B=（00100100）B。

```
  10100110
& 01100101
----------
  00100100
```

在单片机应用开发中，使用按位与运算可以达到某些特殊的效果，比如要将原数字中的某几位清 0，只需让它与另外一个对应位为 0 其余位为 1 的数字按位与，即可达到这样的效果。如将 110101 中的第 2 位和第 4 位清 0，其余位不变，则只需 110101 与 101011 相与即可。（注：说明第几位时，是从右边第 0 位数起的。）

2）或运算

或运算的运算规则如下：

0|0=0　0|1=1　1|0=1　1|1=1

可归纳为：参与或运算的两个数都为 0，结果才为 0，否则为 1。换一个角度，也可以这样总结：任何数字（1 或 0）与 0 相或，结果仍是原数字本身；任何数字（1 或 0）与 1 相或，结果一定是 1。

例：（10100110）B |（01100101）B=（11100111）B。

```
  10100110
| 01100101
----------
  11100111
```

在单片机应用开发中，使用按位或运算可以达到将原数字的某几位置 1 其余位不变的效果。如将 110101 中的第 1 位置 1 其余位不变，则只需 110101 与 000010 按位或即可实现。

3）异或运算

异或运算的运算规则如下：

0^0=0　0^1=1　1^0=1　1^1=0

可归纳为：参与异或运算的两个数不同，结果就为 1，否则就为 0。换一个角度，也可以这样总结：任何数字（1 或 0）与 0 异或，结果仍是原数字本身；任何数字（1 或 0）与 1 异或，结果是原数字的翻转；

例：（10100110）B ^（01100101）B=（11000011）B。

```
  10100110
^ 01100101
----------
  11000011
```

在单片机应用开发中，使用异或运算可以将原数字中的某几位实现翻转的效果。如将 110101 中的低 4 位实现翻转，其余位不变，则只需 110101 与 001111 按位异或即可实现。

4）非运算

非运算又称取反运算，非运算只有一个运算对象。其运算规则如下：

~1=0　　~0=1

将某一个二进制数取反，只需要将对应位依次取反就可以了。

例：~（10100110）B=（01011001）B。

取反运算的优先级比较高，一般来讲有取反运算的要先取反运算。如~a&b，这里要先进行a的取反，然后再进行与运算。

5）移位运算

移位运算包括左移位和右移位，二者的运算方法相同，只是移位的方向不同。

左移位时原数字的各位向左移动，右侧用 0 补齐空位；右移位时原数字的各位向右移动，左侧用 0 或 1 补位（原数字为正数用 0 补位，原数字为负数[①]用 1 补位）。

例：左移位（10100110）B<<2=（10011000）B

　　右移位（10100110）B>>2=（11101001）B

左移 1 位相当于原数字乘以 2，右移 1 位相当于原数字除以 2。

二进制的位运算在单片机应用的开发过程中非常有用，很多看似复杂的操作，其实就是几种位运算的复合，比如 X^（1<<（n–1）），配合循环语句就能实现 X 中的每一位数字的逐次翻转。有关二进制的位运算，需要读者开动脑筋多做练习，举一反三，熟能生巧。

小　　结

本模块是单片机的入门内容。初学者通过对本模块内容的学习，可对单片机有一个初步的、概略的认识；了解其命名规则、认识其封装形式，熟悉外部引脚的名称和作用，加深对单片机内部逻辑构成的认识。本模块对单片机学习过程中经常用到的术语也做了介绍，尤其是有关存储器、时钟频率及时序单位的知识，贯穿整个单片机学习过程，需要重点掌握。本模块还对于二进制及其运算规则进行了详尽的介绍，二进制是单片机的数据基础，也是数据媒介，单片机中所有的指令和操作内容，都以二进制形式存在，学习掌握二进制是学习单片机的基本要求，需要读者多做练习，加以熟练。单片机的内容丰富，顺利地学完这一模块后，即可进入单片机操作。

习　　题

一、填空题

1. 当 51 单片机引脚 ALE 有效时，表示从 P0 口送出的是__________地址。
2. 51 单片机系统中，当 $\overline{PSEN}$ 信号有效时，表示 CPU 要从__________存储器读取信息。
3. 一个机器周期=__________个振荡周期=__________个状态周期。
4. 哈佛结构是一种将程序指令存储和数据存储__________的存储器结构。

---

① 数值数据在计算机中以补码形式存储。补码形式的负数表示符号位固定为 1，向右移位时空余位需要用 1 补齐。

5. 在 51 系列单片机中，如果采用 6 MHz 晶振，1 个机器周期为________μs。

6. 使用 8031 芯片时，需将 $\overline{EA}$ 引脚接________电平，因为其片内无________存储器。

7. 单片机的型号为 8031/8032 时，其芯片引脚 $\overline{EA}$ 一定要接________电平。

8. 当 51 系列单片机的________引脚，获得________个机器周期以上的高电平，可以使单片机复位。

9. 51 系列单片机中的存储器体系结构主要有________和________两种。

10. 51 系列单片机的时序定时单位有 4 个，分别是________、________、________和________。

11. TTL 电平为正逻辑电平，________等价逻辑 1，________等价逻辑 0；RS-232-C 电平为________电平，________等价逻辑 1，________等价逻辑 0。

12. 要实现对数字 10101010 的高 4 位进行翻转，则应选择与数字________做________运算。

二、选择题

1. 当 ALE 信号有效时，表示（　　）。

A. 从 ROM 中读取数据　　B. 从 P0 口可靠地送出低 8 位地址

C. 从 P0 口送出数据　　D. 从 RAM 中读取数据

2. 51 单片机的 CPU 主要的组成部分为（　　）。

A. 运算器、控制器　　B. 加法器、寄存器

C. 运算器、加法器　　D. 运算器、译码器

3. 单片机 8031 的 ALE 引脚是（　　）。

A. 输出高电平　　B. 输出矩形脉冲，频率为 f_{osc} ①的 1/6

C. 输出低电平　　D. 输出矩形脉冲，频率为 f_{osc} 的 1/2

4. 访问外部存储器或其他接口芯片时，作为低 8 位地址线的是（　　）。

A. P0 口　　B. P1 口

C. P2 口　　D. P0 口和 P2 口

5. 8031 单片机若晶振频率为 f_{osc} =12 MHz，则一个机器周期等于（　　）μs。

A. 1/12　　B. 1/ 2　　C. 1　　D. 2

6. ALU 表示（　　）。

A. 累加器　　B. 程序状态字寄存器

C. 计数器　　D. 算术逻辑单元

7. 单片机 8051 的 XTAL1 和 XTAL2 引脚是（　　）引脚。

A. 外接定时器　　B. 外接串行口

C. 外接中断　　D. 外接晶振

8. 单片机应用程序一般存放在（　　）中。

A. RAM　　B. ROM　　C. 寄存器　　D. CPU

---

① f_{osc} 为系统时钟振荡频率。

9. 二进制的移位计算中，左移1位相当于原数字乘以（　　），右移1位相当于原数字除以（　　）。

A. 2　　　B. 3　　　C. 4　　　D. 5

10. MCS-51系列单片机的中断系统可以管理（　　）个中断源，（　　）个中断优先级。

A. 2　　　B. 3　　　C. 4　　　D. 5

三、判断题

1. 在51单片机系统中，一个机器周期等于1.5 μs。（　　）
2. 8031的CPU是由RAM和EPROM所组成的。（　　）
3. 51单片机是常用的16位单片机。（　　）
4. MCS-51的产品8051与8031的区别是：8031片内无ROM。（　　）
5. 单片机的复位有上电自动复位和按钮手动复位两种，当单片机运行出错或进入死循环时，可按复位键重新启动。（　　）
6. 单片机的一个指令周期是指完成某一个规定操作所需的时间，一般情况下，一个指令周期等于一个时钟周期。（　　）
7. 单片机的指令周期是执行一条指令所需要的时间。一般由若干个机器周期组成。（　　）
8. 当8051单片机的晶振频率为12 MHz时，ALE地址锁存信号端的输出频率为2 MHz的方波脉冲。（　　）

四、计算题

写出下列用十六进制表示的逻辑运算式的结果。

1. 31H&45H;　　　2. ABH|56H;
3. 3EH^A8H;　　　4. 55H&AAH;
5. 20H^8FH;　　　6. ~20H;
7. 45H|20H;　　　8. 56H&F0H。

模块2

C51语言与实验环境

C 语言是一种通用的计算机语言，是举世公认的高效简洁而又贴近硬件的编程语言。将 C 语言成功移植到单片机上，极大地降低了单片机的学习难度。而且使用 C 语言进行单片机系统的开发，不必将大量的精力花在诸如内存单元分配、子程序参数传递等底层工作上，仅要求用户对单片机的存储结构有初步了解即可，像寄存器分配、不同存储区域寻址等细节工作都由 C 语言编译器来处理，极大地降低了初学者的学习门槛。并且使用 C 语言编写单片机应用程序，不仅缩短了开发周期，提高了开发效率，还增加了程序的可读性和可维护性。

内容要点：

- C51 语言的基本数据类型、常量、变量及常用运算符；
- C51 编程的基本语法、常用语句及函数应用；
- Keil 软件的安装与应用；
- Proteus 虚拟仿真软件的安装与应用。

2.1　数据类型与运算符

课件　C51 语言中的基本数据类型

视频　C51 语言中的基本数据类型

单片机 C51 语言是由 C 语言继承而来的。和 C 语言不同的是，C51 语言运行于单片机平台，而 C 语言运行于普通的桌面平台。与 C 语言相同的是，C51 语言具有和 C 语言类似的语法结构，便于学习，同时具有汇编语言的硬件操作能力。因此，具有 C 语言编程基础的人，能够很轻松地掌握单片机 C51 语言的程序设计。

C 语言本身的常用语法就不多，而支持 51 单片机的 C51 语言常用语法更少。这里首先介绍一些 C51 语言的初步语法知识。随着学习的深入，在后面的章节中，边用边学，会把当前程序应用到的 C51 语言相关语法知识再进行深入介绍。

1. 基本数据类型

数据类型通常指一个值的集合以及定义在这个值集上的一组操作。数据类型是编译程序进行存储器分配的主要依据，编程的时候会根据需要来申请内存，大数据用大内存，小数据就用小内存，这样就可以充分地利用有限的内存，使之效用最大化。尤其是对单片机而言，其内存很小，准确地设定数据类型就显得很有必要。

C51 语言中的基本数据类型如表 2-1 所示。

表 2-1　C51 语言中的基本数据类型

数据类型	位数	占用字节数	数值表示范围
bit	1		0~1
signed char	8	1	-128~127
unsigned char	8	1	0~255
signed int	16	2	-32 768~32 767
unsigned int	16	2	0~65 535
signed long	32	4	-2 147 483 648~2 147 483 647
unsigned long	32	4	0~4 294 967 295
float	32	4	± 1.175 494E-38~ ± 3.402 823E+38
sbit	1		0~1
sfr	8	1	0~255
sfr16	16	2	0~65 535

注：此外还有一些数据类型，如枚举型、短整型、单精度浮点型等。在本书中基本没有应用，所以不多做介绍，遇到时可查阅相关资料。

带有 signed 符号的类型称为有符号类型，signed 符号通常省略，如 signed char 也可以简略地写成 char，它占用 1 字节（8 位）的空间，因为这个类型有符号位所以用来表示数值大小的空间只有 7 个二进制位，因此它所能表示的数值范围是-128~127。而 unsigned 表示无符号类型，不能够省略，unsigned char 同样占用 1 字节（8 位）的空间，因为这个类型没有符号，所以全部 8 位都用来表示整数值，因此它所能表示的数值范围是 0~255。其他 int、long 等类型的 signed、unsigned 符号标识与此含义相同。

在使用 C51 变量时，尤其要注意变量的数据类型所能表达的最大数值范围，不要超出其界限值。假设定义了某个变量 a 为 unsigned char 型（0~255），当 a 的值为 255，此时进行 a=a+1 操作，得到 a 的值并不会是 256；同样，若当 a=0 时，进行 a=a-1 的操作，也不会得到-1；这二者的操作均会产生溢出，造成计算结果错误①。因此，在使用变量时，必须要明确地知道其对应的数据类型的数值范围，确保运算不会超出界限范围。

在单片机程序中经常需要直接访问各种功能模块，如串、并行接口，定时/计数器，中断系统等，这要求 C51 语言必须提供直接访问硬件资源的手段。C51 中可以通过定义 sfr、sfr16、sbit 等数据类型的变量，实现对硬件资源的访问和操作。sbit、sfr 和 sfr16 是专门为访问 51 单片机中 SFR（特殊功能寄存器）中的控制位以及 8 位 SFR 和 16 位 SFR 所特有的类型，它们并不是标准 C 中的类型。

C51 语言中对于特殊功能寄存器已经预先进行了定义，这个定义包含在头文件（reg51.h）中，编程时直接引入这个头文件就可以使用其中定义的符号来访问特殊功能寄存器了。比如在

① 此类错误在初学编程时极易发生，编译器并不会检测这类错误，需要编程者自己把握好数据类型的取值范围。

这个头文件中使用 P0、P1、P2、P3 分别代表 51 单片机的 4 个并行端口等。引入了该头文件后，就可以用访问 SFR 的形式实现对硬件的访问。因此，熟悉头文件中的 SFR 定义，在程序设计中直接使用预定义的符号来操作相应的设备或端口，在很大程度上简化了对单片机的操作。reg51.h 头文件内容如图 2-1 所示。

```
/*--------------------------------------------------------------------------
REG51.H

Header file for generic 80C51 and 80C31 microcontroller.
Copyright (c) 1988-2002 Keil Elektronik GmbH and Keil Software, Inc.
All rights reserved.
--------------------------------------------------------------------------*/

#ifndef __REG51_H__
#define __REG51_H__

/*  BYTE Register  */
sfr P0   = 0x80;
sfr P1   = 0x90;
sfr P2   = 0xA0;
sfr P3   = 0xB0;
sfr PSW  = 0xD0;
sfr ACC  = 0xE0;
sfr B    = 0xF0;
sfr SP   = 0x81;
sfr DPL  = 0x82;
sfr DPH  = 0x83;
sfr PCON = 0x87;
sfr TCON = 0x88;
sfr TMOD = 0x89;
sfr TL0  = 0x8A;
sfr TL1  = 0x8B;
sfr TH0  = 0x8C;
sfr TH1  = 0x8D;
sfr IE   = 0xA8;
sfr IP   = 0xB8;
sfr SCON = 0x98;
sfr SBUF = 0x99;
```

图 2-1 reg51.h 头文件内容

课件 C51 语言中常量与变量

视频 C51 语言中常量与变量

2. 常量与变量

C51 语言中的数据有常量和变量之分。所谓常量是指在程序运行过程中，其值不能改变的量，称为常量。常量无名，也不会长期存在，使用过一次就会被释放掉，常量存在的意义一般来讲就是为了给对应的变量赋值①。所谓变量就是指在程序运行过程中，其值是可以动态改变的量。常量和变量都需要有数据类型，只有确定了它们的数据类型，系统才能为其分配相应的存储运行空间。每一个变量都必须要有一个名字，这个名字不仅是一个简单的称谓代号，其实也是变量所在空间的地址代号，通过这个地址代号就能够在内存空间中找到这个变量，并读取其中存放的数值。在变量空间存放的数值就是变量值。这个变量值的大小不能超过变量数据类型的界限范围。

1）定义变量

C51 语言中对变量的要求必须是**“先定义，后使用”**。使用某个变量之前必须先对它进行定义。必须指明该变量的数据类型，以便在内存当中分配适当大小的空间。

定义变量的语法形式有两种：

```
①数据类型  变量名;            //定义了某个类型的变量，但未对变量赋初值
②数据类型  变量名 = XX;       //定义了某个类型的变量，同时对变量赋初值
```

① 这里仅指一般的常量，类似于符号常量等特殊形式的常量除外。

变量命名时一般要用小写字母，变量名不要过长。变量命名的原则最好是见名知意，可以选用有含义的英文单词作为标识。一定要注意不要与 C51 语言的关键字重复。C51 语言中的关键字很少。所谓关键字，是指 C51 语言保留的一些有特殊作用的词语，由于这些关键字都有着特殊的含义，因此不能用作变量或常量等的命名。

如果定义了某种类型的变量，但未赋初值，C51 中会对部分类型自动赋予初值[①]。

```
如: int  a;        //定义了整形变量 a，但未对 a 赋初值，系统默认赋初值为 0
    int  a=1;      //定义了整型变量 a，并对 a 赋了初始值为 1
```

2）定义访问硬件的位变量

使用单片机进行程序设计时经常要访问硬件，如果需要对于特殊功能寄存器（SFR）的某一位访问，就可以使用前面讲过的 sbit 类型，使用 sbit 类型变量可以直接访问到具体指定位（引脚）的内容。

定义 sbit 类型的变量语法如下：

```
sbit  变量名=特殊功能寄存器^ 位序;
```

赋值号（=）右侧的特殊功能寄存器就是在头文件中定义过的 SFR，请读者查阅 reg51.h 文件，熟悉预定义的 SFR。位序是指要访问的功能位处于特殊功能寄存器的第几位，注意这个位序是从右向左排列的，最右边的位序为 0。

比如欲操作端口 P0 的 1 号引脚[②]，先查阅 reg51.h 文件，见图 2-1，找到 P0 端口的定义为 P0，这是一个 BYTE 型的 SFR，共有 8 位。其内容与引脚编号一一对应排列，如图 2-2 所示，其 1 号引脚位于第 D1 位。

位序	D7	D6	D5	D4	D3	D2	D1	D0
引脚顺序	7	6	5	4	3	2	1	0

图 2-2　P0 端口内部引脚排列顺序

则定义语句为：

```
    sbit  led=P0^1;   //sbit 为数据类型声明
                      //led 为定义的变量名称
                      //P0 是在 reg51.h 文件中定义的代表 P0 端口的特殊功能寄存器,要大写
                      //^1 表示访问的是该端口的 1 号引脚
```

这个语句含义就是定义了一个 sbit 类型的变量名为 led，该变量映射到 P0 端口的 1 号引脚，这样就可以使用 led 这个变量直接操作 P0 端口的 1 号引脚。假设这个引脚接了一个发光二极管，如下命令就能控制二极管的亮灭了。

```
   sbit led=P0^1;     //定义变量 LED 代表 P0 端口的 1 号引脚
        led=0;        //使 P0 端口 1 号引脚呈现低电平
        led=1;        //使 P0 端口 1 号引脚呈现高电平
```

① 自动赋初值仅存在于部分类型，如 char、int、long 等未赋初值会自动赋值为 0，为避免程序运行出错，推荐主动为变量赋值。

② 本书中涉及引脚顺序等均为从 0 开始的排序。

3）符号常量与预定义代码

常量一般没有名字，但有数据类型的区别，这个类型可以通过字面的书写形式直接分辨。如 12、0 等是整型常量，'a'、'b'等为字符型常量等等。这种常量通常被称为字面常量或直接常量，是 C51 语言中出现较多的常量表现形式，这些常量主要用来给对应的变量赋值。除此之外，还有一种常量称为符号常量，需要使用#define 命令进行定义。

定义符号常量的语法形式为：

```
#define   符号常量名   常量值
```

符号常量名通常都用大写字母。使用符号常量不仅可以增加程序的易读性，而且在系统升级或修改时，还可实现“牵一发动全身”，只做符号常量定义处的修改即可。如

```
#define   PI    3.1415926    //这里定义了符号常量 PI，它的值是 3.1415926
```

课件 C51 语言中常用运算符

今后当系统移植时，如果因硬件不同，要对 PI 的取值长度修改，则只在这里进行修改即可，简化了程序的修改工作。

另外，在程序设计中，还经常使用#define 进行一些预定义代码来简化程序中数据类型的输入。比如 unsigned char、unsigned int 等数据类型输入比较麻烦，通过预定义后可分别用 uchar 和 uint 来代替，以此简化程序录入时数据类型名称过长带来的输入麻烦。

```
#define  uchar  unsigned char    //预定义后可以直接使用 uchar 代替 unsigned char
#define  uint   unsigned  int    //预定义后可以直接使用 uint 代替 unsigned  int
```

需要注意的是，使用#define 的预定义语句后面是没有任何标点符号的。

视频 C51 语言中常用运算符

3. 常用运算符

C51 语言中提供了算术运算符、关系运算符、逻辑运算符、位运算符等多种运算。

1）算术运算符

运用算术运算符可以完成所有的算术运算。另外，灵活运用算术运算符可以完成诸如动态获取组成某多位数的各位数字。C51 语言中的算术运算符如表 2-2 所示。

表 2-2　算术运算符

序号	运算符	含义与应用举例
1	+	两数相加，如 a+b
2	-	两数相减，如 a-b
3	*	两数相乘，如 a*b
4	/	整除，但与一般的除法有区别，如 10/3=3，而 10/3.0=3.3333
5	%	取余运算，如 10%3=1

“/” 两数相除，如果除数与被除数都是整数，则结果一定是整数，如 10/4=2；如果除数或被除数有一个是浮点数，则结果是浮点数，如 10/2.5=4.0。

在单片机程序设计中，除了普通的数据运算要用到算术运算符外，利用取余和整除运算还能实现获取多位数中每一位数字的运算效果。

如：已知某测温系统获取到的动态温度值 n 为 3 位数，现需要分别求出组成该 3 位数的百位、十位、个位数字并在数码管中显示出来。

使用算术运算符可以轻松完成这类任务。

```
百位数字=n/100;          //假设 n 为 253,则 253/100=2
十位数字=n/10%10;        //假设 n 为 253,则 253/10%10=5
个位数字=n%10;           //假设 n 为 253,则 253%10=3
```

2）关系运算符和逻辑运算符

关系运算和逻辑运算的结果均为真或假。C51 中通常 1 代表真，0 代表假。在关系运算中，关系成立其结果为真就是 1，关系不成立其结果为假就是 0。逻辑运算中参与运算的操作数凡是不为 0 的数字均代表真，0 代表假；逻辑运算的结果同样是条件成立就是真结果为 1，条件不成立就是假结果为 0。关系运算符和逻辑运算符见表 2-3。

表 2-3　关系运算符和逻辑运算符

类型	运算符	含义与应用举例
关系运算符	>	大于。如 a>b，如果成立返回真值，否则为假值，以下都与此相同
	>=	大于或等于。如 a>=b，注意在程序中不要写成 a≥b
	<	小于。如 a<b
	<=	小于或等于。如 a<=b，注意在程序中不要写成 a≤b
	==	等于。注意这个运算符与“=”不同，是用来判断两个操作数是否相等的。如 a==b，这个表达式的结果只能是成立或不成立
	!=	不等于。如 a!=b，表示判断 a 是否不等于 b，如果不等于，结果成立；否则，结果不成立
逻辑运算符	&&	逻辑运算符：与（并且），表示两个操作数都必须同时成立，如 a&&b 的含义是 a 成立并且同时 b 也成立，两者只有都成立，结果才能成立
	||	逻辑运算符：或（或者），表示参与运算的两个操作数有一个成立即可。如 a||b 的含义是 a 成立或者是 b 成立，二者有一个成立结果就成立
	!	逻辑运算符：非。对原操作数取反。原来成立的，取反后变成不成立；原来不成立的，取反后变成成立。如!a 含义是得到 a 的相反状态

关系运算符主要用来判定两个操作数数量上的关系（大、小、等于、不等于）。当关系运算符和赋值符号相连时，要先进行关系运算然后再进行赋值。如 a=5>7，因为 5 小于 7，所以 5>7 这个关系运算的结果为假（即 0），原式变为 a=0，则 a 最终结果为 0。

逻辑运算主要是与运算、或运算和非运算。参与逻辑运算的操作数通常为关系表达式或纯数字，在 C51 中参与逻辑运算的数字，如果不为 0 则代表真；如果为 0 则代表假，逻辑运算的结果非 0 即 1。当逻辑运算与关系运算混合时，先进行关系运算再进行逻辑运算。如表达式 5>7&&6<8||23 中，因为 5 并不大于 7 其值为 0，而 6 确实小于 8 其值为 1，23 为数字参与逻辑运算可以表示为真 1，所以原式可以变为 0&&1||1，最终结果为 1。其实这里涉及了运算符的优先级问题，关系运算优先于逻辑运算。

3）位运算符

位运算是指二进制位的运算。位运算中除了取反（~）运算外，都要求运算符号两侧各有一个操作数。这里位运算的符号与操作规则和上一模块中的位运算叙述完全相同。位运算符见表 2-4。

表 2-4 位运算符

<table>
<tr><th>序号</th><th>运算符</th><th>含义与应用举例</th></tr>
<tr><td>1</td><td>&</td><td>按位与，参与操作的两个操作数的对应位进行与运算</td></tr>
<tr><td>2</td><td>|</td><td>按位或，参与操作的两个操作数的对应位进行或运算</td></tr>
<tr><td>3</td><td>^</td><td>按位异或，参与操作的两个操作数的对应位进行异或运算</td></tr>
<tr><td>4</td><td>~</td><td>取反，将操作数的每个位进行取反</td></tr>
<tr><td>5</td><td>>></td><td>右移位，将操作数向右移动指定位，左侧空余位填充为 0 或 1</td></tr>
<tr><td>6</td><td><<</td><td>左移位，将操作数向左移动指定位，右侧空余位填充为 0</td></tr>
</table>

在单片机程序中灵活使用位运算可以非常方便地实现对端口和引脚的控制。如需要将 P0 口的高 3 位清 0 但其余各位保持原状态，就可以使用 P0=P0&0x1f 实现，类似地，如果要将 P0 口的高 3 位置 1 但其余各位保持原状态，就可以使用 P0=P0|0xe0 实现；实现 P0 口的低 4 位翻转，高 4 位不变，则可用 P0=P0^0x0f 实现。这样的操作还有很多，需要读者在日后的使用中，多动脑多练习，结合 C51 的分支、循环语句可以控制硬件实现更多有趣的操作。

4）其他运算符

C51 中除了上述常用的运算符外，以下几种运算符也经常出现，如表 2-5 所示。

（1）复合赋值运算符。给变量赋值，最简单的写法是“变量名=常量”，如 a=5 表示向变量 a 赋值，使其值为 5。如果稍微复杂一点，将表达式的值赋值给变量，如 P1=P1*2 这样写有些麻烦，于是出现了复合型的赋值运算符，即将算术、关系、逻辑、位运算等运算符与赋值号写在一起，既表达赋值也表达运算，如上式可简化为 P1*=2；再比如 P0=P0&0x1f，可简化为 P0&=0x1f。也就是说，凡是赋值运算符两侧变量同名并进行其他运算的，均可以采用复合赋值运算符进行简化书写。更多的复合赋值运算符见表 2-5 中序号 1 的部分。

（2）条件运算符。条件运算符在今后的编程实践中会有广泛应用。这个运算符只用了两个符号就解决了条件分支判断的问题。灵活运用这个运算符会大大简化代码，提高程序可读性。其使用形式比较简单，如下所示：

```
条件表达式?结果 1:结果 2
```

其含义是：如果条件成立，则返回结果 1 作为整个表达式的结果；如果条件不成立，则返回结果 2 作为整个表达式的结果。可以应用这个运算符，快速返回两个数中的较大数，如 c=a>b?a:b，c 中存放的就是 a 和 b 中的较大数。

（3）自加与自减。自加与自减也是很多语言中都有的运算符，其含义是变量在自身的基础上自加 1 或自减 1。下面以++运算符为例进行说明，--运算符的道理与之相同，请自行对照。

++i：表示先进行 i=i+1 计算，然后再把此时 i 的值作为表达式的值返回。如 i=3; y=++i; 计算时 i 先进行自加 i=i+1（此时 i 值为 4），然后再把 i 的值赋值给 y（即 y 值为 4）。

i++：表示先将 i 的初始值返回作为表达式的值，然后再进行 i=i+1。如 i=3;y=i++; 计算时 i 初始值是 3 作为表达式值返回并赋值给 y（即 y 值为 3），然后再进行 i=i+1（此时 i 值为 4）。

表 2-5　其他运算符

序号	运算符	含义与应用举例
1	= 、+=、-=、 *=、/=、%=、 >>=、<<=、 &=、|=、^=	a*=5　=>　a=a*5 b/=2　=>　b=b/2 c>>=2　=>　c=c>>2 d&=c　=>　d=d&c
2	?　:	条件运算符。如 a>3?4:5；表示依据 a 的值来决定返回哪一个值，如果大于 3 则返回 4，否则返回 5。条件运算符常用来做简单的判断
3	,	逗号运算符。依据顺序从先到后，依次求值
4	++	自加运算。i++与++i 有区别，前者是先返回 i 值然后再自加 1；后者是先进行自加，再将自加后的结果返回
5	--	自减运算，与自加运算用法类似

上述各类运算符的优先级如下所示：

有括号先算括号→单目运算（自加、自减、取反等）→算术运算符→关系运算符→逻辑运算符（不含！）→条件运算符→赋值运算符→逗号运算符。

同一优先级的运算符，运算次序由结合方向决定。例如*与/具有相同的优先级，其结合方向为自左至右，因此 3*4/5 的运算次序是先乘后除。而-和++为同一优先级，结合方向为自右至左，因此-i++相当于-（i++）。

课件　C51 语言中程序的基本语法

视频　C51 语言中程序的基本语法

2.2　常用语句与函数

1. 常用语句

C51 语言中最常用语句有赋值语句、条件语句和循环语句。C51 语言中规定每条语句结束后都必须以分号结尾①。

1）赋值语句

赋值语句最为常见，出现的频率最多，其实质就是由赋值表达式加上一个分号构成的。如 a=3; t=a;等等。必须要注意的是，赋值表达式里出现的变量，一定是预先定义过的，C51 语言要求变量是“先定义，后使用”。另外，赋值语句中，赋值符号右侧常量（或表达式结果）的数据类型必须与赋值号左侧的变量类型匹配，否则会出现语法错误。

2）条件语句

条件语句是用来判断所给定的条件是否满足，并根据判定的结果来决定执行哪一个操作的语句。

C51 语言中条件判断主要使用的是 if 语句，if 语句有 3 种表现形式。

① 以#define 开头的预定义语句，结尾不能加任何标点符号。

```
①if (表达式) {语句块}      //先判断表达式结果是否为真，如果为真则执行语句块内容
if(X>5)
{
  printf("X大于5");
}
```

这个语句表示的含意是：如果X>5，那就打印输出“X大于5”这句话；否则，跳过中间的语句块向下执行，什么也不输出。

```
②if (表达式) {语句块1} else {语句块2} //先判断表达式的结果是否为真，如果为真就执行语句块1，否则就执行语句块2
if (X>5)
{ printf("X大于5");}
else
{ printf("X不大于5");}
```

这种形式就是典型的分支判断，其含义是当X>5时，打印输出“X大于5”这句话；否则，会打印输出“X不大于5”这句话。

```
③if (表达式1) {语句块1}
else if (表达式2) {语句块2}
else if (表达式3) {语句块3}
……
else {语句块n}
if(X>5)
{ printf("X大于或等于5");}
else if(X>=3)
{printf("X在3与5之间");}
else if(X>=1)
{ printf("X在1与3之间");}
else
{ printf("X小于1");}
```

这是if语句的嵌套形式，适用于需要分支判断较多的情况。其意义是哪一个表达式成立就执行其对应的语句块。如果都不成立，就什么也不执行。使用中需要注意，else语句只与最接近的if语句成对关联（也要注意大括号的影响范围）。另外，如果语句块中只有一条语句，则可以省略语句块两侧的大括号。

上面例程中，首先判断X的值是否大于或等于5，如果成立，则打印输出“X大于或等于5”后，不再执行下面的判断语句，完成整个if判断；如果给定的值不大于5，则会执行紧接着下来的else分支语句，这里又包含了一个if判断，此时再次判断X的值是否大于或等于3，如果成立，则打印输出“X在3与5之间”后，不再执行其他语句，完成整个if判断；如果给定X的值也不大于3，则再向下执行紧接着的else分支语句，这里再次包含了一个if判断，此时判断X的值是否大于或等于1，如果成立，则打印输出“X在1与3之间”后，不再执行其他语句，结束整个if判断；如果X小于1，则直接执行下面的else分支语句，直接打印输出“X小于1”并结束整个if判断。通过示例我们看到if嵌套执行的过程就是一个多次判断、逐步缩小范围的过程。

在日常使用中，还经常使用 switch 语句来完成这类多路分支的判断，switch 语句的用法如下所示：

```
switch(表达式)
{ case  常量表达式 1: 语句 1; break;
  case  常量表达式 2: 语句 2; break;
  ……
  case  常量表达式 n: 语句 n; break;
  default: 语句 n+1;
}
```

```
switch(grade)
{case 'A': printf("85~100\n"); break;
  case 'B': printf("70~84\n"); break;
  case 'C': printf("60~69\n"); break;
  case 'D': printf("<60\n"); break;
  default: printf("error\n");
}
```

switch 语句特别适合多路分支的判断处理，当有多种选择的可能存在时，使用 switch 会比使用 if 以及 if 的嵌套更方便。执行时，首先计算表达式的值，然后与每一个 case 里的常量相比较，如果符合，就接着执行这个 case 语句中的语句体，然后执行 break 跳出整个 switch。如果没有 break 语句，那么在执行完符合常量值的那个语句体后，会接着执行下面 case 中的语句，直到 switch 结束，这点请初学者务必注意。

上面例程中，首先对传入的变量 grade 进行判断，判断其值是否为'A'，若为 A 则打印输出“85~100”字样，然后结束 switch 语句；如果不是 A，则顺序向下执行，依次判断是否为'B'，如果是 B，则打印输出“70~84”字样后结束 switch 语句。以此类推，如果也不是 B，则继续向下判断'C'和'D'两种情况。如果全部 case 语句中没有满足项，则执行 default 语句，打印输出“error”字样后结束 switch 语句。

3）循环语句

循环语句也是经常用的语句之一。通过循环语句能够利用计算机高速处理的特性，重复执行某些代码，以完成大量有规则的重复性运算。特别地，在 C51 程序中，在主函数内一定有一个无限循环来保证程序从加电开始一直在运行。

C51 语言中的循环语句有多种，平时使用最多是 while 循环和 for 循环。下面分别说明。

（1）while 循环。while 语句用来实现“当型”循环结构。其语法形式如下：

```
while (表达式)
{ 循环体语句块 }
```

其含义是当表达式结果为真时，会一直执行该循环体语句块，直到表达式不能继续成立为止。

```
int  i=0;
int  sum=0;
while(i<=100)
{
   sum=sum+i++;
 }
```

上述程序的含意是：通过 while 循环实现从 0 一直累加到 100 的功能。

注意，这里 i++的含义。sum=sum+i++这一语句可以分解为以下两个语句：

sum=sum+i;

i=i+1;

请读者试一试，如何求出 100 以内奇数或偶数的和呢？

（2）for 循环。for 循环是 C51 中使用最为灵活的循环，不仅可以用于循环次数确定的情况，也可以用于循环次数不确定的情况，基本上可以替代 while 循环。其语法形式如下：

```
for(表达式 1; 表达式 2; 表达式 3)
   {循环体语句块}
```

它的执行过程是这样的：先计算表达式 1，接着计算表达式 2，判断表达式 2 是否成立，如果成立，则开始执行循环体语句块，再接着执行表达式 3；然后再次计算表达式 2 看其是否成立，如果表达式 2 依然成立，再次执行循环体语句块，接着又是执行表达式 3；如此循环往复，直到表达式 2 不再成立为止。也有人将 for 循环的形式写为 for(循环变量赋初值；循环条件判断；循环变量变化){循环体语句}，这样可能会更容易理解一些。

```
int  i=0;
int  sum=0;
for(  ;i<=100;i++)
{
   sum=sum+i;
}
```

上述程序是使用 for 循环实现 0~100 的累加计算。与使用 while 循环的程序相比，显然可读性更强，书写也更加简单、方便。

注意这里由于循环变量 i 已经赋了初值，所以在 for 循环中，表达式 1 也可以省略，但表达式 1 后面的分号不能省略①。另外，如果循环体只有一个语句，则循环体外的大括号也可以省略。于是上述的循环可以简写为

```
for(   ;i<=100;i++)    //这个循环体内只有一个语句，所以可以省略掉{}
     sum+=i;           //这个语句将要执行 100 次
```

课件 C51 中的函数

不论是 while 循环还是 for 循环，在循环条件的判断中都会检测一个变量，这个变量在循环中是按一定规律变化的，通过这个变量的取值变化可以控制循环的执行次数以及何时退出循环。这个变量称为循环变量，循环变量每次改变的幅度就是循环的步长。如上面的示例中，变量 i 就是循环变量，循环变量的步长是 1。

2. 函数

视频 C51 中的函数

C51 的程序都是由若干个函数构成的。

1）main 函数

一个 C51 的程序通常由一个主函数“main()”和若干个子函数构成。每一个子函数完成一个特定的功能。由主函数“main()”调用其他子函数，其他子函数之间也可以相互调用。但是一个

① for 循环中的 3 个表达式语句也可以都省略，但分号均不可省略，如 for(; ;)这种形式表示的意义就是无限循环，与 while(1)作用相同。

C51 程序中只能有一个主函数。

C51 程序的执行都是从 main()函数开始，调用其他函数后流程返回到 main()函数，在 main()函数中结束整个程序的运行。main()函数是系统自己调用的。

除了 main()函数之外，所有的函数都是平行的，即在定义函数时是互相独立的，一个函数不能从属于任何一个函数。函数彼此间可以互相调用，但不能调用 main()函数。而 main()函数可以调用任何函数。

2）自定义函数

除主函数外，C51 程序中的函数主要有两种：一种是系统提供给用户的标准库函数，另一种是用户自定义出来的函数。使用标准库函数需要事先在程序的头部以声明的方式将库包含进来，如程序开头写的#include <intrins.h>就属于这种包含。用户自定义的函数通常用来解决更为具体的问题。用户自定义函数有两种形式：一种是有参数的函数，另一种是无参数的函数。

用户自定义函数的一般形式如下：

```
类型标识符    函数名（形参表列）      //如无参数，形参表列可以不写
                                     //类型标识符为函数返回值的类型
                                     //若无返回值，可将函数声明为 void 类型
                                     //形参要注明变量类型，多个形参用逗号分隔
{ 变量声明部分                        //函数中声明的变量为局部变量，其作用范围为函数内部
                                     //函数的具体功能语句
  语句块 ……
}
```

下面以常用的延时函数为例，请读者注意观察两种自定义函数的写法。

```
void  delay( )
{  int i;
   for(i=0;i<256;i++);
}
```

无参数函数

```
void  delay(int  j)
{  int i;
   for(i=0;i<j;i++);
}
```

有参数函数

函数调用的一般形式如下：

```
函数名（实参表列）；    //如果函数是无参函数，则实参列表可以为空，但括号不能省略
                       //如果实参表列有多个参数，各参数间用逗号分隔
                       //实参与形参个数相等，类型一致，排列位置一一对应
```

注意一点，在主函数中调用自定义函数，如果该函数的定义是写在主函数（或调用函数）的后面，需要在主函数（调用函数）之前，进行该函数的声明。如果函数的定义是写在主函数（调用函数）的前面，则无须声明。在函数声明中应当保证与函数定义时的首部写法一致，即函数类型、函数名、参数个数、参数类型、参数顺序必须一致。为简便起见，可以不写形参变量名，只写形参变量的类型就可以了。

函数声明的一般形式为：

```
函数类型 函数名(参数类型1，参数类型2，…)； //无形参的，可以不写但需要保留括号
```

如上面声明的两个 delay()函数，其声明、调用和定义形式如下：

```
#include <reg51.h>  //头文件包含
void  delay();      //函数声明
void main()
{  …
   delay();         //函数调用
   …
}
void  delay()       //函数定义
{  …
}
```

```
#include <reg51.h>  //头文件包含
void  delay(int);   //函数声明
void main()
{  …
   delay(100);      //函数调用
   …
}
void  delay(int  j) //函数定义
{  …
}
```

3. C51 程序的基本结构

C51 中程序的写法十分简单，主要由 3 部分构成，其程序的基本框架如图 2-3 所示。

第一部分总是头文件包含语句，所有的 C51 程序第一句基本都是这一句。如果有其他头文件需要包括进来，可以依次向下写。

第二部分是程序中需要使用的全局变量和一些函数的声明[①]。

最后是主函数 main()以及其他函数的书写。

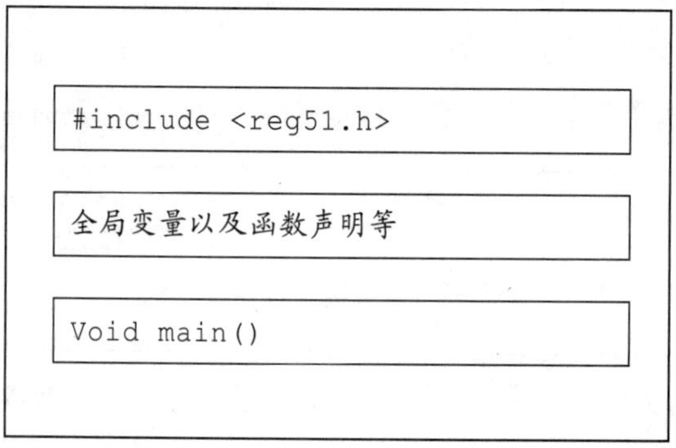

图 2-3　C51 程序的基本框架

基本上所有的 C51 语言程序都由上面 3 部分构成。下面以点亮一个发光二极管的小程序来具体说明 C51 程序的写法。

在写程序之前，首先简要地介绍一下硬件电路配置情况：在单片机的 P1 口第 0 号引脚上接了一个发光二极管。现在通过程序控制，使这个发光二极管点亮。电路原理图如图 2-4 所示。

---

① 在 main 函数和其他任何函数之外声明的变量也称为全局变量，全局变量在任何函数中都可以调用，能实现传值等诸多作用。但全局变量会一直占用内存，不建议定义过多的全局变量。

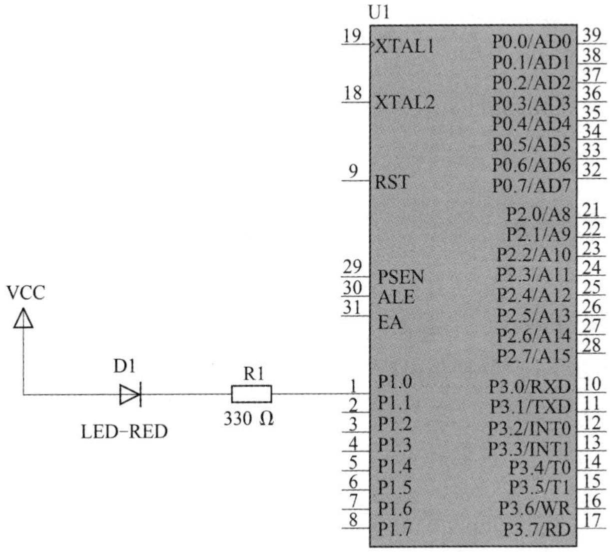

图 2-4　点亮一个发光二极管电路原理图

在图 2-4 中发光二极管的一端连接着电源，另一端连接着单片机的 P1 口第 0 号引脚。注意 51 单片机在初始加电时，所有的 I/O 口默认都是输出高电平的。因此要想使发光二极管点亮，只需将 P1 口的第 0 号引脚改为低电平即可。按照这个思路和前面的介绍，编写 C51 语言程序代码如下：

```
#include <reg51.h>      //包含头文件
sbit led=P1^0;          //定义变量连接P1口的第0个口线
void main()             //主函数
  {
   while(1)             //死循环语句，将一直执行
    {
     led=0;             //将P1口和第0个口线输出低电平，电路导通二极管点亮
    }
  }
```

从上面的程序中可以看出，C51 语言程序在写法上的几个特点：

（1）每个程序的第一句，必须将单片机的头文件包含进来，且不用分号结尾。

（2）每个正常语句（特殊除外）必须以分号结尾。

（3）函数体或语句体需要用{}包围起来。

（4）在主函数中，要使用无限循环（死循环），使程序一直运行下去。这是 C51 程序与普通 C 语言程序最大的不同，普通的 C 语言程序要尽量避免死循环，而单片机系统需要程序始终运行，所以必须要有无限循环。

（5）在每个语句的后面，可以使用“//”对该语句添加注释。使用“/*”和“*/”可以将一段程序变为注释语句。注释语句不能被执行。

有关 C51 语言的知识还有很多，但是上面介绍的内容已经足够初学者使用了。如果对于 C51 语言感兴趣，喜欢深入研究，可以参考一些有关 C 语言的书籍进行学习。在本书的后面也会对涉及的其他 C51 语言中的相关知识进行介绍。

课件 Keil µVision的使用

视频 Keil µVision的使用

2.3 Keil软件的使用

Keil µVision是一个重要的51单片机开发平台软件，其操作界面友好、简单易学，具有调试程序和软件仿真等强大功能，是很多51单片机应用工程师和爱好者的重要工具。

1. Keil的获得与安装

可以从Keil公司或者是该公司在中国的代理商那里购买Keil软件。也可以从Keil公司的网站(http://www.keil.com)上下载EVAL版本。使用EVAL版本编写的程序有2K代码大小的限制，如需要获得没有限制的版本，请购买正版软件。

从Keil网站下载的文件是一个可执行文件，双击即可开始安装。与一般的Windows应用程序一样，不必做过多选择，一直单击next按钮，即可完成软件的安装。安装完成后桌面上会生成Keil程序图标。

2. 使用Keil编写C51程序

双击桌面上的图标，即可进入Keil软件的集成开发环境中，如图2-5所示。

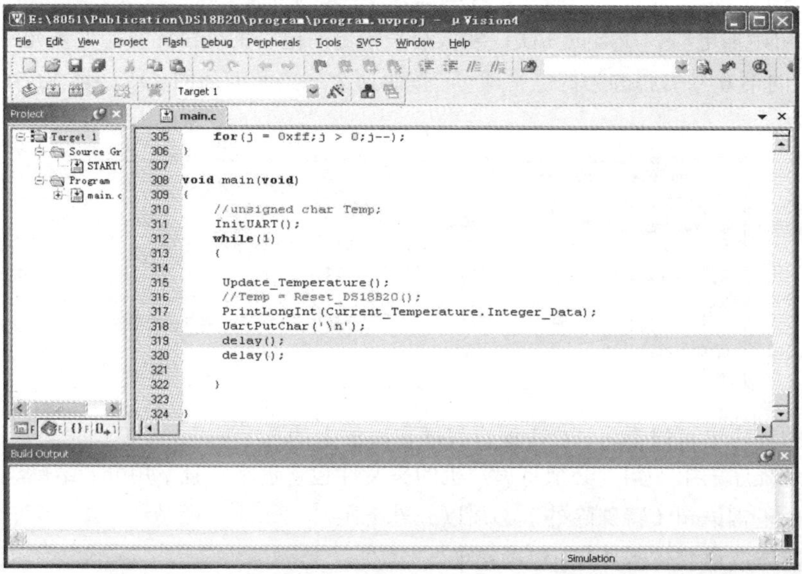

图2-5 Keil的工作界面

下面仍以上节建立的点亮发光二极管的C51程序为例，说明使用Keil进行程序开发的过程。

（1）建立工程文件。使用Keil要先建立一个工程文件，在工程文件内需要选择所使用的单片机型号等内容。具体操作步骤：首先选择菜单Project→New Project命令，出现一个建立工程文件的对话框，导航到指定位置后，输入工程文件名，如图2-6所示。

注意：为了便于对工程文件的统一管理，一般在建立工程文件前，应先建立一个新的文件夹，并以工程名来命名此文件夹，随后建立的工程文件就放在这个文件夹中。

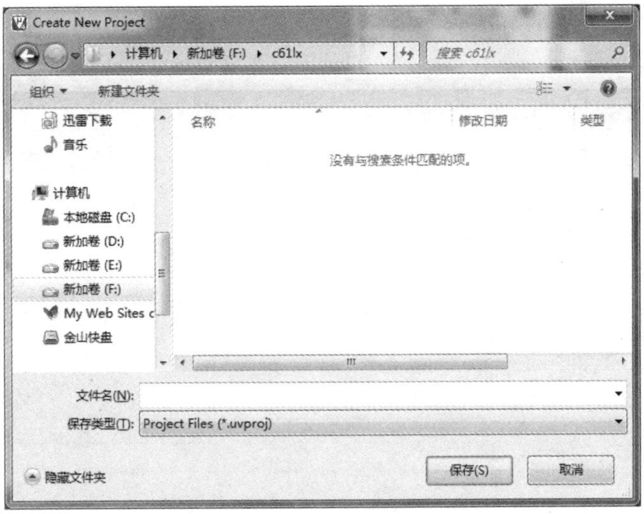

图 2-6　建立工程文件

（2）选择单片机。Keil 支持 400 多种以 8051 为内核的单片机系列，用户可根据自己的需要来选择适合的 CPU。这里以 Atmel 公司的 AT89C51 为例，在图 2-7 左侧找到 Atmel 单击后展开，拖动滚动条找到 AT89C51 并单击，此时右侧窗口中出现的是对该单片机构成特性的一些概要描述。单击下方的 OK 按钮后会弹出图 2-8 所示的提示框，询问是否将“标准的 80C51 启动代码复制到工程所在的文件夹内，并将这一源程序加入当前工程中”。这里单击“是”按钮。返回主界面，此时已经建立起了工程文件。

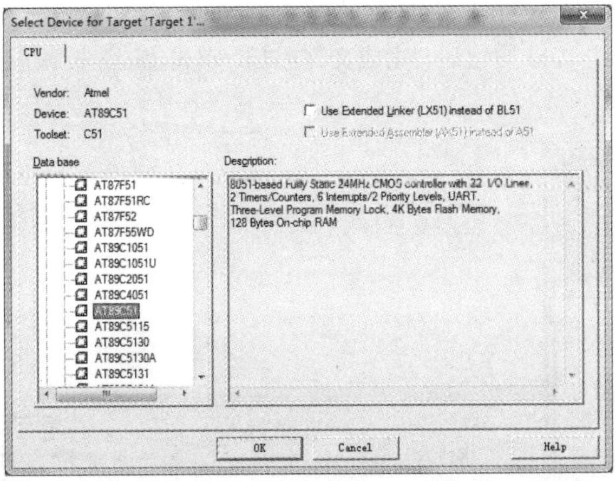

图 2-7　为工程选择单片机　　　　图 2-8　询问是否加入 80C51 标准启动代码

（3）编写 C51 程序。单击工具栏上的按钮，在主界面的右侧窗口中出现一个名为 Text1 的文本文件，此时不必做任何输入，直接再单击工具栏上的按钮，弹出 Save As 对话框，在对话框中文件名的位置输入该文件的名称，一定要注意，这里一定要写上文件的扩展名即“.c”，如图 2-9 所示。单击“保存”按钮后，回到主界面，看到原来的 Text1 已经变成刚刚命名的 C51 文件了。光标在第一行位置闪烁，等待输入程序信息。此时本编辑窗口可以识别 C51 的语法，并进行着色显示，接着就可以输入程序内容，输入完成后再次单击按钮，完成文件保存。

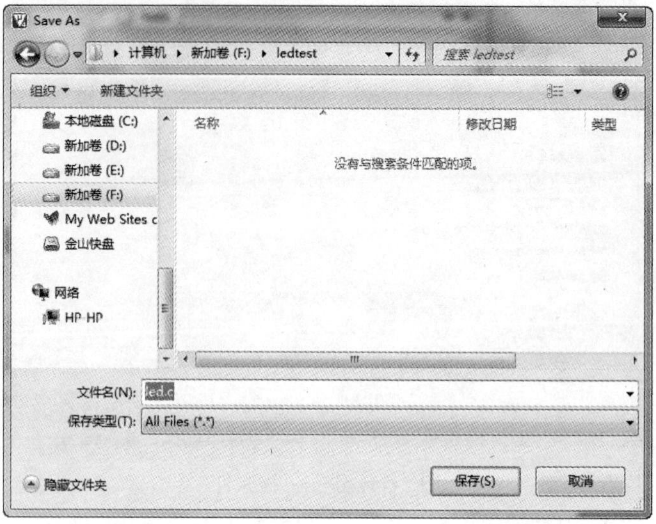

图 2-9　Save As 窗口

因为前面已经为工程建立了专门的文件夹，所以这里保存的 C51 文件会默认保存到刚刚建立的工程文件夹中。

（4）编译 C51 程序。保存好的 C51 程序要加入工程中才可以进行编译。选择主工作界面左侧窗格中 Target 1 里包含的 Source Group 1，右击，在弹出的快捷菜单中，选择 Add Files to Group ‘Source Group 1’命令，如图 2-10 所示。出现 Add Files to Group ‘Source Group 1’对话框，软件会自动导航到刚刚保存过的 led.c 文件，单击 Add 按钮后，完成文件添加。单击 Close 按钮后，退出，如图 2-11 所示。

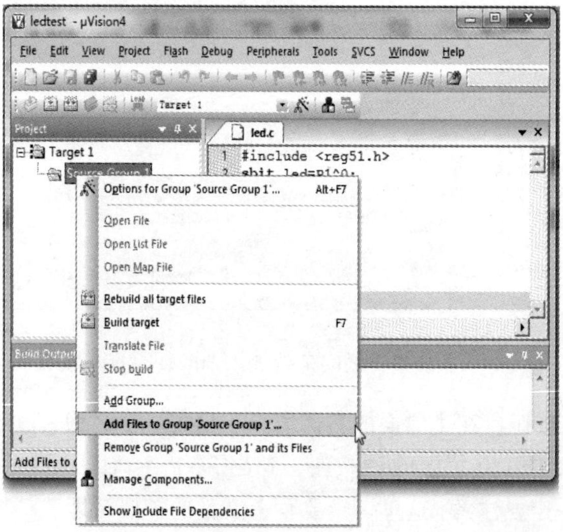

图 2-10　将程序文件加入工程中

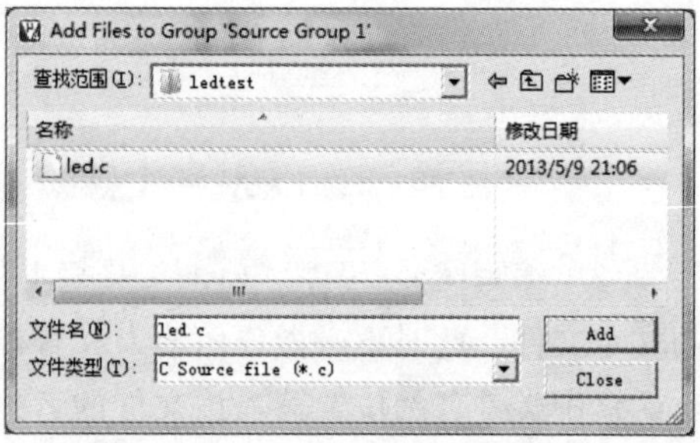

图 2-11　选择文件

添加程序文件后，回到主工作界面，此时单击工具栏上的按钮。弹出 Options for Target ‘Target1’对话框，如图 2-12 所示。选择里面的第三个选项卡，即 Output 项，勾选 Create HEX File 复选框后单击 OK 按钮。这项操作用于生成可执行代码文件。生成的文件扩展名为“.HEX”，这个生成的文件上传到单片机中，就可以进行单片机的控制了。

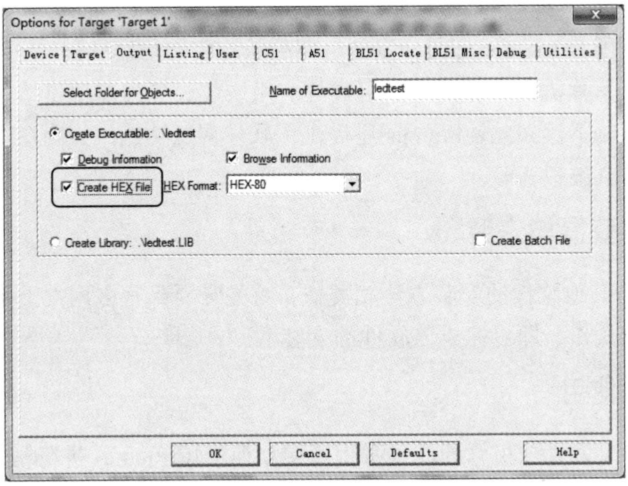

图 2-12　Options for Target ‘Target 1’对话框

返回工作界面后，再次单击工具栏上的或按钮，进行工程的编译，编译成功后，在工作界面下方的窗口中会出现“0 Error (s), 0 Warning(s)”字样，表示程序编写正常，工程编译通过，如图 2-13 所示。

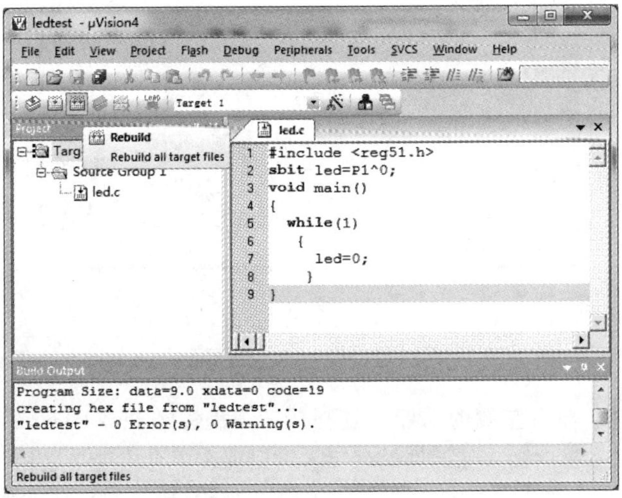

图 2-13　编译工程

至此完成了“点亮一个二极管”项目驱动程序建立的全过程。

如果程序编写错误，在编译过程中会出现错误提示，需要根据提示进行修改，直至程序编

课件 Proteus 软件的使用

视频 Proteus 软件的使用

译成功。今后随着使用的深入，对 Keil 软件的其他功能还会再做针对性介绍，读者也可以参考其他书籍，进一步了解 Keil 相关使用的方法。

2.4 Proteus 软件的使用

Proteus ISIS 是英国 Labcenter 公司开发的电路分析与实物仿真软件。Proteus ISIS 可以仿真模拟电路、数字电路、单片机及其外围电路组成的应用系统、各种虚拟仪器，如示波器、逻辑分析仪和信号发生器等。不仅如此，Proteus 还提供了软件调试功能，如同在真实的硬件上运行一样，非常方便进行仿真虚拟实验。

1. Proteus 的获得与安装

Proteus 的安装与其他软件的安装方法相类似，首先需要到官方网站上下载。双击下载到的安装文件，按照提示操作，即可完成该软件的安装。

2. Proteus 的使用

这里仍以前面点亮发光二极管的应用举例说明如何使用 Proteus 进行仿真。

（1）打开 Proteus ISIS，其工作界面如图 2-14 所示。首次打开时，软件的工作区域是空白的，没有任何器件和电路。

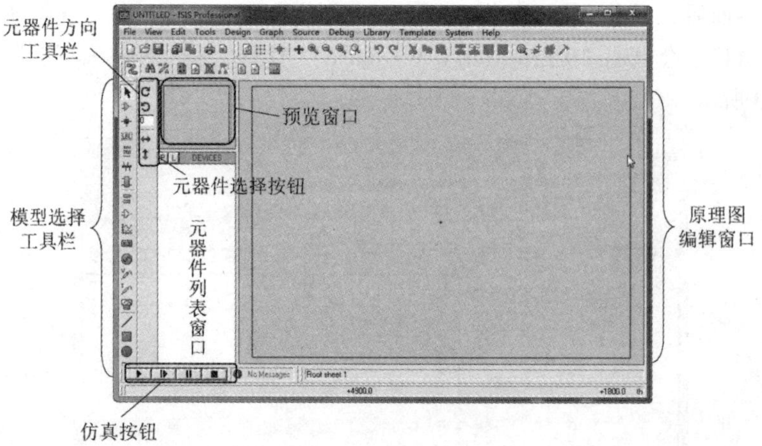

图 2-14　Proteus 工作界面

（2）添加元器件。单击左侧的元器件选择按钮 P，弹出 Pick Device 对话框，如图 2-15 所示。在 Keywords 文本框内输入元器件的名字，右侧列表中会出现与之相关的所有可用元器件的名字，选择需要的器件即可。这里在 Keywords 文本框内输入 at89c51 字样（见图 2-16），在右侧窗口内选择要使用的单片机后双击，该单片机出现在元器件列表中，完成这次器件的选择。依次类推，再次在 Keywords 文本框中输入 led red，在右侧窗口内选择红色的发光二极管后，双击该项，完成发光二极管的选择。再次在 Keywords 文本框中输入 res，选择电阻并双击，完成所有元器件的选择。单击 OK 按钮，退出元器件选择窗口。（有关各种常用元器件在 Proteus 中的中英文名称对照，请参见附录 B。）

（3）增加电源。增加电源的操作较为简单，单击最左侧的模型选择工作栏，并选择按钮，在 TERMINALS 列表中选择 POWER 选项（见图 2-17），光标移动至绘图区，变成一支画笔，单击即可完成电源的绘制。至此，全部需要的元器件均已选择完成。

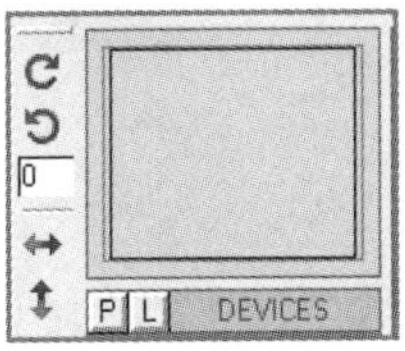

图 2-15　选择器件

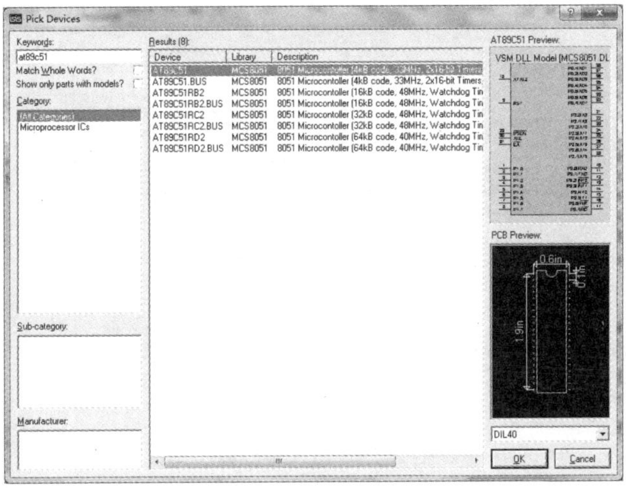

图 2-16　选择元器件

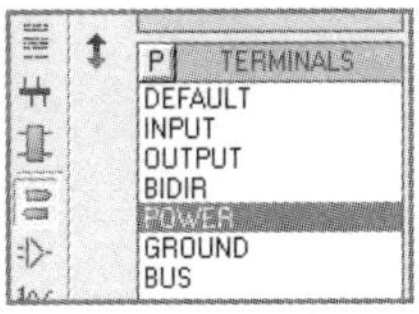

图 2-17　选取电源

（4）绘制电路原理图。这时可以直接从 DEVICES 列表中取出选择好的器件，并放置到绘图区。单击各器件的端点，可以进行连接。连接后的电路图如图 2-18 所示。在每个元器件上双击，或右击可以对它的一些属性进行修改。如这里对二极管进行了旋转，就是在二极管上右击，在弹出的快捷菜单中选择旋转命令即可。对元器件的名称等属性也都可以进行修改，随着使用的深入，还会陆续介绍一些用法。

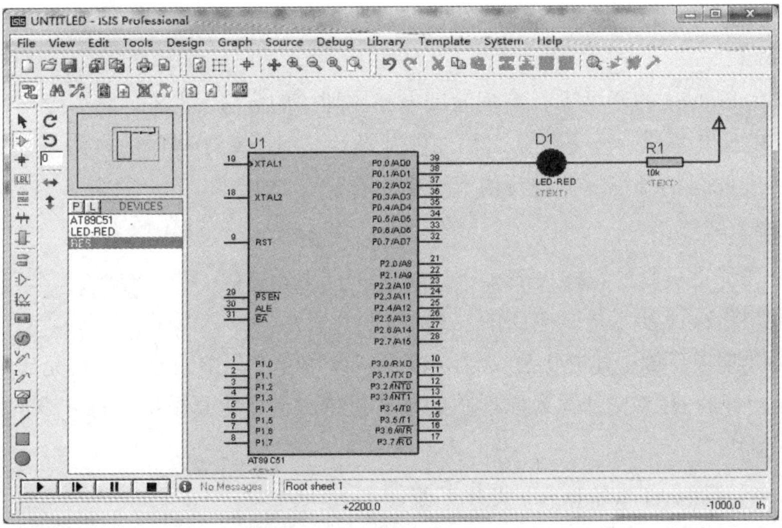

图 2-18　连接后的电路图

（5）烧写程序文件。逻辑电路图绘制完成后，将上节生成的点亮发光二极管的 HEX 文件下载到单片机中，就可以进行单片机的仿真运行了。首先双击图中的单片机，在弹出的窗口中找到 Program Files 选项，并单击旁边的按钮，在弹出的窗口内导航到 HEX 文件的保存位置，选择后确定，如图 2-19 所示。

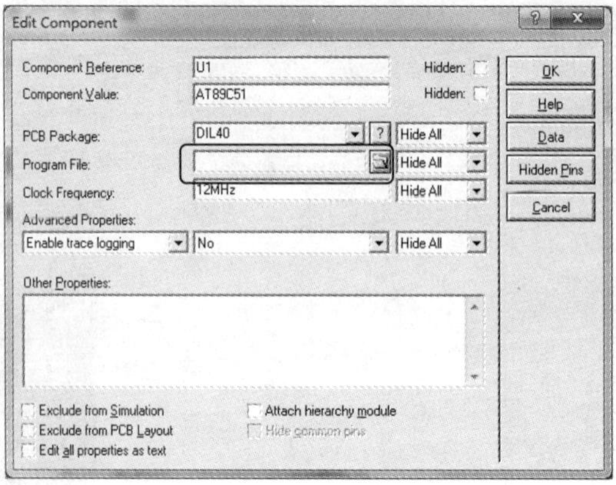

图 2-19 写入运行程序

（6）单片机运行。单击窗口左下角的工具条中的第一个，即开始进行系统仿真运行，这里看到原理图中的发光二极管变成了红色。

Proteus ISIS 的使用有很多技巧和方法，在今后的学习中会根据需要进行专门的介绍，也推荐读者通过网络或其他相关书籍进行自学，多画图、多练习，尽快掌握这一模拟仿真软件的使用方法。

课件 Keil+Proteus 仿真模拟实验

视频 Keil+Proteus 仿真模拟实验

2.5 实验：Keil+Proteus 仿真模拟实验

【实验目的】

（1）掌握在 Proteus 的环境下，熟练绘制电路原理图的方法。

（2）掌握在 Keil 集成环境下建立工程，以及设计、编写 C51 程序的方法。

（3）能在 Proteus 的环境下，进行仿真模拟运行。

【实验内容】

进行 LED 发光二极管的花样表演。

（1）绘制如图 2-19 所示仿真电路图。

（2）在 Keil 集成环境中建立工程文件，输入“参考程序”中的源程序，完成编译。

（3）将编译好的 HEX 文件写入原理图的单片机中，进行仿真模拟运行并观察结果。

【实验准备】

（1）PC，Windows XP/Windows 7 操作系统。

（2）Proteus 仿真模拟软件。

（3）Keil 软件。

【实验过程】

（1）启动 Proteus ISIS，挑选所需元件。所需元件列表见表 2-6。

表 2-6　所需元件列表

序号	元件名称（英文）	中文名称或含义
1	AT89C51	Atmel 公司生产的 51 系列单片机
2	RES	电阻
3	CRYSTAL	晶振
4	CAP	电容
5	CAP-ELEC	电解电容
6	RESPACK	排阻（带有 8 个引脚，并有公共端）
7	LED-RED	红色发光二极管
8	BUTTON	按钮开关

（2）设计仿真电路图①，如图 2-20 所示，并保存文件。

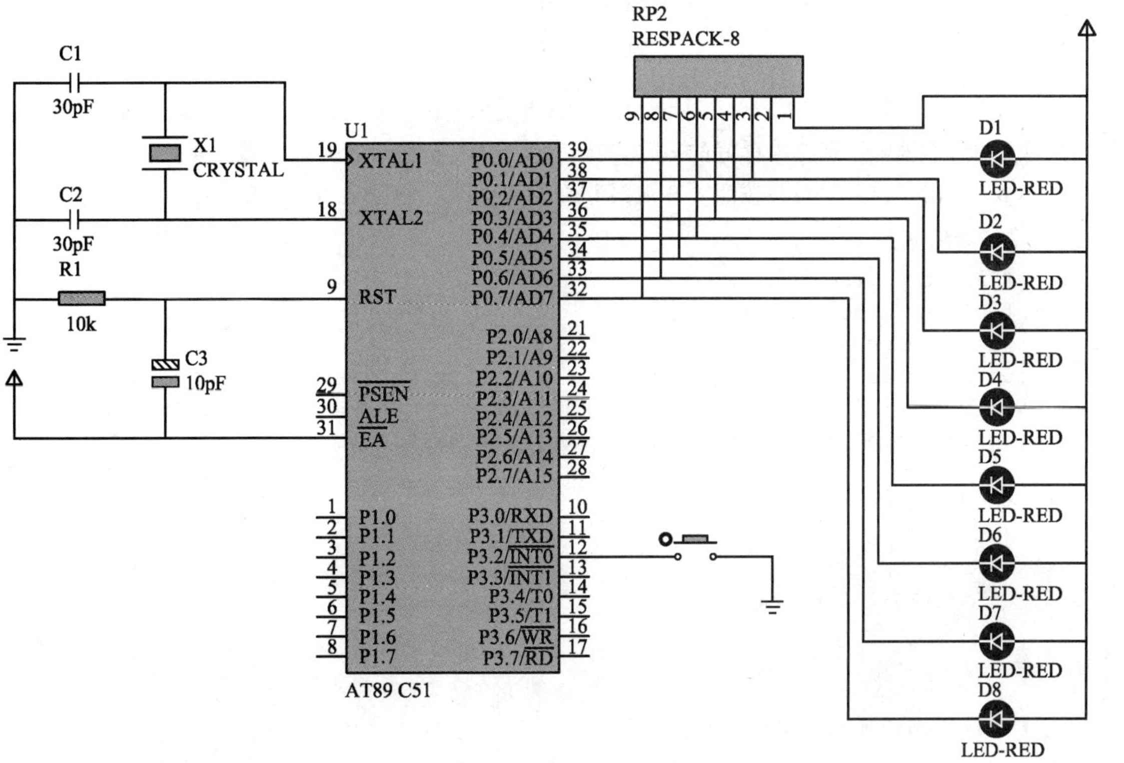

图 2-20　仿真电路图

① Proteus 仿真电路中单片机即使不绘制晶振、复位、电源等仍可正常使用。以后的仿真电路原理图中为简便起见，将不再绘制单片机的外围支持电路，但在实际使用中则必须具备这些电路。

（3）在磁盘中首先创建一个新文件夹，并将其命名为工程名，接着在 Keil 集成环境下建立工程文件，编写 C51 源程序，并编译该工程文件生成 HEX 文件待用。工程中单片机选择 AT89C51，如图 2-21 所示。

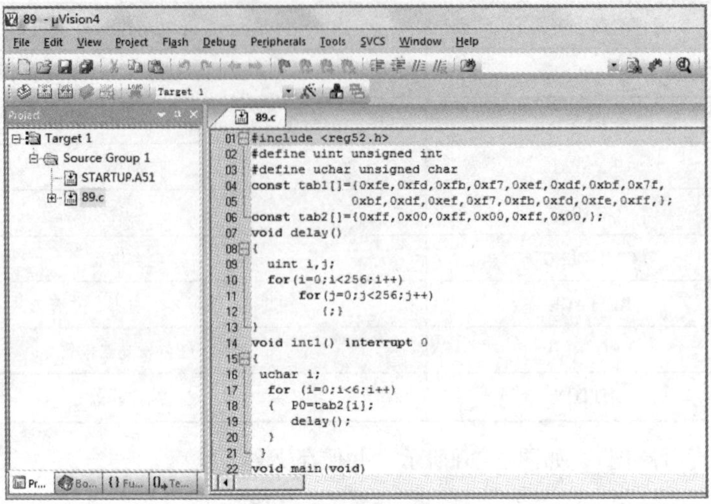

图 2-21　C51 源程序

（4）将所设计的电路原理图与目标代码程序相连接；在仿真电路图中，双击 U1（即单片机），在弹出的对话框中，选择编译好的 HEX 文件，单击 OK 按钮后，完成连接工作。

（5）单击“仿真运行”按钮，并观察 LED 点亮情况，验证是否符合要求。

【参考程序】

```
#include  <reg51.h>
#define  uint  unsigned  int
#define  uchar  unsigned  char
uchar  code  dsptab1[ ]={0xfe,0xfd,0xfb,0xf7,0xef,0xdf,0xbf,0x7f,
                          0xbf,0xdf,0xef,0xf7,0xfb,0xfd,0xfe,0xff };
uchar  code  dsptab2[ ]={0xff,0x00,0xff,0x00,0xff,0x00 };

void  delay()
{
  uint  i,j;
  for(i=0;i<256;i++)
     for(j=0;j<256;j++);
}

void  int1( )  interrupt  0
{
  uchar  i;
  for  (i=0;i<6;i++)
  {  P0=tab2[i];
     delay();
  }
```

```
 }

void  main()
{
  EX0=1;
  IT0=1;
  EA=1;
  while(1)
  {
     uchar  x;
     for(x=0;x<16;x++)
     {
       P0=dsptab1[x];
       delay();
     }
   }
 }
```

【实验总结】

（1）在 Proteus 的环境下，熟练掌握各类元器件的选取方法，熟悉常用元器件的英文缩写。

（2）熟悉在 Proteus 中对选用元件的取值进行修改以及元件旋转摆放的方法。

（3）熟练掌握在 Keil 集成环境下建立单片机工程，以及对照原理图编写 C51 程序的方法，并学会查找错误与调试。

（4）在 Proteus 的环境下，将电路原理图与软件连接，仿真模拟运行。

小　结

本模块内容先是对 C51 语言的语法知识进行了概略介绍，通过这部分内容使读者对于 C51 程序设计有初步的认识，重点掌握数据类型、常量、变量、常用运算符、基本语句结构、语法规则等，并能完成简单程序设计，为后面使用 C51 驱动单片机打下基础。Keil 和 Proteus 是学习过程中始终使用的两个工具软件。这两个软件功能丰富，需要多用多练才能熟悉，并摸索出使用技巧。本模块通过点亮一个发光二极管的例子，带领读者实践应用这两个软件，初步掌握简单的使用方法。随着课程的深入，涉及的 C51 语言、Keil 和 Proteus 等内容也会循序渐进加深。C51 程序在单片机使用过程中发挥着灵魂作用，必须打好语言基础。课后多看相关程序设计，记忆几则经典的代码，尽快熟练语法规则，形成编程思维，是快速提高应用技能的有效方法。

习　题

一、选择题

1. （　　）是构成 C51 语言程序的基本单位。

A. 函数　　　　B. 过程　　　　C. 子程序　　　　D. 子例程

2. 以下叙述中正确的是（　　）。

A. 构成 C51 程序的基本单位是函数

B. 可以在一个函数中定义另一个函数

C. main()函数必须放在其他函数之前

D. 所有被调用的函数一定要在调用之前进行定义

3. 下述 C51 语言中变量命名正确的是（　　）。

A. E2　　B. 1.5E2.3　　C. 5.OE　　D. 3e-3

4. 下列计算机语言中，CPU 能直接识别的是（　　）。

A. 自然语言　　B. 高级语言　　C. 汇编语言　　D. 机器语言

5. 设 int x=1,y=1; 表达式(!x||y--)的值是（　　）。

A. 0　　B. 1　　C. 2　　D. -1

6. （　　）是 C51 语言提供的合法的数据类型关键字。

A. Float　　B. signed　　C. integer　　D. Char

7. 以下选项中合法的用户标识符是（　　）。

A. long　　B. _2Test　　C. 3Dmax　　D. A.dat

8. 已知大写字母 A 的 ASCII 码是 65，小写字母 a 的 ASCII 码是 97，则用八进制表示的字符常量'\101'是（　　）。

A. 字符 A　　B. 字符 a　　C. 字符 e　　D. 非法的常量

9. 在 C51 语言中，设 int 类型占 2 字节，下列不正确的 int 型常数为（　　）。

A. 32768　　B. 0　　C. 037　　D. 0xaf

10. 在 C51 语言中，sbit 类型数据占用（　　）bit 存储；int 类型数据占用（　　）字节存储；SFR 类型数据占用（　　）字节存储。

A. 1　　B. 2　　C. 4　　D. 8

二、创新设计题

1. 编写一个使发光二极管闪烁的 C51 程序，并绘制电路原理图。

2. 编写一个轮流点亮 8 个发光二极管的流水灯程序，并绘制电路原理图。[提示：使用 P1 口，循环左移函数为_crol_（字符，位数），循环右移函数为_cror_（字符，位数），使用这两个函数都要求在头文件中包含 intrins.h 文件。]

模块3 并行接口及应用

CPU 与外围设备之间的信息传送都是通过接口来实现的。并行接口是十分重要的一种接口，这是因为在计算机内部，CPU 对内部数据的处理都是并行的。除了并行接口外，还有一种是串行接口，应用也十分广泛，有关串行传输的内容将在模块 6 详述。并行传输速度快，但成本高，传输时需要多根传输线，组成数据的各个二进制位同时在传输线上传送。

内容要点：

- 单片机并行接口的位结构与工作原理；
- 数码管的结构、分类、段选码、位选码与动态显示原理；
- 锁存器工作原理与应用；
- 延时函数的编写与时长测定；
- C51 语言中数组的应用；
- 矩阵式键盘与独立式键盘的工作原理；
- 应用行列反转法识别矩阵式键盘。

3.1 单片机的并行接口

课件 单片机的并行接口–P0 口

51 单片机有 4 个并行接口，分别为 P0、P1、P2、P3，每个接口均包括 8 条 I/O 口线，总共有 32 条 I/O 口线（引脚）。每个并行接口包含 1 个锁存器、1 个输出驱动器和输入缓冲器，但是这 4 个并行接口的具体结构和功能却不完全相同。下面分别介绍它们的内部结构和工作原理。

1. P0 口

视频 单片机的并行接口–P0 口

P0 口是一个 8 位漏极开路的双向三态 I/O 口，这是一个多功能接口，除了作为通用的 I/O 口外，还可以作为地址/数据总线，在单片机进行系统扩展时用作系统总线来使用。

P0 口的 8 个引脚的位结构都是相同的，这里通过分析其中一个位结构来了解一下 P0 口的组成结构及工作原理。

由图 3–1 可以看到，P0 口的位结构包括 1 个锁存器、2 个三态缓冲器、1 个输出驱动电路和 1 个输出控制电路。其输出控制电路由 1 个与门、1 个反相器和 1 个多路转换开关组成；输出驱动电路由 2 个场效应管组成。

下面分别就 P0 口的不同功能进行工作原理的简单介绍。

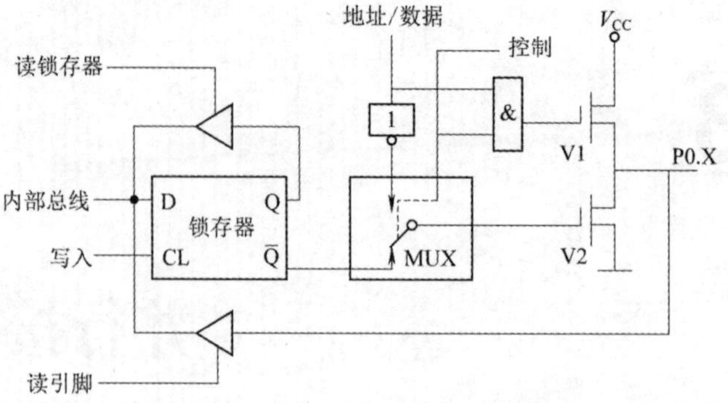

图 3-1　P0 口一个引脚的位结构

1）P0 口用作通用的 I/O 口

对照图 3-1，当 P0 口作为普通的 I/O 口时，控制信号为低电平（即 0），则控制电路中与其相连的与门输出必定为低电平，因此与输出驱动电路相连的场效应管 V1 处于截止状态。又因为控制信号为低电平，控制多路转换开关 MUX 向下闭合，与输出锁存器的$\overline{Q}$端相连。这种情况下当写锁存器的信号 CL 有效时，内部连通的线路是：内部数据总线→锁存器的 D 端→锁存器的反相输出端$\overline{Q}$→多路转换开关 MUX→场效应管 V2 的栅极→P0 口的某一位引脚。

P0 口作为输出口时是漏极开路①，因此后级电路必须外接上拉电阻。只有外接了上拉电阻，才能输出高电平，同时也加大了输出引脚的驱动能力。

当 P0 口作为输出引脚时，其工作原理如下：

（1）当内部总线输出 1，且锁存器的 CL 引脚获得写脉冲时，锁存器的 D 端与 Q 端值相同为 1，$\overline{Q}$端对输入取反为 0，而$\overline{Q}$通过转换开关 MUX 与场效应管 V2 的栅极相连，此时 V2 截止，则 P0 的这个引脚变为高电平 1，与总线上的输出相同，实现了高电平输出。

（2）当内部总线输出 0，写锁存器信号 CL 有效时，锁存器的 D 端与 Q 端值相同为 0，$\overline{Q}$端对输入取反为 1，而$\overline{Q}$通过转换开关 MUX 与场效应管 V2 的栅极相连，此时 V2 导通，则 P0 的这个引脚变为低电平 0，与总线上的输出相同，实现了低电平输出。

当 P0 口作为输入引脚时，需要考虑读引脚还是读锁存器。

读取 P0 口某一引脚上的数据时，读引脚缓冲器打开，此时引脚上的数据直接通过缓冲器到达内部数据总线和锁存器，完成数据读取。此时通过打开读锁存器缓冲器，也可以读取锁存器的输出 Q 的值，一般情况下，读引脚与读锁存器获得的值是一样的，直接读取就可以获得输入的数据。

但也有例外情况，比如，刚刚从内部总线输出低电平时，锁存器 Q = 0，$\overline{Q}$ = 1，此时场效

① 漏极开路（open drain）即高阻状态，适用于输入/输出，可以独立输入/输出低电平和高阻状态。若需要产生高电平，则需使用外部上拉电阻或使用电平转换芯片，同时具有很大的驱动能力。

应管 V2 导通，引脚呈低电平。此时无论端口线上外接的信号是低电平还是高电平，从引脚读进来的都会是低电平，导致不能正确读取引脚信号。因此在读取数据前，该引脚需要先置 1，使 V2 截止，这样才能正确读取外部输入的信号。

2）P0 口用作地址/数据复用口

P0 口在访问外部存储器时作为地址/数据复用端口。这时控制电路中的控制信号固定为高电平，并控制使多路转换开关 MUX 与反相器的输出端相连，此时与场效应管 V2 相连的与门状态是由数据/地址线来控制的。此刻内部连通的线路也有两条，分别是：

（1）地址/数据线→反相器→多路转换开关→场效应管 V2→P0 口某一位的引脚。

（2）地址/数据线和控制信号线→与门→场效应管 V1→P0 口某一位的引脚。

这两条线路在同一时刻只能有一条是连通的。

当地址/数据信号为 0 时，与门输出低电平，场效应管 V1 截止，而与地址/信号线相连的反相器得到高电平，通过多路转换开关后，场效应管 V2 导通，此刻通过该引脚输出的是低电平，与地址/数据信号输出相同，实现了输出地址/数据信号。

当地址/数据信号为 1 时，与之相连的反相器得到低电平，通过多路转换开关后，使与之相连的场效应管 V2 截止；与此同时，与门获得高电平输出，场效应管 V1 导通，此刻通过该引脚输出的是高电平。

由此可见，在输出地址/数据信号时，V1 与 V2 是交替导通的，是一种推挽结构，负载能力很强，可以直接与外部存储器相连，无须再增加总线驱动器。

2. P1 口

P1 口是一个 8 位准双向并行口，它是所有 4 个并行口中结构最简单、功能最单一的接口。与 P0 口明显不同的是，P1 口内置了上拉电阻。其位结构如图 3-2 所示。

课件　单片机的并行接口-P1、P2 口

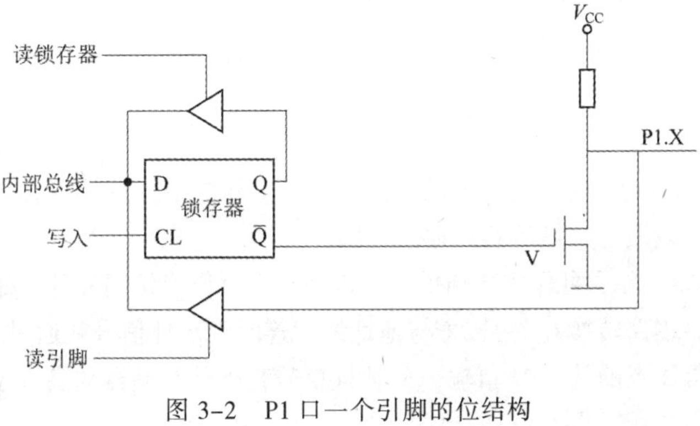

图 3-2　P1 口一个引脚的位结构

视频　单片机的并行接口-P1、P2 口

1）P1 口用作输入端口

P1 口作为输入端口时，为了准确读取引脚的信息，必须先向锁存器写 1，此时锁存器的 $Q=1$，$\overline{Q}=0$，场效应管 V 截止。这时引脚上输入的高电平信号就可以通过读引脚缓冲器进入内部总线和锁存器中。

2）P1 口用作输出端口

P1 口作为输出端口时，当写锁存器信号 CL 有效时，内部总线上的数据进入锁存器中。如果内部总线为 0，则锁存器的 Q＝0，$\overline{Q}$＝1，场效应管 V 导通，引脚通过 V 连到接地上，此时引脚输出为低电平 0；如果内部总线为 1，则锁存器的 Q＝1，$\overline{Q}$＝0，场效应管 V 截止，由于上拉电阻的作用，此时该引脚输出为高电平 1。

3. P2 口

P2 口是一个多功能的 8 位准双向 I/O 口，其内部结构与 P1 口相似，但比 P1 口多了一个多路转换开关，因此 P2 口兼有 P0 口与 P1 口的一些特点，这主要体现在输出功能上。当多路转换开关向左与锁存器的 Q 端相连时，内部总线上输出的信息通过反相器与场效应管相连，此时输出的是总线上传递的信息；当多路转换开关向右与地址线相连时，地址线上的信息通过反相器与场效应管相连，此时输出的是地址信息。其位结构如图 3-3 所示。

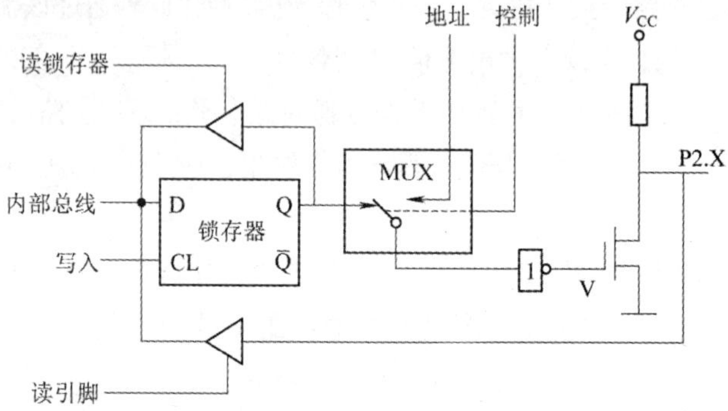

图 3-3　P2 口一个引脚的位结构

1）P2 口用作输入端口

P2 口作为输入端口时，也需要先向锁存器写 1，使场效应管先截止。此时引脚上输入的高电平信号，送到读引脚缓冲器输入端，只有当读引脚缓冲器导通时，引脚上的高电平信号才可能送到内部总线和锁存器中。

课件　单片机的并行接口-P3 口

2）P2 口用作输出端口

P2 口作为输出端口时，内部总线上的信息通过锁存器的 D 端输出到多路转换开关，再通过反相器后，连接到场效应管，最后到达输出引脚。

P2 口具有多功能，除了可作为普通的 I/O 口外，还可作为访问外部存储器的地址信息。在控制信号的作用下，多路转换开关 MUX 与地址线相连时，地址信号就通过反相器、场效应管、引脚进行输出。值得注意的是，P2 口输出的地址信号是外部存储器的高 8 位地址，其低 8 位地址信号是在控制信号作用下由 P0 口输出的。

视频　单片机的并行接口-P3 口

4. P3 口

P3 口也是多功能的 8 位准双向并行口。其工作原理与 P1、P2 口相似，但也有不同。在作为普通 I/O 口时，第二功能的输出端要保持高电平，只有这样，锁存器的输出才能顺利通过与非门，到达场效应管的栅级，并通过引脚输出。其位结构如图 3-4 所示。

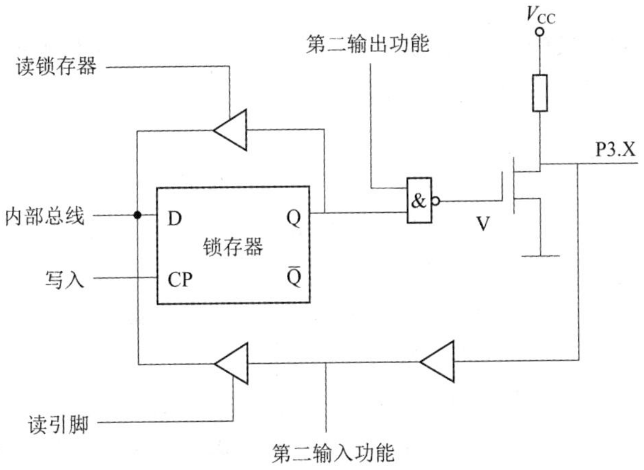

图 3-4　3 口一个引脚的位结构

P3 口的每一位都具有第二功能。当使用 P3 口中某一位的第二功能时，要求该位的锁存器必须置位，以使第二功能输出端的信息能够顺利通过与非门，到达场效应管的栅极。当使用第二功能输入引脚时，必须使锁存器和第二功能输出线同时为 1，这样才能使第二功能的输入信息送达该引脚。P3 口各引脚的第二功能见表 3-1。

表 3-1　P3 口各引脚的第二功能

引脚	第二功能
P3.0	RXD（串行口数据接收）
P3.1	TXD（串行口数据发送）
P3.2	$\overline{INT0}$（外部中断 0 请求信号输入）
P3.3	$\overline{INT1}$（外部中断 1 请求信号输入）
P3.4	T0（定时/计数器 0 外部计数脉冲信号输入）
P3.5	T1（定时/计数器 1 外部计数脉冲信号输入）
P3.6	$\overline{WR}$（外部数据存储器写选通信号输出）
P3.7	$\overline{RD}$（外部数据存储器读选通信号输出）

在 P3 口的引脚信号输入通道中有两个缓冲器，第二功能输入信息取自第一个缓冲器的输出端，一般输入信号取自第二个缓冲器的输出端。

5. 双向与准双向 I/O 口

P1、P2、P3 口都是准双向 I/O 口，每一条口线(引脚)内部都有上拉电阻，都能独立地作为输出引脚或输入引脚。作为输入引脚时，必须先向锁存器写 1，使场效应管截止，同时该引脚由内部的上拉电阻拉成高电平。当外部输入 1 时，该引脚即为高电平；输入 0 时，该引脚会被拉低为低电平。

P0 口被称为双向口，其内部没有上拉电阻。双向指的是它被用作地址/数据端口时（且只有此时），P0 口处于两个场效应管的推挽状态，当两个场效应管都关闭时，就会出现高阻状态，此时即为双向状态。

当 P0 口用于一般 I/O 口时，内部接 V_{cc} 的场效应管是与引脚脱离的，此时只有接地的那个场效应管在起作用。这个时候通过 P0 口输出数据，必须外接上拉电阻才能输出高电平。如果此时 P0 口作为输入端使用，那么也需要先对端口写 1，使下方场效应管先断开，这个时候如果引脚没有接上拉电阻，则引脚呈现的是高阻状态；如果接了上拉电阻，则本身会输出高电平。

双向口与准双向口的区别在于双向口有高阻态，输入的是真正的外部电信号；准双向口没有高阻态，但其内部有上拉电阻，所以输入的高电平是内部给出的，并不是真正的外部电信号。其实这两种信号在电平逻辑上是没有区别的，但作为模拟信号采集时只能使用外部真正的电信号。所以，P0 口是真正的双向口，其余均为准双向口。不论准双向口还是双向口，在输入数据时都需要先向端口写“1”。

P0 口为漏极开路，具有较大的驱动能力，能驱动 8 个 LS TTL 负载。如果需要增加负载能力，还可在 P0 总线上增加总线驱动器。P1、P2、P3 口各能驱动 4 个 LS TTL 负载。

3.2 使用并行接口点亮数码管

课件 使用并行接口点亮数码管

并行接口传输的特点就是数据同时发送，同时到达。单片机可以通过并行接口驱动数码管、LCD 显示模块等设备，将其运行状态显示出来，更好地方便用户使用。

1. 七段数码管

七段数码管也有人称其为八段数码管，它是由 8 个发光二极管组成的，其中 7 个长条形的发光二极管排列成中文“日”字形状，另一个小圆点在右下角作为小数点使用。其结构示意图如图 3-5 所示。这种组合可以显示 0~9 十个数字以及部分英文字母。

视频 使用并行接口点亮数码管

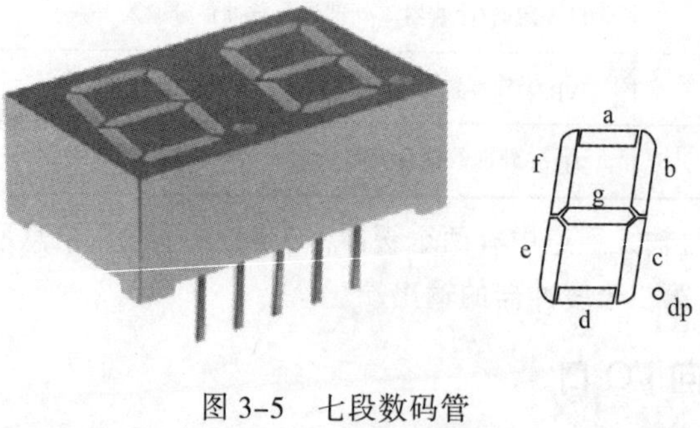

图 3-5 七段数码管

数码管由多段发光二极管彼此相连构成，这些二极管的连接方式有两种：一种是共阴极连接方式，即各发光二极管的所有阴极连接在一起共同接地，此时当某个发光二极管的阳极为高电平时，该发光二极管会点亮；另一种是共阳极连接方式，与共阴极数码管的连接方式正好相反，是所有发光二极管的阳极连接在一起共同接电源，此时当某个发光二极管的阴极为低电平时，该发光二极管会点亮。共阴极、共阳极数码管的内部电路原理图如图 3-6 所示。

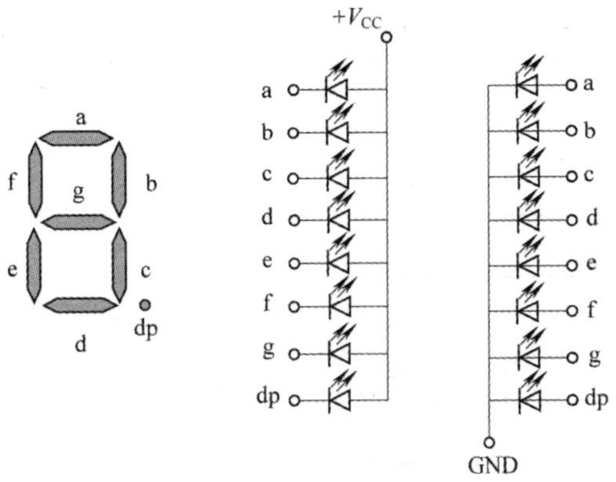

图 3-6　数码管的内部电路原理图

使用数码管时，只需要将单片机的任一并行接口的 8 个引脚与数码管引脚一一对应（并行接口的 0 号引脚对应数码管的 a 段，1 号引脚对应 b 段，以此类推）相连即可。通过并行接口输出数据即可达到控制数码管显示内容的目的，如图 3-7 所示。

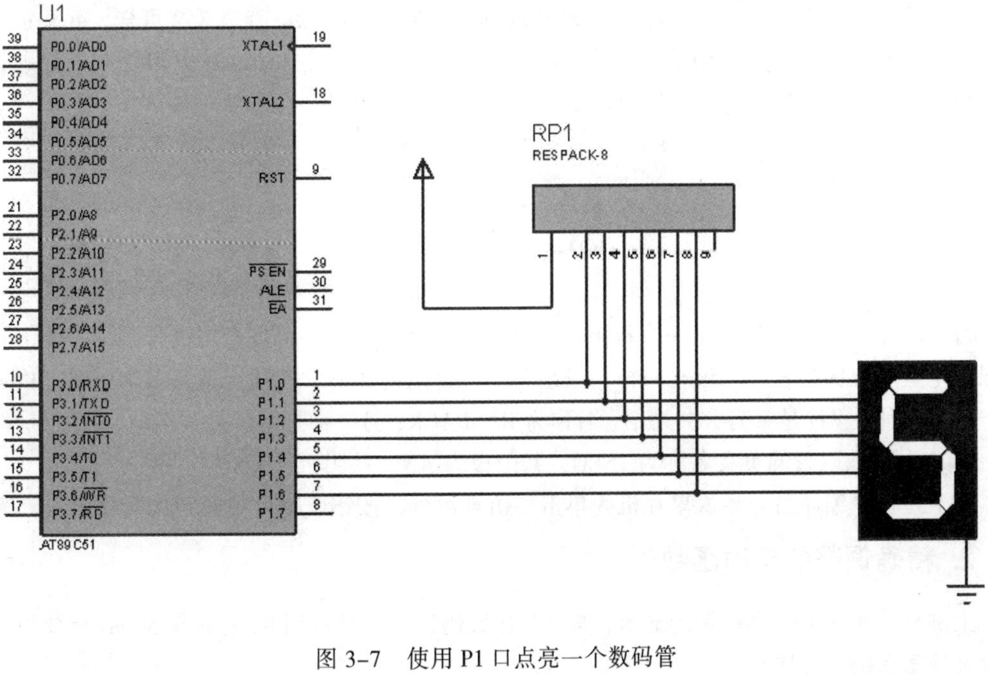

图 3-7　使用 P1 口点亮一个数码管

通常将控制数码管显示内容的 8 位字节数据称为段选码。不同的段选码对应不同的数码显示。共阳极数码管与共阴极数码管的段选码正好互补，见表 3-2。

表 3-2　七段数码管的段选码

显示字符	各段控制信号 (g f e d c b a)			
	共阳码	十六进制	共阴码	十六进制
0	1000000	40H	0111111	3FH
1	1111001	79H	0000110	06H
2	0100100	24H	1011011	5BH
3	0110000	30H	1001111	4FH
4	0011001	19H	1100110	66H
5	0010010	12H	1101101	6DH
6	0000010	02H	1111101	7DH
7	1111000	78H	0000111	07H
8	0000000	00H	1111111	7FH
9	0010000	10H	1101111	6FH

注：表中字符都不带小数点，故未涉及 dp 段状态，与其对应引脚也未连接。

课件　使用单片机控制数码管显示输出数字

【课堂练习】通过 P1 口控制一个数码管显示数字 5。电路原理图见图 3-7。

【分析】图 3-7 中所用的数码管公共端接地即为共阴极数码管。查表 3-2 可知，欲显示数字 5，其段选码（共阴码）为 1101101（即 6DH）。通过 P1 口输出 1101101 就可控制该数码管点亮。由此编写出以下显示数字 5 的驱动程序。

```
#include <reg51.h>
void main(){
  P1=0x6D;
  while(1);
  }
```

视频　使用单片机控制数码管显示输出数字

图 3-7 中为数码管连接了一个排阻，这其中的道理与点亮一个发光二极管时，需要串联一个限流电阻用以保护发光二极管一样。排阻是一排电阻的简称，实质上就是多个电阻。Proteus 中排阻有两种：一种是带有公共端的，名称为 RESPACK；另一种是不带公共端的，名称为 RX8。Proteus 中七段数码管的英文名称为 7SEG，共阳极为 AN，共阴极为 CAT。

将上述程序编译后，导入单片机，单击“仿真运行”按钮，即可观察到数码管点亮。

2. 精确调整的延时函数

上例只是实现了一个数字的显示，如果要让数码管从 0 显示到 9，且每隔 50 ms 就变换一个数字又该怎么编写程序呢？

将上面课堂练习的代码简单修改，在显示每个数字后添加一个延时函数，就能简单实现每隔 50 ms 变换一个数字的效果。

```
#include <reg51.h>
```

```
void main(){
  P1=0x3f;              //显示数字 0
   delay(50);           //延时函数 50 ms
   P1=0x06;             //显示数字 1
  delay(50);            //延时函数 50 ms
  ......
  P1=0x6f;              //显示数字 9
  delay(50);            //延时函数 50 ms
while(1);
}
```

这里涉及延时函数实现 50 ms 时间间隔问题。延时函数的实质就是利用单片机每条指令执行的时长固定，且严格按时序执行的特点，让它执行一些毫无意义的语句来耗费一点 CPU 的时间，以达到延缓系统运行的目的。要实现精确定时，必须依据振荡频率计算出机器周期的时长。

下面就介绍如何来精确地设定延时函数。

首先打开 Keil，新建一个工程，选择单片机为 AT89C51，晶振频率为 12 MHz，如图 3-8 所示。

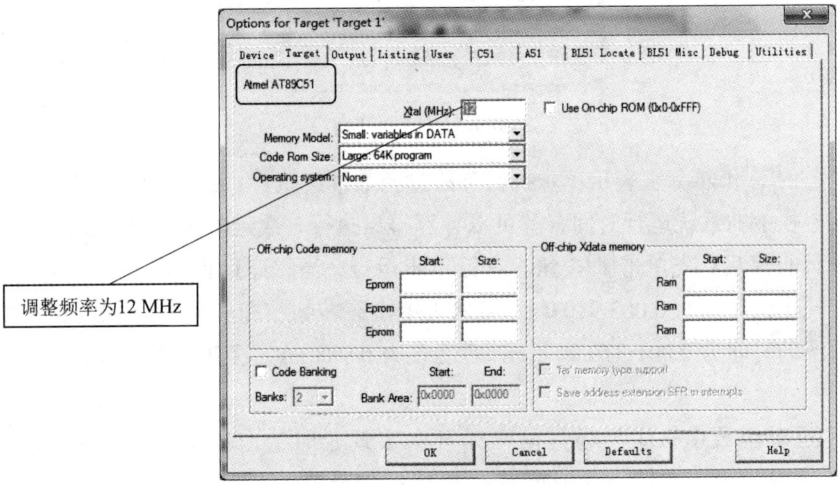

图 3-8　设定单片机的主频为 12 MHz

延时函数的代码如下所示：

```
void  delay(int  x)
 {
    int  y, z;
    for(y=x;y>0;y--)
    for(z=120;z>0;z--);
 }
```

在这个延时函数中，会接收一个参数 x，它就是要延时的时长，这个函数执行一次大约为 0.988 ms，十分接近 1 ms 可以近似当作 1 ms，那么当 x 为 50 时，就相当于停顿了 50 ms。delay() 函数的一次执行时间与晶振的频率是密切相关的。晶振的频率越高，delay()的一次执行时间就越短。

那么又是如何知道这个函数执行一次用了 0.988 ms 呢？原来可以通过 Keil 的调试运行来观察程序的执行时间。当程序编写完成后，单击工具栏上的按钮，会出现程序调试窗口，如图 3–9 所示。

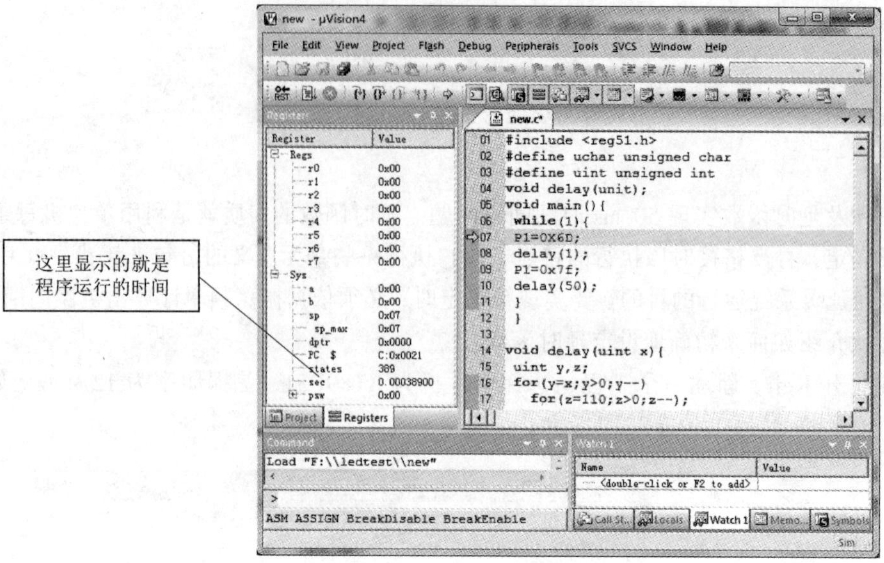

图 3–9 程序调试窗口

工具栏上的和分别表示单步执行和跳过函数继续执行。配合这两个工具按钮以及屏幕左侧的寄存器栏中的系统运行时间，就可以计算得出执行一次延时函数所需要的时间了。

进入设计程序后，先单击按钮，进行单步运行，当程序运行到 delay(1)时，记下此时系统运行已经耗用的时间为 0.003 910 0 s，接着再单击按钮，即已经执行一次 delay(1)，再记录一下此时系统的时间为 0.001 379 00 s，二者之差为 0.988 ms。这就是延时函数执行一次所用的时间。

在上述延时函数中，主要通过两个循环来实现延时，内层循环[for(z=120;z>0;z--);]是整个延时函数的关键，它运行的时间就是执行一次延时的耗时量，通过调整 z 的初始值，使其无限接近 1 ms。外层循环就是延时的倍数，与内层循环的时间量相乘，就是延时的时间。所以，上面延时函数执行一次约为 0.988 ms，欲延时 50 ms，就需要循环 50 ÷ 0.988 ≈ 50，即这个循环执行 50 次就接近延时 50 ms。通过这个计算就可以编写精确的延时函数了。

下面，请读者思考一下，当系统晶振分别为 6 MHz、12 MHz 时，延时 1 ms 需要设定的循环次数该是多少？

3. C51 的数组及应用

【课堂练习】将设定好的延时函数添加到程序，并实现由 9 到 0 的数码倒计时显示，每个数字间隔 50 ms。

【分析】仍以图 3–8 所示电路原理图为例，通过前面的介绍，可以很快地写出如下代码：

……

```
P1=0x6f;           //显示数字 9
  delay(50);       //延时 50ms
P1=0x7f;           //显示数字 8
  delay(50);       //延时 50ms
P1=0x07;           //显示数字 7
  delay(50);       //延时 50ms
……
P1=0x3f;           //显示数字 0
  delay(50);       //延时 50ms
```

观察上述代码，可以看出代码的规律很明显，都是通过 P1 口显示一个数字（只是方框内数字不同）然后再延时，但这样写的代码冗长易错，工作量也大；应用 C51 提供的数组结合循环语句则可以有效地减少代码，使程序可读性更强，代码更为精练。

C51 中数组是同一数据类型数据的集合。利用数组可以一次性定义多个变量，对这些变量可以采用“数组名[下标]”的方式读取。将数组与循环相结合，利用循环变量当作数组的下标，就可以在循环当中，遍历到每一个数组值了。利用这个思路，将段选码定义为数组，程序执行时，只需要让 P1 口按顺序读取数组元素就能达到预期目标了。

定义数组的语法格式：

```
类型 code 数组名[元素数量]={元素 1, ..., 元素 n}      //元素数量可省略
```

注意：定义数组时使用 code 关键字表示将该数组存放在程序存储器空间，因此带有 code 的数组元素值不可改变。如数组值在运行中会改变，则不要加 code 关键字。

数组的调用方法：

```
数组名[下标]                          //下标即元素的位置序号
```

尤其需要特别提醒的是，C51 中数组的下标都是从 0 开始计数的。如定义一个数组 table，含有 10 个数字，则命令写为：

```
uchar① code table[10]={0x6f,0x7f,0x07,0x7d,0x6d,0x66,0x4f,0x5b,0x06,0x3f};
```

上面数组中起始的数组元素是 table[0]，其内容为 0x6f；结束的元素是 table[9]，其内容是 0x3f，千万注意上面定义的数组中并不存在 table[10]这个元素。

结合 for 循环，上面的倒计时程序就可简化为如下片段：

```
uchar i;
for (i=0;i<10;i++){
  P1=table[i];         //每次循环，i 的值发生变化，P1 口会读取不同的段选码
     delay(50);        //延时 50ms
}
```

通过上述代码可以看见，数组配合循环语句后，极大地简化了代码，程序的结构也更加清晰，同时还避免了重复书写过多相同结构代码带来的错误，提高了编程效率。这种应用方法值得读者反复练习，并加以熟练运用。

① uchar 是应用#define 预定义的代码缩写形式，使用前须在程序开始部分写入#define uchar unsigned char。为简便起见，这里省略了预定义的语句，实际编程中不可以省略。本书以后使用 uchar 的情况与此相同。

课件 数码管模块的显示

视频 数码管模块的显示

3.3 数码管模块的显示

当有多个数码管需要联合显示时，采用分别驱动七段数码管的方法，效率较低，并且会占用宝贵的端口。为此可以采用数码管模块方式，在节省端口的前提下，实现更多内容的显示。

1. 数码管模块的内部结构与点亮原理

数码管模块就是将多个分立的同类数码管组合在一起构成的。其组合方法是将模块中每个数码管里相同名称的段选引脚（a、b、c、d、e、f、g、dp）按相同名称并联后再与各个数码管的公共引脚分别引出，如图 3-10 所示。其显示的原理是通过给段选引脚送入数字编码确定显示内容，再控制公共引脚来决定一个或几个数码管点亮。数码管模块也分为共阴极和共阳极两种。共阴极数码管模块其内部的数码管均为共阴型，同理，共阳极数码管模块其内部的数码管均为共阳型。

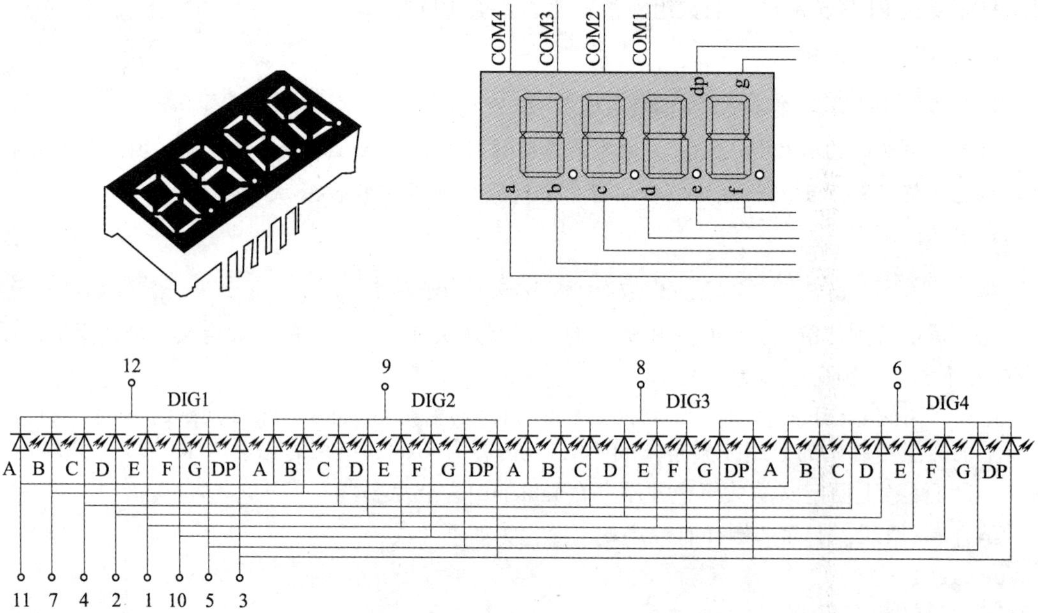

图 3-10 数码管模块及内部逻辑引脚结构图

决定数码管显示内容的字节编码称为段选码。数码管模块中每一个数码管都有一个公共极（共阴/共阳），通过改变公共极的值，可以管控某个数码管的电路导通并点亮。将数码管的所有公共极的状态组合在一起构成的编码就称为位选码。显然由位选码可以决定模块中哪一个数码管点亮；由段选码决定点亮的数码管显示什么内容。因此，当需要数码管模块中某一个数字点亮时，只需要做两件事情：

（1）确定段选码，即欲显示的数字编码；

（2）指定位选码，即设定欲点亮的数码管位置。

【课堂练习】让含有 4 个数码管（共阴极）的模块中第二个数码管点亮并显示数字 7。

【分析】共阴极数码管要显示数字 7，查表 3-2 可知其段选码为 0000111，即 07H，可以将数码管模块对应的引脚接到单片机的 P0 口的各个引脚上。要让第二个数码管点亮，就是要使第二个数码管的位选为打开状态。考虑到是共阴极数码管，所以设为低电平就可以点亮该数码管，其他数码管的公共极连接为高电平。按照上面的分析，将这 4 个引脚分别接到 P2 口的高 4 位引脚上，则对应的位选码应为 11010000，即 D0H。（位选码接在 P2 口上，低 4 位未用故为 0，高 4 位中，第二个数码管的引脚与 P2.5 相连，故此位为 0，其余各位均为 1，所以位选码为 11010000。）

其电路连接情况如图 3-11 所示。

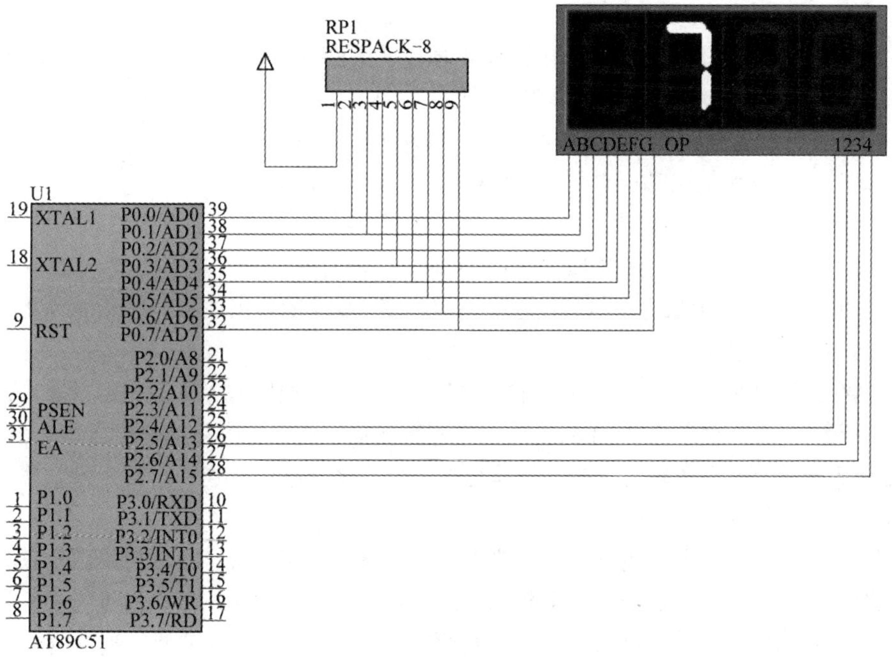

图 3-11　数码管模块的连接与显示

根据电路原理图，可编写驱动程序如下：

```
#include <reg51.h>

void main(){

    //设定段选码
    P0=0x07;

    //设定位选码
    P2=0xD0;

    //设定死循环，使程序一直运行
    while(1);
}
```

将上述程序编译后，写入单片机内，进行仿真运行，看到第二个数码管点亮了。

课件 数码管的动态显示

观察上面程序，请思考，如果将第 12 条语句放在第 6 条语句前面，行不行？会产生怎么样的结果？为什么会产生这样的结果？

视频 数码管的动态显示

2. 锁存器与动态显示

在上面例子中，控制这个数码管模块需要使用两个并行接口。通过前面的介绍可知，除了 P1 口外，其他 3 个并行接口都在担负着其他作用，如果为了显示数码管的内容而将端口全都占用了，显然得不偿失。应当用最少的并行接口来尽可能多地显示一些内容，这就需要一个并行接口来承担更多的“角色”，这个想法可以借助于锁存器①来实现。

常用的锁存器有 74LS273、74LS373、74LS374 以及 74LS573 等。所谓锁存，就是把信号暂存以维持某种电平状态。锁存器的最主要作用是缓存，同时也能增加驱动的能力。下面以 74LS373 为例说明其工作原理。74LS373 的结构如图 3-12 所示。

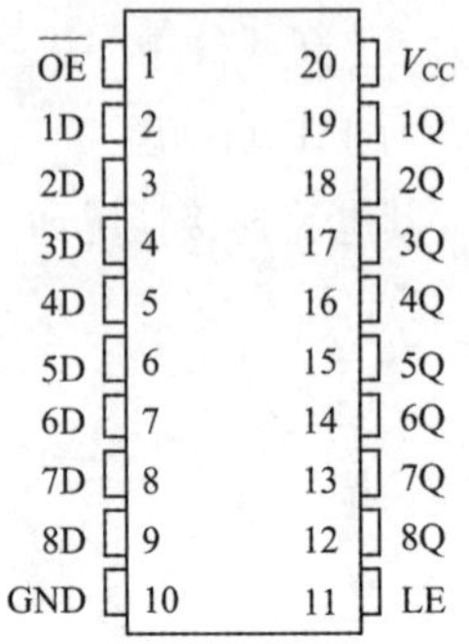

图 3-12 74LS373 的结构

74LS373 的 D 端为输入端(1D~8D 可以接到单片机的某一并口的各个引脚上)，Q 端为输出端(1Q~8Q 分别对应 1D~8D 的输入)。当 $\overline{OE}$ 引脚为低电平时，才能输出；如果 $\overline{OE}$ 为高电平，则 Q 端输出为高阻状态。当锁存器的允许端 LE 为高电平时，Q 端的输出与 D 端的输入相同；当 LE 为低电平时，锁存器内容不变，Q 端的输出内容为原来 D 端的内容，并不再随 D 端变化而变化。

依据锁存器可以暂存的工作原理，将 P1 口分别与两个锁存器的 D 端相连，通过控制这两个锁存器的 $\overline{OE}$、LE 来决定当前 P1 口的输出锁存到哪里，这样 1 个并口就相当于 2 个并口了。然后再将数码管模块的段选码与位选码分别与这 2 个锁存器 Q 端相连。这样一来，用 1 个并口也可实现 4 个数码管的点亮。

如果要使 4 个分离的数码管同时都点亮并显示不同的数字内容，可以使用多个锁存器。每一个锁存器负责点亮一个数码管，各个数码管的位选线连接在一起，然后通过对锁存器输出的调整来实现显示不同的内容，这就是数码管的静态显示方法（指数码管点亮时，对应数码笔画的二极管处于恒定的导通或截止状态）。静态显示方法数字显示清晰，没有闪烁，软件控制比较简单，但需要的硬件较多，因为每个数码管的段选线都得分别控制，而且多个数码管同时点亮，所需的电流也比较大。所以，在位数较多的时候，通常不采用静态显示方法。

数码管模块的动态显示方法，就是通过动态地改变段选码和位选码，使每个数码管按一定的频率轮流点亮。这种方法充分利用了发光二极管的“辉光效应”，给人感觉好像所有数码管都点亮了。利用动态显示方法时，所有数码管的段选线都连接在一起，但位选线是分离的，通过控制位选线的变化，可快速点亮刷新。这种方法因为所有的段选线都连在一起，硬件电路相对比较简单，且同一时刻只有一个数码管在点亮，所需电流也较小。但是刷新的频率如果较慢，

① 除了锁存器外，应用 MC14495、74HC595、74HC164 等也可实现节省端口、快速、方便的显示效果。本书中介绍的是锁存器，读者可自己查阅资料了解其他相关芯片的使用方法。

就会出现数码管的闪烁现象。所以，在动态显示中，数码管的刷新周期不要太短。一般的数码管刷新周期应控制在 5~10 ms（即刷新频率为 100~200 Hz），这样既保证了数码管每次刷新都被完全点亮，又不会产生闪烁现象。这个刷新周期通常利用自定义的延时函数或中断的方法来实现。如图 3-13 所示，就是采用动态显示方法实现的全部数码管点亮。

【课堂练习】对照图 3-13，编写驱动程序，使共阴极数码管模块动态显示“2020”字样。

【分析】通过前面的介绍可知，数码管显示数字的内容取决于段选码。这里需要显示 2020 这 4 个数字，查表 3-2 找到指定的段选码，按先后顺序分别为 0x5b、0x3f、0x5b、0x3f。动态显示时就是使 2、0、2、0 这 4 个数字不断地分别显示，根据它们显示的顺序写出位选码。因为只有 4 个位选码，使用并口时只需接在高 4 位即可，低 4 位为 0，则位选码依次为 11100000（即 0xe0）、11010000（即 0xd0）、10110000（即 0xb0）、01110000（即 0x70）。

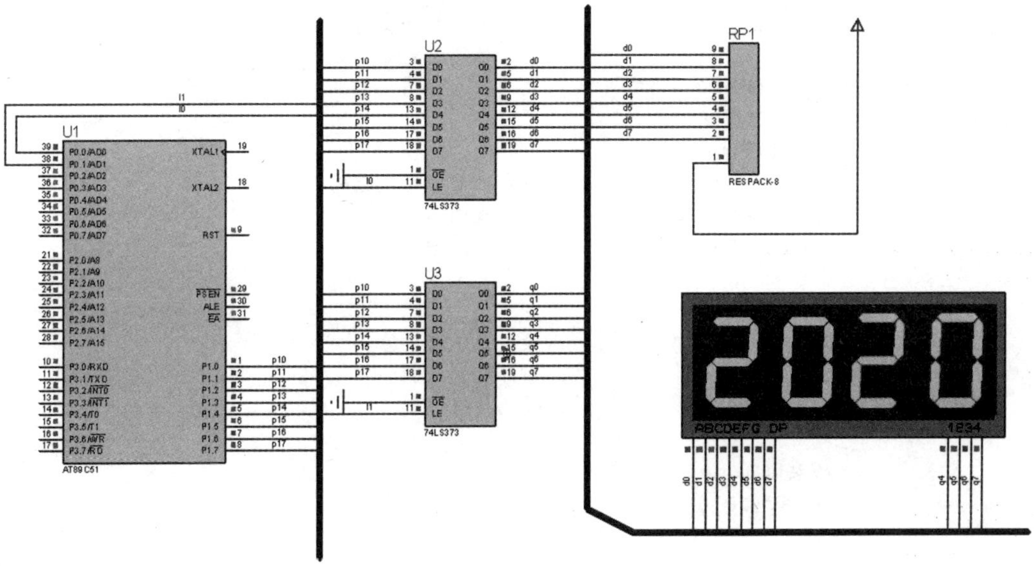

图 3-13　采用动态显示方法实现的全部数码管点亮

确定了段选码和位选码，剩下的就是在程序中控制它们成对依次出现即可。如果每一个编码都需要用一个变量来指定，则变量较多，程序写起来也比较凌乱、可读性差、效率不高。可以采用数组的方式来保存段选码和位选码，并利用两个数组下标的同步变化，实现段选码和位选码的同步变化。

定义段选码、位选码数组分别为：

应用循环变量使这两个数组进行同步遍历

```
uchar code table1[]={ 0x5b , 0x3f, 0x5b, 0x3f};
uchar code table2[]={ 0xe0 , 0xd0, 0xb0, 0x70};
```

接着再动态控制两个锁存器的 LE 端就能实现将 P1 输出的数据分别作为段选码和位选码了。参考程序如下：

```
#include <reg51.h>
#define uint  unsigned  int
#define uchar  unsigned  char
```

```
sbit  seglatch=P0^0;     //段选码控制位
sbit  bitlatch=P0^1;     //位选码控制位

uchar code table1[]={0x5b,0x3f,0x5b,0x3f}; //段选码: 2、0、2、0
uchar code table2[]={0xe0,0xd0,0xb0,0x70}; //位选码: 即数码管显示位置 1、2、3、4

uchar i;
void delay(uint);           //延时函数声明
//以下为主函数
void main(){
    while(1){
              for(i=0; i<4; i++){
              //进行消影处理
              P1=0xff;              //暂时关闭数码管的显示
              bitlatch=1;           //打开位选控制
              bitlatch=0;           //关闭位选控制

              //设定段选码
              P1=table1[i];         //设定欲显示的段选码
              seglatch=1;           //打开段选
              seglatch=0;           //关闭段选控制

              //设定位选码
              P1=table2[i];         //设定位选数码管
              bitlatch=1;           //打开位选控制
              bitlatch=0;           //关闭位选控制

              //延时 10ms
              delay(10);
         }
    }
}
void delay(uint x)               //延时函数
{
   uint  y, z;
   for(y=x; y>0; y--)
   for(z=120; z>0; z--);
}
```

上述实现数码管模块动态显示的代码具有很强的规律性，可以看到循环中始终在做 4 件事情：（1）消影（避免显示乱码）；（2）送段选码（确定显示内容）；（3）送位选码（确定显示位置）；（4）延时（确定刷新频率，显示稳定不抖动）。请读者举一反三，不断加以熟悉，实现更多复杂内容的动态显示。

3.4 使用并行接口驱动键盘

键盘是常用的输入设备，通过键盘可以输入各种控制信息。按键时接口电路把表示键位的编码送入计算机，从而实现操作者的命令意图。按获取编码的方式不同，可以将键盘分为编码键盘和非编码键盘两大类。

课件　使用并行口驱动键盘

视频　使用并行口驱动键盘

编码键盘由较多的按键和专用的驱动芯片构成，采用硬件编码电路来实现键盘的编码，每按一个键，就会自动产生与之对应的编码。编码键盘响应速度快，可自动处理按键抖动、连击等问题。当系统功能复杂、按键数量较多时，采用编码键盘可以简化软件的设计工作。非编码键盘利用按键直接与单片机相连，只需要判断按键是否按下，然后由软件来识别进行后续操作。和编码键盘相比，非编码键盘硬件极其简单，每个键位通过软件编程都可以重新定义，具有很大的灵活性，但其响应速度远不如编码键盘。非编码键盘主要有独立式键盘（线性键盘）和矩阵式键盘两种。因为单片机不需要进行复杂的输入，所以通常使用非编码键盘进行信息输入。下面先介绍独立式键盘与按键去抖的内容。

所谓独立式键盘，就是一个按键对应一条口线，有多少个按键，就需要多少条口线，但各个按键之间彼此独立没有相互联系，如图 3-14 所示。

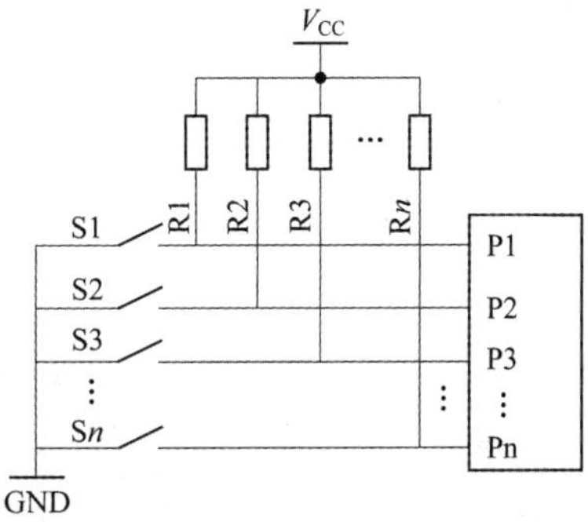

图 3-14　独立式键盘示意图

其工作原理是利用单片机的 I/O 口既可以作输入也可以作输出的特性来实现的。当检测按键时，使用的是输入功能，按键的连接方法是一端接地，另一端与某个 I/O 口线相连。开始检测时先给该 I/O 口赋高电平，然后让单片机不断地检测该 I/O 口的电平，当按下该键位时，相当于该 I/O 口接地，此时为低电平。一旦系统检测到这个低电平，即意味着用户按下了该键位，然后就可以去执行相关的后续操作了。

单片机系统中通常使用的按键是弹性按键开关、自锁式按键开关还有贴片式按键开关，如图 3-15 所示。

（a）弹性按键开关　（b）自锁式按键开关　（c）贴片式按键开关

图 3-15　常用的按键开关

弹性按键开关按下时，开关闭合；松开时，开关断开。自锁式按键开关按下时，开关闭合并能自动锁住状态；当再次按下时，才重新弹起断开。贴片式按键开关与弹性按键开关相同，只是焊接方式不同。

弹性按键开关利用的是机械触点的闭合与断开来实现信号输入的。由于机械触点的弹性作用，在按键闭合与断开的瞬间并不会立即实现闭合或断开，而是有一小段时间的“震颤”，这个现象称为按键的抖动，如图 3-16 所示。其时间长短与开关的机械特性有关，一般为 5~10 ms。这个抖动的时间虽然短暂但在 CPU 看来却是足够长的，因此会对 CPU 的按键检测产生不小的影响，所以必须“去抖”。常用的去抖方法有两种：一种是使用 RS 触发器去抖电路的硬件方式；另一种是使用延时函数的软件去抖方式。硬件方式需要增加硬件，增加成本，且设计上也很复杂。其原理如图 3-17 所示。因此一般采用软件去抖方式。

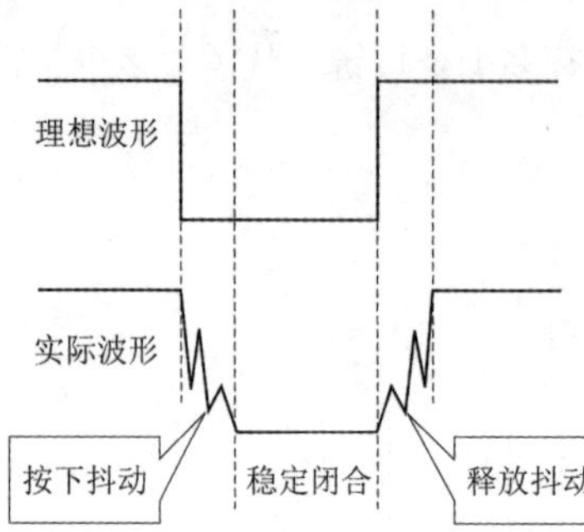

图 3-16 按键的抖动

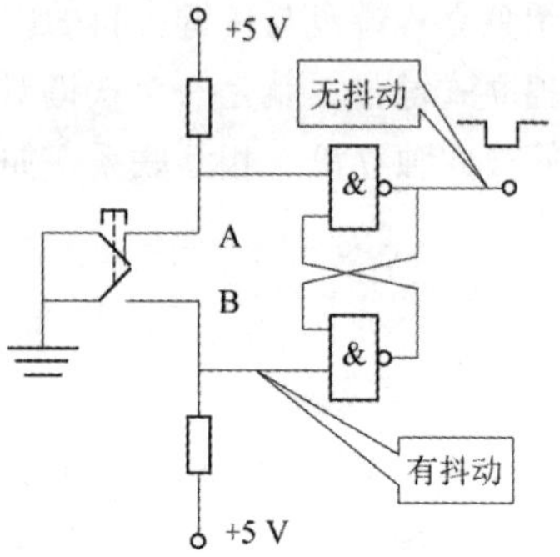

图 3-17 使用触发器去抖

软件去抖的实质是在检测到按键后，先执行一段延时函数，避开抖动的时间，接着再去进行按键检测，以此来达到去除按键抖动的目的。具体的应用延时函数去抖的按键检测程序框架如图 3-18 所示。

```
sbit key=P1^1;      //P1口的1号引脚连接了按键
if(!key)            //判定按键是否已经按下，按下按键key为0，否则key为1
 {
  delay(10);        //延时去抖
   if(!key)         //再次判断是否已经是真的按键，排除电流干扰等不确定情况
    {
     ...            //按键松手前执行的操作
     while(!key);   //松手检测，如未松手则在此等候，若已经松手向下执行
     ...            //按键松手后执行的操作
    }
 }
```

图 3-18 应用延时去抖的按键检测程序框架

应用该程序框架只需要将连接按键的引脚位置确定，并将框架中的省略号替换为具体操作命令即可使用。通过这个框架也清晰地看到了使用延时函数实现按键去抖的工作过程。使用这种方法去抖，节省硬件，处理比较灵活。但是也要看到这种方式的不足，就是大量的延时程序会浪费 CPU 时间，不利于提高 CPU 的使用效率。

【课堂练习】使用单片机设计一个控制电路，该电路里有 8 个 LED，当按下 S1 键时，第 1、3、5、7 号 LED 点亮，松手时熄灭；当按下 S2 键时，第 2、4、6、8 号 LED 点亮，松手时熄灭；当按下 S3 时全亮，松手时全灭。其连接电路如图 3-19 所示。

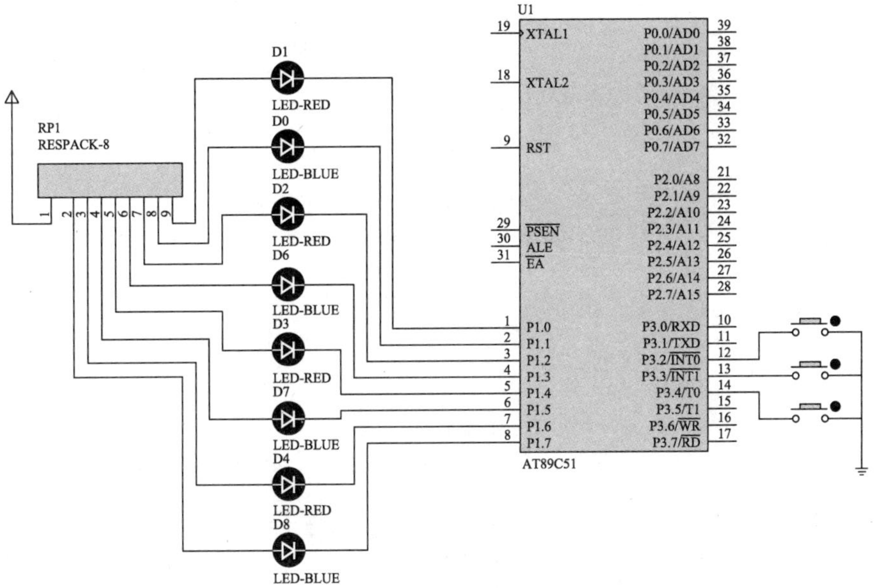

图 3-19　按键控制 LED 点亮的电路原理图

【分析】LED 均接在 P1 口上，根据 LED 点亮的原理，要使第 1、3、5、7 号 LED 点亮，则 P1 的值为 AAH；使 2、4、6、8 号 LED 点亮，则 P1 的值为 55H；要使全部 LED 点亮，则 P1 的值为 00H；全部熄灭，则 P1 的值为 FFH。

3 个按键分别接在 P3 口的 P3.2、P3.3 和 P3.4 上，程序工作时，只需要检测对应的 P3.2、P3.3 和 P3.4 引脚的值是否为低电平，就能知道是否按下了该按键。为了保证效果，要在检测到为低电平时，进行“去抖”操作，即检测到低电平后，先延迟 10 ms，接着再检测该按键是否还是低电平，若还是低电平，则表示确实按下了该按键，然后修改 P1 口的值，使对应的 LED 点亮即可。

参考程序如下：

```
#include <reg51.h>                //头文件及预定义
#define uint unsigned int
#define uchar unsigned char
//定义 3 个按揵
sbit s1=P3^2;
sbit s2=P3^3;
sbit s3=P3^4;
//延时函数
void delay(uint ms)
{
   uchar  c;
   while(ms--)
   {
     for(c=110;c>0;c--);
   }
}
//键盘扫描函数
```

```
void scan(){
if(s1==0)                          //表达式 s1==0 与 !s1 二者的运算结果相同
{
     delay(10);                    //延时 10ms，去抖
     if(s1==0)                     //延时后还为低电平，为已经按下该按键
     {
       P1=0xAA;                    //点亮 1、3、5、7 号 LED
       while(!s1);             //持续点亮，直到松手，这里也称为“松手检测”
       P1=0xFF;                    //松手后 LED 熄灭
     }
}
if(s2==0)
  {
    delay(10);                     //延时 10ms，去抖
    if(s2==0)                      //延时后还为低电平，为已经按下该按键
    {
      P1=0x55;                     //点亮 2、4、6、8 号 LED
      while(!s2);                  //持续点亮，直到松手
      P1=0XFF;                     //松手后 LED 熄灭
    }
  }

if(s3==0)
  {
    delay(10);                     //延时 10ms，去抖
    if(s3==0)                      //延时后还为低电平，为已经按下该按键
    {
      P1=0;                        //熄灭所有 LED
      while(!s3);                  //持续点亮，直到松手
      P1=0XFF;                     //松手后 LED 熄灭
    }
  }
}
//主函数
void main()
{
   while(1)
   {
     scan();                       //键盘扫描
   }
}
```

独立式键盘使用起来简单灵活，检测方便，其主要缺点是占用口线太多，不利于多按键键盘扫描。

3.5 矩阵式键盘的识别

矩阵式键盘由多个键排列而成，键开关被排列成 M（行）×N（列）的矩阵结构，每个键开

课件 矩阵式键盘扫描与识别方法

视频 矩阵式键盘扫描与识别方法

关位于行和列的交叉处。其连接示意图如图 3-20 所示。

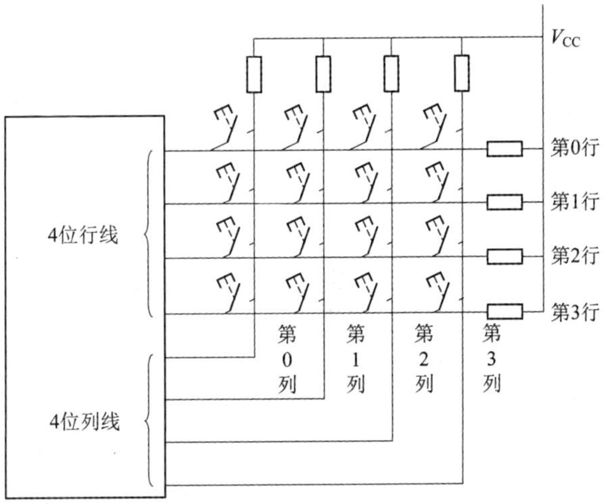

图 3-20 矩阵式键盘工作原理示意图

图 3-20 所展示的是 4×4 矩阵式键盘，共有 16 个键位，只用了 P1 口的 8 根口线[一般来讲 *M*（行）×*N*（列）矩阵式键盘所需要的口线数为 *M*+*N* 条]。与独立式键盘相比，更加节省系统的 I/O 口资源。无论是独立式键盘还是矩阵式键盘，其检测方法都是通过检测对应口线是否为低电平来判断按键是否被按下。但是矩阵式键盘的检测要比独立式键盘复杂得多。

矩阵式键盘的检测主要有两种方法：一种是逐行扫描法；另一种是行列反转法。

1. 逐行扫描法

观察图 3-20 所示的 4×4 矩阵式键盘，可以看到，在接口电路中有 4 条行线和 4 条列线分别接到每个按键开关的左右两端。其中，4 条行线的连接口线工作在输出方式，4 条列线的连接口线工作在输入方式。

逐行扫描法的工作流程如图 3-21 所示。

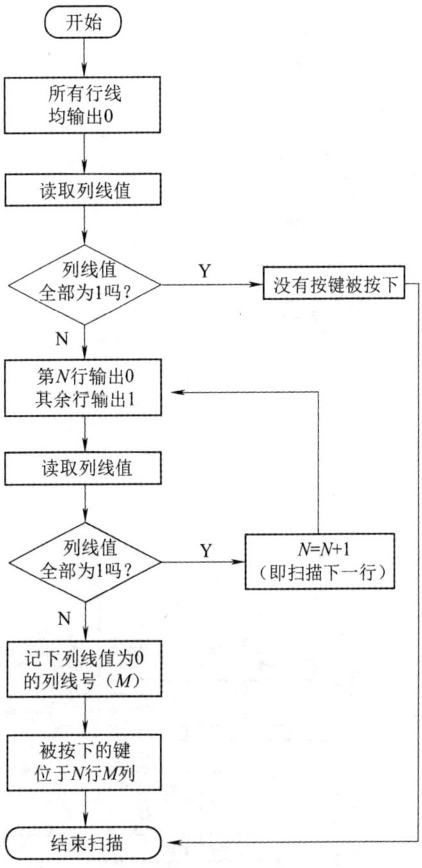

图 3-21 逐行扫描法的工作流程

首先 CPU 对 4 条行线置 0，然后 CPU 从列线上读入数据，若读入的数据全为 1，表示无键按下，则结束扫描。只要读入的数据中有一个不为 1，则表示有键被按下。

接着，CPU 先使第 0 行为 0，其余 3 行为 1，读入全部列，若全为 1，表示按键不在此行；接着向下扫描，使第 1 行为 0，其余各行为 1，再读入全部列，若全为 1，表示按键不在此列；然后重复上述步骤。直至第 *N*

行为 0 时，第 M 列也为 0，则表明该按键位于第 N 行第 M 列。

2. 行列反转法

使用逐行扫描法需要进行整个键盘的多次扫描，判断过程较为复杂。使用行列反转法可以克服这些问题，并加快按键的检测速度。

使用行列反转法的步骤如下：

（1）使矩阵式键盘连接行线的口线工作在输出方式，连接列线的口线工作在输入方式。CPU 先向全部行线上输出 0，然后读取列线上的电平。若有按键被按下，必然有一个列线为低电平；否则，表示没有按键被按下，不必再进行检测。

（2）若检测到某个列线为低电平之后，重新设置键盘行线的连接口线工作于输入方式，列线工作于输出方式，并将刚刚得到的列线值再次从列线上输出，此时检测所有行线上的电平，必然得到一个行线为低电平的行线值。

（3）将得到的行线值与列线值组合在一起，即为该按键的编码值。将得到的键值与事先准备好的所有按键的键值编码比较，就知道哪个按键被按下了。

比如第 2 行第 3 列的按键被按下，采用行列反转法，其工作过程见表 3–3。

表 3–3 行列反转法工作过程表

步骤	操作对象	具体动作	检测对象	检测结果与后续操作
1	全部行线	输出 0000	全部列线	结果为 0111，进行保存
2	全部列线	输出 0111	全部行线	结果为 1011，进行保存
3	全部行列线	将行列线的结果组合（列在前，行在后） 0111 1011（7B）	键盘编码表	与键盘编码表对照，得到按键位置

【课堂练习】 4 × 3 矩阵式键盘的行列反转法检测。使用 4 × 3 矩阵式键盘与 51 单片机的 P1 口相连，按键后，在共阴极数码管上会显示所按键位代表的数字。电路连接如图 3–22 所示。

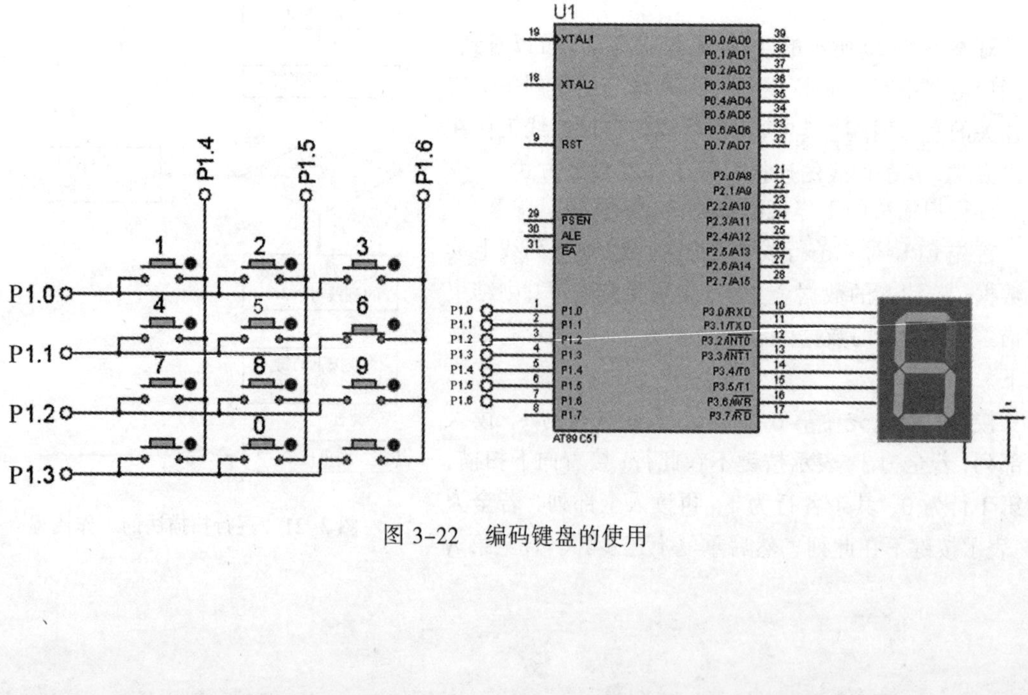

图 3–22 编码键盘的使用

【分析】这里使用的是自定义的 4×3 矩阵式键盘，其内部结构与普通的 4×4 矩阵式键盘基本一样，只是少了一列。使用行列反转法进行键盘扫描，先画出键盘连接的示意图如图 3-22 所示。下面仍以 4×4 矩阵式键盘为例进行分析，只是在计算结果时要去掉最右侧一列。现在假设按下的键位是数字 5 这个键，先使 P1 口的值为 0xf0（即低 4 位接行检测线，高 4 位接列检测线）。数字 5 键按下后，P1.1 与 P1.5 连通，P1.1 原为低电平，因此 P1.5 也变成了低电平，其他的不变。此时，获取列检测线上的值为 1101B 并保存起来。接着改变 P1 口的输入/输出状态，将低 4 位变为输出，高 4 位变为输入；然后将刚获取的列检测线值，输入 P1 口的高 4 位，同样因为 P1.1 与 P1.5 已经相连，所以瞬间 P1.1 也由原来的高电平变为低电平，其他各口线不改变，此时获取行检测线上的值为 1101B。现在将获取到的列检测线值和行检测线值组合在一起，形成 1 字节，即 11011101B，转换成十六进制为 0xdd，这就是数字 5 键对应的键盘编码值。

按照上面的分析，写出该键盘上各键的编码值，见表 3-4。在程序中只要将获取到的编码与表 3-4 进行比较即可得到该次按键的键名所代表的数值。

表 3-4 4×3 矩阵式键盘的编码表

键名	键名共阴码	键盘编码	键名	键名共阴码	键盘编码
1	0x06	0xee	7	0x07	0xeb
2	0x5b	0xde	8	0x7f	0xdb
3	0x4f	0xbe	9	0x6f	0xbb
4	0x66	0xed	*	0x00	0xe7
5	0x6d	0xdd	0	0x3f	0xd7
6	0x7d	0xbd	#	0x00	0xb7

要将按键对应的键名数值在数码管上显示出来，还需要为数码管设定一下段选码表，将段选码表与键盘的键名数字在位置上一一对应起来，就可以实现按下某一键，立刻在数码管上显示出相应的数字来。

参考程序如下：

```
#include <reg51.h>                    //头文件及预定义
#define uint unsigned int
#define uchar unsigned char
uchar code keytable[]={0xee,0xde,0xbe,0xed,0xdd,0xbd,
                       0xeb,0xdb,0xbb,0xe7,0xd7,0xb7}; //预设键值表
uchar code dsptable[]={0x06,0x5b,0x4f,0x66,0x6d,0x7d,
                       0x07,0x7f,0x6f,0x00,0x3f,0x00}; //共阴极数码显示表

//延时函数
void delay(uchar  x)
{
   uchar  y, z;
   for(y=x; y>0; y--)
   for(z=120; z>0; z--);
}
```

```
//行列反转法的键盘扫描函数
uchar scanKey(){
   uchar  tmpR,tmpL,key,j;          //定义行、列中间变量及键值
   P1=0xf0;                         //设列线为高电平，行线为低电平
   tmpL=P1&0xf0;                    //读列线值

   if(tmpL!=0xf0)                   //判断是否有键按下，如果有键按下，tmpL 必定不是 0xf0
    {
     delay(10);                     //按键去抖，延时 10ms
     if((P1&0xf0)!=0xf0)            //确实有键按下
     {
       tmpL=P1&0xf0;                //获得列线值，并保存于 tmpL 中
       P1=tmpL|0x0f;                //将列线值由列线输出，行线输出为 1
       tmpR=P1&0x0f;                //读入行线值
       key=tmpL+tmpR;               //列线值与行线值组合（列前行后），生成键盘编码
       for(j=0;j<12;j++)            //采用循环方式，遍历键盘编码表进行按键查找
       {
         if(key==keytable[j])       //判断是否找到与按键相同的编码
         {
             return j;              //将找到的编码的位置返回，并退出当前函数
         }
       }
     }
    }
    return 11;                      //若未按任何按键，则返回的编码为不显示任何内容
}
//数码管显示函数
void display(uchar i){              //形参为欲显示数字的位置
    P3=dsptable[i];                 //P3 口驱动数码管显示
}
//主函数
void main(void)
{
     while(1)
     {
       display(scanKey());
     }
}
```

程序中 scanKey()这个函数就是行列反转法的代码实现，该函数返回的数值就是当前按键值在整个键盘编码中的位置，结合数码管模块的动态显示程序，能实现更多、更复杂信息的录入显示功能。

3.6 实验：51 单片机并口控制发光二极管

【实验目的】

（1）熟悉 Proteus 软件和 Keil 软件的使用方法。

（2）掌握 MCS-51 单片机系统扩展 I/O 口的方法。

（3）掌握单片机应用程序的设计和调试方法。

【实验内容】

应用锁存器扩展 P1 口，并实现 24 个发光二极管流水灯旋转点亮。

【实验准备】

采用软件仿真的方式完成，需要用到以下软件：Keil、Proteus。

实验完成后，可将此程序上传到实验板上进行实践检验。

【实验过程】

51 单片机有 P0、P1、P2、P3 这 4 个并行 I/O 口，其中 P0 口用作地址线低 8 位和数据线使用，P2 口用作地址线高 8 位，P3 口是双功能口，一般使用第二功能。所以，真正为用户使用的就是 P1 口。本实验要依次点亮 24 个发光二极管，显然只用一个 P1 口资源不足，需要使用锁存器对 I/O 口进行扩展，满足实验要求。这里使用 74LS373 来实现 P1 口的扩展。

课件 单片机并口控制发光二极管实验

视频 单片机并口控制发光二极管实验

（1）启动 Proteus ISIS，挑选所需元件（见表 3-5）。

表 3-5 所需元件列表

序号	元件名称（英文）	中文名称或含义
1	AT89C51	Atmel 公司生产的 51 系列单片机
2	RX8	不带公共端的排阻（双击后更改阻值为 330）
3	74LS373	锁存器
4	NOR	或非门
5	LED-RED	红色发光二极管
6	LED-GREEN	绿色发光二极管

（2）设计仿真的模拟电路图，如图 3-23 所示，并保存文件。

图 3-23 中的粗实线是总线，实际电路连接时并没有“总线”这一元件。Proteus 引入总线是为了使画图更简便。

在 Proteus 中绘制总线的方法：单击左侧工具栏中的按钮，然后在绘图区单击，移动鼠标就可以绘制出总线了，在结束位置双击即可结束绘制。如果需要绘制带拐弯的总线，只需在拐弯处单击（转角为 90°）或是单击的同时按住【Ctrl】键（转角为任意角度）即可。

总线绘制完成后，还要为连接到总线上的元件做网络标号标注。少量的可用左侧工具栏里的 LBL 标注；大量的连续标注，比如要连续标注 P10~P17,可以使用属性分配工具来完成。方法是先单击上方工具栏里的 PAT 属性分配工具（也可以直接使用快捷键【A】）；然后在弹出的对话框里，找到 String 栏后输入 net=p1#；接着在下方的 Action 框里选 Assign，Apply To 框里选 On Click；单击 OK 按钮后，就可以用鼠标在要标注的线条上分别单击，就会出现连续的 P10~P17 标注了，如图 3-24 所示。

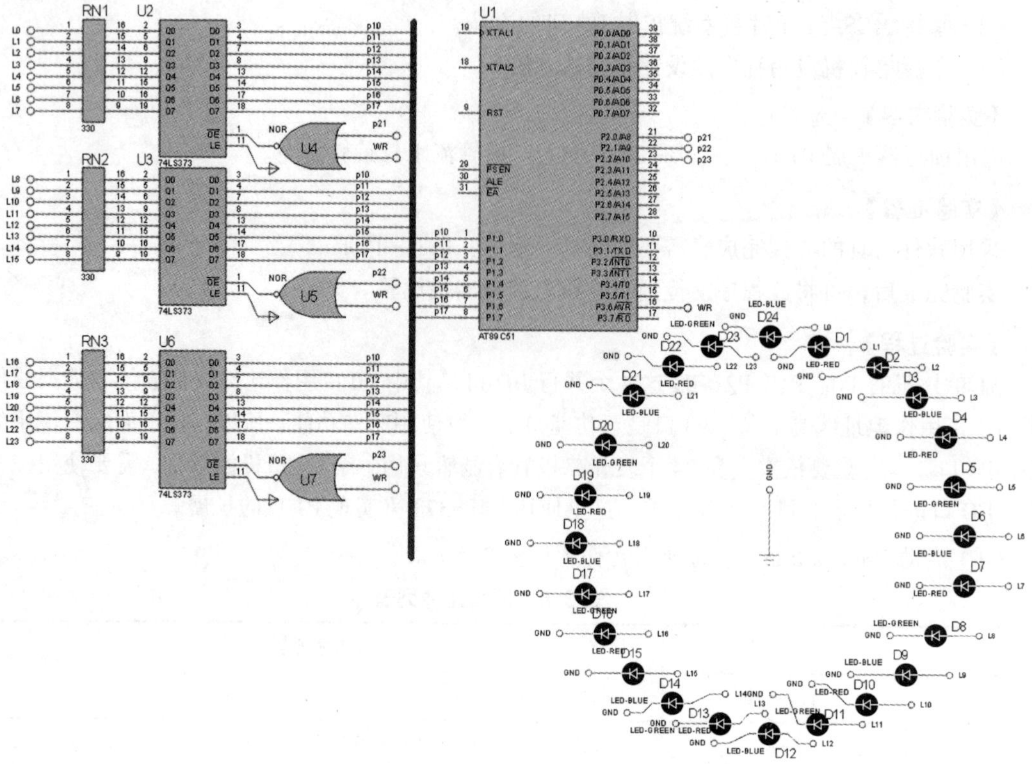

图 3-23　扩展并行 I/O 口的仿真电路图

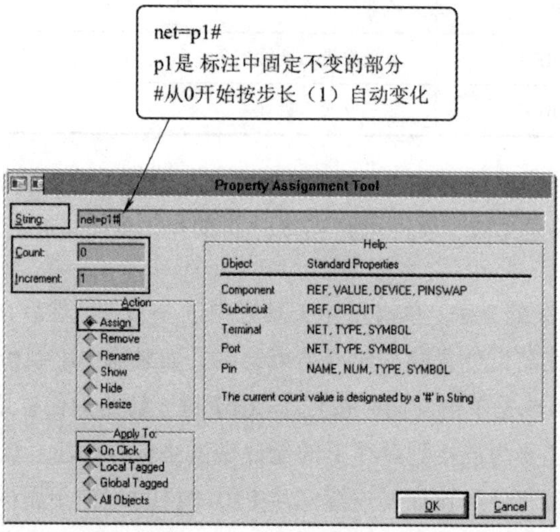

图 3-24　配置连续标注

（3）使用 Keil 编写驱动程序，并编译为.HEX 文件，程序见参考程序部分。

（4）应用 Proteus 与 Keil 联调方法载入程序，运行仿真，观察实验现象。

有时上传程序后，发现并未达到理想状态，这时需要进行调试。可以设置 Keil 与 Proteus

联动，进行程序调试，能够大大加快程序调试速度。

在 Keil 中编写好应用程序后，单击按钮，打开 Option for Target ‘Target 1’窗口，在该窗口中选择 Debug 选项卡，单击右侧的 Use:，并在下拉列表框中选择 Proteus VSM Simulator，最后单击窗口下方的 OK 按钮即可。（此方法需要事先安装 Proteus 的 Keil 驱动程序 vdmagdi.exe，该驱动可在 Proteus 的安装包中找到。）

Keil 与 Proteus 联动的设置方法如图 3-25 所示。

（5）此时单击 Keil 中的按钮进入调试状态，配合工具栏上的和按钮进行调试，Proteus 会自动进入仿真状态。在两个程序中切换观察，反复调试，直至达到预期效果。

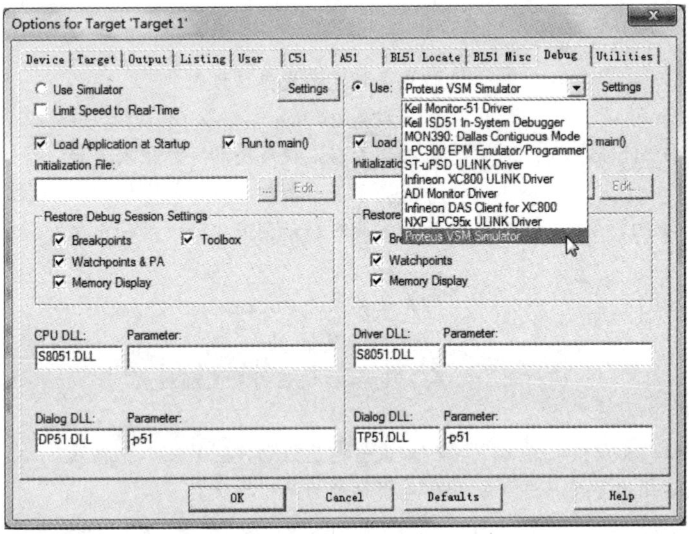

图 3-25　设置 Keil 与 Proteus 联动

【参考程序】

```
#include  <reg51.h>
#include  <intrins.h>
#define  uchar  unsigned char
#define  uint  unsigned int
sbit  p21=P2^0;
sbit  p22=P2^1;
sbit  p23=P2^2;
sbit  wr=P3^6;
uchar tmp=0x01;                //控制单个发光二极管点亮
uchar line=0x01;               //锁存器控制，初始为第一个锁存器可用

void  delay(uint  ms)          //延时子函数
{
  uchar  c;
```

```
    while(ms--)
    for(c=120;c>0;c--);
  }

  void main()
  {

    P2=line;
    wr=0;                        //与 P2 配合，第一个锁存器处于工作状态

    while(1)
    {
     P1=tmp;                     //点亮指定的发光二极管
     delay(200);                 //使灯亮 200ms
     tmp= _crol_(tmp,1);         //循环左移，使灯亮的次序依次变换
     P1=tmp;                     //点亮了下一盏灯
     if(tmp==0x80)               //如果此时移动到某排的最后一个灯
     {
       delay(200);               //先让其点亮 200ms
       tmp=0x01;                 //使 tmp 复位
       P1=0;                     //200ms 后使某排灯全部熄灭

       if(line==0x04)            //如果当前已经切换到第三个锁存器
         { line=0x01;}           //重新切换为第一个锁存器
       else
         { line<<=1;}            //切换下一个锁存器
       P2=line;
      }
    }
  }
```

【实验总结】

（1）重申 51 单片机中 P0、P1、P2、P3 各端口的作用，以及如何充分利用 P1 口解决实际需要。

（2）可以使用锁存器来扩展已有的 I/O 口，锁存器的 LE 端接高电平，Q 端的输出与 D 端的输入相同，当 LE 为低电平时，锁存器内容不变，Q 端的输出内容为原来 D 端的内容，并不再随 D 端变化而变化。当 $\overline{OE}$ 引脚为低电平时，才能输出；如果 $\overline{OE}$ 引脚为高电平，Q 端输出为高阻状态。

（3）掌握 Proteus 中总线的绘制方法，以及如何在总线上为各连接元件进行网络标号。

（4）学习 Keil 与 Proteus 进行程序联调的方法，加快程序调试速度。

小　　结

本模块重点介绍单片机并行接口的工作原理及典型应用。读者应在理解其位结构和工作原理的基础上，熟悉并行接口的两个重要应用：数码管显示和键盘输入识别。信息的输入与显示是任何单片机应用系统中都兼备或必备其一的重要功能。单片机作为单芯片形式的计算机，无法进行人机交互，只有通过数码管、发光二极管等，才能将其运算结果直观地展示出来；用户操作单片机也是通过独立式键盘或矩阵式键盘来传输操作意图的，所以熟练掌握这两项功能十分必要。对于数码管要知晓动态显示原理并能熟练运用实现数据显示；对于独立式键盘和矩阵式键盘的键位识别，应熟练掌握行列反转法，灵活运用延时去抖、松手检测等功能，只有这样才能正常与单片机对话。另外，本模块中还涉及了锁存器，锁存器不仅能实现数据缓存，还能实现并行接口的复用，在今后的学习设计中也会经常遇到，对锁存器的应用也要给予重视。延时函数是单片机应用中出现最为频繁的自定义函数，本模块中介绍了一个如何精确调整延时时长的办法，读者可以多做练习，或牢记住这个函数，在今后的应用中可以直接拿来使用。

习　　题

一、填空题

1. P2 口除了作为通用的 I/O 口使用外，还可用作访问外部存储器时的___________。

2. 单片机的 P0~P3 口均是___________ I/O 口，其中的 P0 口和 P2 口除了可以进行数据的输入、输出外，通常还用来构建系统的___________总线。在 P0~P3 口中，___________为真正的双向口，___________为准双向口；___________具有第二引脚功能。

3. 51 单片机的___________的引脚，具有外中断、串行通信等第二功能。

4. 8051 内部有___________个并行接口，P0 口直接作输出口时，必须外接___________；并行接口作输入口时，必须先___________，才能正确读入外设的状态。

5. 非编码式键盘主要有___________和___________两种。

6. 矩阵式键盘的检测主要有___________和___________两种方法。

7. 常用的键盘去抖方法有使用___________去抖电路的___________方法和使用___________的___________方法两种。

8. 七段数码管有___________和___________两种类型。___________数码管的各发光二极管___________共地，某个发光二极管的阳极为___________电平时，该发光二极管点亮。

9. P0 口是一个_______位___________的双向___________ I/O 口。

10. P0 口能驱动_______个 LS TTL 负载，其他 3 个端口各能驱动_______个 LS TTL 负载。

二、简答题

1. P0 口的输出有什么特点？P0 口除了作普通的 I/O 口外，还有什么功能？

2. P1、P2、P3 口为何被称为准双向口？

3. P3 口的各条口线的第二功能分别是什么？

4. 按键去抖的常用方法有哪几种？
5. 简述矩阵式键盘检测中的行列反转法。

三、创新设计题

1. 应用按键和数码管模块，设计一个简单的计算器。绘制电路原理图并写出程序代码。
2. 应用按键和数码管模块，设计一个简单的密码设置和验证应用。

模块 4

中断原理及应用

中断是用以提高计算机工作效率、增强计算机功能的一项重要机制。最初引入中断是出于性能上的考量，主要解决 CPU 与外围设备之间速度的不协调。随着计算机技术的发展，中断不断被赋予新的功能，现在已经成为 CPU 实时控制外围设备的一种有效手段，可以方便地用于内、外部紧急事件的处理。

内容要点：

- 中断、中断源和优先级及 C51 语言对中断源的编号；
- 单片机的中断结构及工作原理；
- 中断控制寄存器（IE、IP）的构成与应用；
- 中断服务程序的编写语法及应用。

4.1　中断的概念

课件　中断的概念

1. 中断、中断源和优先级

中断是指计算机的 CPU 在正常工作时，由于内、外部事件或者程序的预先安排等引起的 CPU 暂停当前程序运行，转而去处理引发中断的事件服务程序，并在处理完成后，又返回原程序继续执行的机制。

视频　中断的概念

从这一段叙述当中可以看出，所谓中断包含 3 层含义：

（1）中断的产生具有不可确定性，是随机产生的或者按预先设定的触发条件产生的。

（2）中断会暂停当前程序运行，转去执行处理中断事件的服务程序。

（3）中断服务程序执行完成后，会返回原程序并继续执行。

现实生活中，这样的例子也是非常多的。比如：我们正在看书，此时电话响了，大多数人都会暂时停下来，去接听电话，处理完成后，再接着原来的内容继续看书。再比如：在上学或上班路上，遇到熟人，会暂停脚步，简单说几句，然后，按原来的路线继续行进。这些都是生活中典型的应用中断的例子。

引发中断的事件或原因，称为中断源。产生中断时，中断源会向 CPU 发出中断请求，CPU

接到请求后，暂时停止当前程序的运行，转而执行此中断源的服务程序，该服务程序执行完成后，CPU 再回到原来程序被暂停的位置，继续执行，如图 4-1（a）所示。

在中断执行过程中，还有可能继续产生新的中断，即 CPU 在响应 A 中断过程中，又有新的中断 B 要被响应，于是 CPU 又将 A 的中断服务程序暂停，转而去执行新产生中断 B 的服务程序，待此程序执行完毕后，又返回继续执行最初暂停的 A 的中断服务程序，这就是中断的嵌套，如图 4-1（b）所示。

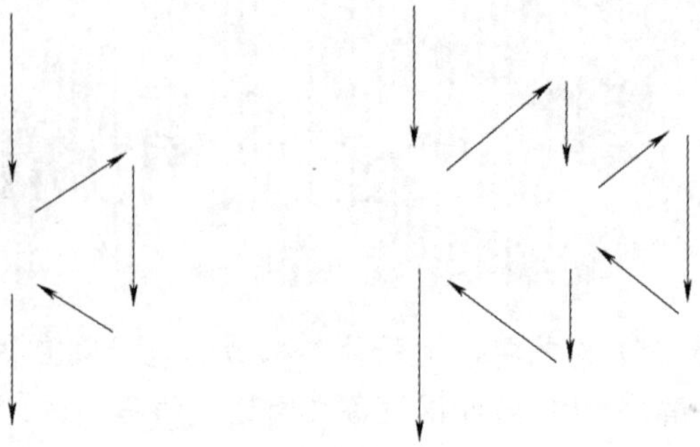

图 4-1　中断与中断嵌套的执行过程

但是并不是所有的中断都会被新来的中断所打断，这里有个优先级的问题。也和生活当中的现象一样，比如：你正被某某叫去做某件事情，此时，又有人喊你去做另外一件事情，你可能会停下来，是因为这次喊的人分量重或级别高（或是要做的事情更重要）；也可能不会停下来，是因为喊的人分量轻或者级别低（或是当前正在做的事情更加重要）。与此相同，计算机的中断也是有优先级的。一般来讲，低级中断不能打断高级中断，而高级中断却可以打断低级中断。

2. 51 系列单片机的中断源与优先级

51 系列单片机共有 6 个中断源。它们的符号（名称）、外接引脚及触发条件见表 4-1。

表 4-1　51 系列单片机的中断源

中断源符号（名称）	外接引脚	触发条件
INT0（外部中断 0）	P3.2	由低电平或下降沿触发
INT1（外部中断 1）	P3.3	由低电平或下降沿触发
T0（定时/计数器 0）	P3.4	由 T0 计数器计满溢出触发
T1（定时/计数器 1）	P3.5	由 T1 计数器计满溢出触发
RX/TX（串行口中断）	RXD（串行接口的接收端）：P3.0 TXD（串行接口的发送端）：P3.1	由串行接口一帧字符的发送/接收完成触发
T2（定时/计数器 2）	P1.0	由 T2 计数器计满溢出触发

注：AT89C52 单片机仍属于 51 系列，但它是 51 系列单片机的增强版，除了 RAM 和 ROM 的容量有所增加外，还额外增加了一个定时/计数器 2（T2）。

51 系列单片机的中断源有高、低两个中断优先级。如果没有设置优先级，则系统默认均为低优先级。每个中断源都可在中断优先级寄存器 IP 中设置优先级别（有关 IP 寄存器的详细内容见 4.2 节）。相同级别的中断源会按默认的优先顺序响应，除非设置了不同的优先级。这些中断源默认的优先顺序和 C51 程序中的编号情况见表 4-2。

表 4-2　51 系列单片机的中断源优先顺序

中断源	默认的优先顺序	C51 程序中的中断申请编号	同级内优先权
INT0	1	0	最高
T0	2	1	↓
INT1	3	2	↓
T1	4	3	↓
RX/TX	5	4	最低
T2	6	5	

51 系列单片机不同级别的中断源之间按如下规则响应：

（1）低优先级中断可被高优先级中断请求打断从而形成中断嵌套。

（2）一种中断（不论是什么优先级）一旦得到响应，与之同级的其他中断请求将不能打断它。

（3）当同一优先级别的多个中断请求同时发生时，哪一个会得到 CPU 的响应取决于单片机内部的默认优先顺序，见表 4-2。

4.2　单片机的中断结构

51 系列单片机的中断结构由与中断源有关的特殊功能寄存器、中断入口、顺序查询逻辑电路等组成。与中断有关的特殊功能寄存器共有 4 个，分别是中断允许寄存器（IE）、中断优先级寄存器（IP）、定时/计数器控制寄存器（TCON）和串行控制寄存器（SCON），由它们共同构成单片机中断的控制结构，实现了对不同中断源按优先级别顺序的响应与控制，如图 4-2 所示。

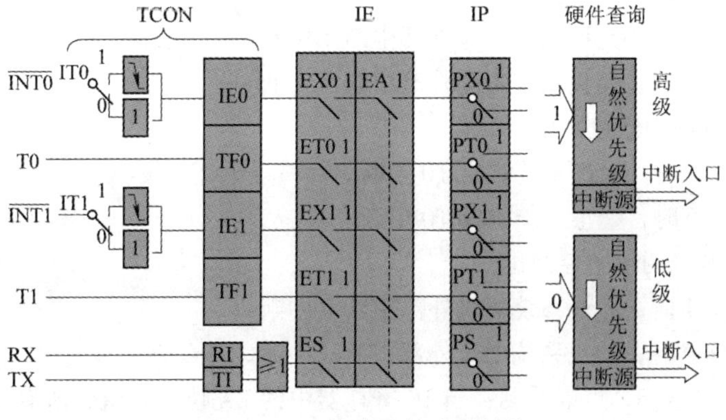

图 4-2　51 单片机的中断结构

课件　中断允许寄存器

视频　中断允许寄存器

1. 中断允许寄存器（IE）

在 51 系列单片机中，中断的允许或禁止是由中断允许寄存器（IE）来控制的。它既能从整体上控制 CPU 对所有中断源总的开放或禁止，也能从个体上分别控制某个指定中断源的开放或禁止。IE 寄存器是 8 位寄存器，其最高位就是中断请求的总控制位，其余各控制位分别对应不同的中断源（D6 除外）。在头文件 reg51.h（reg52.h）中已经对 IE 及其中的每个控制位预先进行了定义，因此在 C51 程序中既可采用字节方式，也可以直接使用位定义方式对所有中断源进行直接控制。其各控制位的定义见表 4-3。

表 4-3　IE 寄存器各控制位的定义

位序	D7	D6	D5	D4	D3	D2	D1	D0
功能定义	EA	未使用	ET2	ES	ET1	EX1	ET0	EX0

含义如下：

EA：全局中断控制位。

当 EA = 1 时，允许系统响应任何中断。

当 EA = 0 时，禁止系统响应任何中断。

ET2：52 单片机定时/计数器 2 的中断控制位（该位对 AT89C51 无效，使用时需包含头文件 reg52.h）。

当 ET2 = 1 时，允许系统响应 T2 中断。

当 ET2 = 0 时，禁止系统响应 T2 中断。

ES：串行口的中断控制位。

当 ES = 1 时，允许系统响应串行口中断。

当 ES = 0 时，禁止系统响应串行口中断。

ET1：定时器 1 的中断控制位。

当 ET1 = 1 时，允许系统响应 T1 中断。

当 ET1 = 0 时，禁止系统响应 T1 中断。

EX1：外部中断 1 的中断控制位。

当 EX1 = 1 时，允许系统响应外部中断 1 中断。

当 EX1 = 0 时，禁止系统响应外部中断 1 中断。

ET0：定时器 0 的中断控制位。

当 ET0 = 1 时，允许系统响应 T0 中断。

当 ET0 = 0 时，禁止系统响应 T0 中断。

EX0：外部中断 0 的中断控制位。

当 EX0 = 1 时，允许系统响应外部中断 0 中断。

当 EX0 = 0 时，禁止系统响应外部中断 0 中断。

对照图 4-2 及表 4-3，可以看到：当 IE 寄存器中的 EA 位为 0 时，所有的中断源产生的中断，系统都不会响应；只有当 EA 为 1 时，并且其余控制位（D0~D5）中任一位（或几位）为 1，与之对应的中断请求信号才会被送到 CPU 中，从而得到响应。因此在程序设计中，除了要设定 EA = 1 外，还需要对指定的中断源控制位置 1，这样才能产生对应的中断请求。

当 51 单片机上电复位后，IE 寄存器的内容全都复位为 0。欲使用中断系统时，必须事先使用软件（代码）对 IE 进行设置。

【课堂练习】写出满足下列要求的 IE 寄存器值：允许系统响应中断，但只响应串行中断和外部中断 1。

【分析】IE 寄存器中 EA 是全局中断的控制位，由它来控制是否允许系统响应中断。依据要求，EA 位应为 1。IE 寄存器中 ES 位是串行口的中断控制位，ES 为 1 时系统可以响应串行中断，同理 EX1 为外部中断 1 的中断控制位，将其设为 1，表示允许系统响应外部中断 1。其余未涉及的中断源位置为 0。

依据上述分析，对照表 4-3，直接写出 IE 寄存器的值为 10010100，即 0x94。

位序	D7	D6	D5	D4	D3	D2	D1	D0
功能定义	EA	未使用	ET2	ES	ET1	EX1	ET0	EX0
0x94	1	0	0	1	0	1	0	0

【课堂练习】试分析 IE 寄存器值为 0x83 时，系统对各中断源产生请求的响应情况。

【分析】首先需要将 0x83 转换为二进制，即 10000011，将得到的二进制数字与表 4-3 对照。

位序	D7	D6	D5	D4	D3	D2	D1	D0
功能定义	EA	未使用	ET2	ES	ET1	EX1	ET0	EX0
0x83	1	0	0	0	0	0	1	1

可以看到对应位置的 EA、ET0、EX0 位均为 1，这表示 3 个控制位都是允许状态（允许系统响应定时器 0 和外部中断 0 产生的中断请求）；而其他位为 0，表示系统不会响应与其他几位对应的中断源请求。

依据上述分析，可以得出该设置所代表的含义为：允许系统响应中断，且只响应定时器 0 和外部中断 0 产生的中断请求。

2. 中断优先级寄存器（IP）

课件 中断优先级寄存器

从前述已知，51 系列单片机的中断源是有级别的，并且除了默认的优先顺序外，还可以通过 IP 寄存器进行优先级别的重新设定。51 系列单片机只有两个优先级：高优先级和低优先级。高优先级中断能够打断低优先级中断以形成中断嵌套，同优先级中断，或低优先级对高优先级中断不能形成中断嵌套。若同时有几个同优先级中断同时提出了中断请求，则按照表 4－2 所示的默认的优先顺序响应。若同时有不同优先级中断同时提出了中断请求，则先按设定的优先级顺序，对同优先级的再按自然优先顺序来确定最终响应的顺序。51 系列单片机的所有中断源，默认都处于低优先级。使用 IP 寄存器进行中断源的优先级设定的意义在于能够根据需要改变各中断请求固有的响应顺序。

视频 中断优先级寄存器

在 reg51.h（reg52.h）头文件中对 IP 寄存器及内部各位都进行了预定义，与 IE 寄存器的操作一样，既可以使用字节方式，也可直接使用预定义的名称对 IP 寄存器整体或指定位进行改变，达到设定、更改中断源优先级的目的。

IP 寄存器各控制位的定义见表 4-4。

表 4-4 IP 寄存器各控制位的定义

位序	D7	D6	D5	D4	D3	D2	D1	D0
功能定义	未用	未用	PT2	PS	PT1	PX1	PT0	PX0

含义如下：

PT2：52 单片机中定时器 T2 的优先级设定（该控制位对 AT89C51 无效，使用时需包含 reg52.h）。

当 PT2 = 1 时，将 T2 产生的中断定义为高优先级。

当 PT2 = 0 时，将 T2 产生的中断定义为低优先级。

PS： 串行口的优先级设定。

当 PS = 1 时，将串行口产生的中断定义为高优先级。

当 PS = 0 时，将串行口产生的中断定义为低优先级。

PT1：定时器 1 的优先级设定。

当 PT1 = 1 时，将 T1 产生的中断定义为高优先级。

当 PT1 = 0 时，将 T1 产生的中断定义为低优先级。

PX1：外部中断 1 的优先级设定。

当 PX1 = 1 时，将外部中断 1 产生的中断定义为高优先级。

当 PX1 = 0 时，将外部中断 1 产生的中断定义为低优先级。

PT0：定时器 0 的优先级设定。

当 PT0 = 1 时，将 T0 产生的中断定义为高优先级。

当 PT0 = 0 时，将 T0 产生的中断定义为低优先级。

PX0：外部中断 0 的优先级设定。

当 PX0 = 1 时，将外部中断 0 产生的中断定义为高优先级。

当 PX0 = 0 时，将外部中断 0 产生的中断定义为低优先级。

【课堂练习】某 51 单片机的中断优先级寄存器 IP = 0x06，如果此时 5 个中断源同时产生了中断，那么中断响应的顺序是怎样的？

【分析】IP 寄存器的内容为 0x06，转换成二进制数为 00000110，对照表 4-4 得到：

位序	D7	D6	D5	D4	D3	D2	D1	D0
功能定义	未用	未用	PT2	PS	PT1	PX1	PT0	PX0
0x06	0	0	0	0	0	1	1	0

可以看出外部中断 1 和定时器 0 被设置为了高优先级，其他中断源均为低优先级。

由于有两个中断源都具有高优先级，所以在响应中断时，这两个中断会优先响应。接着把具有高优先级的中断再按自然优先顺序（见表 4-2）进行排队，得出首先要响应的是定时器 0，然后是外部中断 1。余下的 3 个低优先级中断，也要按自然优先顺序排队，依次是外部中断 0、定时器 1 和串行口中断。

所以，中断响应的优先顺序是：T0、INT1、INT0、T1、RX/TX。

【课堂练习】现要设定串行中断和定时器 0 中断具有高优先级，而外部中断 1、外部中断 0 和定时器 1 为低优先级，请写出 IP 寄存器的设定内容。

【分析】对照表 4-4 可知，串行中断和定时器 0 中断的优先级设定位分别为 PS 和 PT0，将其置 1 就能将对应的中断优先级设定为高优先级。其余位为 0，则对应的中断优先级为低优先级。

位序	D7	D6	D5	D4	D3	D2	D1	D0
功能定义	未用	未用	PT2	PS	PT1	PX1	PT0	PX0
0x12	0	0	0	1	0	0	1	0

依据上述分析，写出 IP 寄存器的内容为 00010010，即 0x12。

【课堂练习】单片机的 IP 寄存器内容为 0x06，当前 CPU 正在响应外部中断 0，此时又产生了外部中断 1，问此时是否会形成中断嵌套？

【分析】IP 寄存器的内容为 0x06，即二进制数 00000110，查表 4-4 可知：

位序	D7	D6	D5	D4	D3	D2	D1	D0
功能定义	未用	未用	PT2	PS	PT1	PX1	PT0	PX0
0x06	0	0	0	0	0	1	1	0

此时外部中断 1 和定时器 0 中断具有高优先级，其他的中断都为低优先级。当前系统正在响应的外部中断 0 为低优先级，新产生的外部中断 1 具有高优先级，可以打断当前的中断，形成中断嵌套。

3. 定时/计数器控制寄存器（TCON）

课件　TCON 与 SCON

TCON 是定时/计数器的控制寄存器，它是 8 位寄存器，其高 4 位主要用来控制定时器的启、停以及标志定时器的溢出和中断等情况；其低 4 位是对外部中断的控制位。关于定时器的前 4 位将在下一模块中详述。这里暂时只介绍对外部中断起作用的后 4 个控制位。

TCON 寄存器各控制位的定义见表 4-5。

视频　TCON 与 SCON

表 4-5　TCON 寄存器各控制位的定义

位序	D7	D6	D5	D4	D3	D2	D1	D0
功能定义	TF1	TR1	TF0	TR0	IE1	IT1	IE0	IT0
适用范围	定时/计数器控制位				外部中断 1 控制位		外部中断 0 控制位	

含义如下：

IT0：外部中断 0 的触发方式选择。

当 IT0 = 1 时，下降沿（负跳变）触发方式，即当外部中断 0 的引脚（即 $\overline{INT0}$）上产生电平从高到低的下降沿（负跳变）时会引发中断请求。

当 IT0 = 0 时，低电平触发方式。即外部中断 0 的引脚（即 $\overline{INT0}$）上持续为低电平时会引发中断请求的产生。

IE0：外部中断 0 的请求标志。

当外部中断 0 的引脚（即 $\overline{\text{INT0}}$）上出现中断请求信号（低电平或下降沿信号，由 IT0 决定）时，此位由硬件自动置位，标志着产生了外部中断 0 请求。待系统响应该中断后，再由硬件自动复位为 0。

由于 CPU 在每个机器周期都采样 $\overline{\text{INT0}}$ 的输入电平，因此在 $\overline{\text{INT0}}$ 采用下降沿触发方式时，在两个连续的机器周期内采样的 $\overline{\text{INT0}}$ 应当分别是高电平和低电平，才能构成负跳变。因此这也要求由 $\overline{\text{INT0}}$ 输入高、低电平信号的持续时间都必须保持在 12 个振荡周期（即 1 个机器周期）以上才行。

IT1、IE1 的含义和作用与 IT0、IE0 相同，只不过适用的中断源是外部中断 1，请读者自行对照理解。

TCON 寄存器及其内部的各位在 reg51.h 头文件中已经预先定义，故可以采用字节方式或直接使用位定义方式进行设定。

【课堂练习】请设定单片机的 TCON 寄存器，使系统检测到 INT1 引脚出现下降沿信号即认定为产生了外部中断请求。

【分析】对照表 4–5 可知，IT1 位为外部中断 1 的触发方式选择位。该位值为 1 时，表示引脚出现负跳变为中断触发方式；为 0 时，表示引脚出现低电平为中断触发方式。

位序	D7	D6	D5	D4	D3	D2	D1	D0
功能定义	TF1	TR1	TF0	TR0	IE1	IT1	IE0	IT0
0x04	0	0	0	0	0	1	0	0

由上述分析，则 TCON 寄存器内容为 00000100，即 0x04。

4. 串行口寄存器（SCON）

串行口寄存器（SCON）主要用于设定串行口的工作方式、接收/发送控制以及设置状态标志等。最后两位用于设定串行口的中断标志。有关 SCON 寄存器的其他位含义及功能将在模块 6 详述。这里只说明最后两位的含义。

SCON 寄存器各控制位的定义见表 4–6。

表 4–6　SCON 寄存器各控制位的定义

位序	D7	D6	D5	D4	D3	D2	D1	D0
功能定义	SM0	SM1	SM2	REN	TB8	RB8	TI	RI

含义如下：

TI：串行口的发送中断标志位。

当 TI = 1 时，向 CPU 发出串行口的发送中断请求，该位由硬件自动置位。

当 TI = 0 时，取消此中断请求。

RI：串行口的接收中断标志位。

当 RI = 1 时，向 CPU 发出串行口的接收中断请求，该位由硬件自动置位。

当 RI = 0 时，取消此中断请求。

需要注意的是：TI 与 RI 在各自的中断产生时，都由系统的硬件自动置位；而各自中断响应结束后，都需要使用软件进行手动复位。

课件 中断的响应过程

4.3 中断的响应过程

中断的作用是对外部异步发生的事件做出及时的处理。中断的处理过程分为：中断请求、中断响应、中断处理和中断返回。

视频 中断的响应过程

当 CPU 正在执行主程序第 *N* 条指令时，突然接到中断请求信号，此时 CPU 需要先执行完本条指令（指令是不可分割的），然后中断当前主程序的执行并保存断点地址，接着才转去响应中断。当中断程序执行完成后，CPU 先要从堆栈中取回先前保存的断点地址，然后才返回主程序的中断地址，继续执行原来的主程序。

下面将 51 单片机响应中断的整个过程详细描述一下：

51 单片机复位后，会按设定的程序运行。如果程序设定了 TCON、SCON、IP 以及 IE 等 4 个中断控制寄存器，也就完成了中断的触发方式、中断的优先级设定以及是否允许系统响应中断等中断系统初始化设置。

接下来单片机会在每个机器周期都采样各个中断源的请求信号，如果发现有中断请求，就将它们锁存到寄存器 TCON 或者是 SCON 的相应位中。在下一个机器周期对采样到的中断请求标志按优先级顺序进行查询。查询到有中断请求标志，则会在下一个机器周期按优先级顺序进行中断处理。中断系统会通过硬件，自动将对应的中断入口地址装入单片机的 PC 计数器中，程序自然转向中断处理程序的入口处继续执行，与此同时也要将原程序的中断地址送入堆栈进行保存，即保存断点。当中断服务程序完成后，再执行一条返回指令，CPU 将会把堆栈中保存着的断点地址取出，送回 PC 计数器，那么程序就会从主程序的中断处继续往下执行。图 4-3 所示为中断响应过程需要执行的各种操作。

在中断请求后并不是所有的中断都会被立刻响应，若有下面 3 种情况之一，都会延迟中断响应时间。

（1）CPU 正在执行同级或高级中断的中断服务程序。

（2）当前机器周期不是正在执行指令的最后一个周期。在所有 CPU 设计中，任意一条指令的执行过程都是不可分割的，不能被任何事情中断。

（3）当前执行的指令是中断返回指令或任何对 IE、IP 写操作的指令。几乎所有 CPU 的中断系统都规定，在执行这类中断返回指令或对中断控制进行设置的指令后，必须再继续执行至少一个其他指令才能响应中断。

中断响应时间是指从中断信号有效到 CPU 开始执行中断服务程序的这段时间。如前所述，CPU 并不是在任何情况下都立刻对中断进行响应的，不同情况下从中断请求有效到开始执行中断服务程序的第一条指令的中断响应时间也不尽相同。下面以外部中断为例来说明中断响应时间。

51 系列单片机的 CPU 在每个周期采样外部中断请求信号，锁存到 IE0 或 IE1 标志位中，到下一个机器周期才按优先级顺序进行查询。在满足响应条件后，CPU 响应中断时，需要执行一条 2 个周期的调用指令，转入中断服务程序的入口，进入中断服务程序。因此，从外部中断请求有效开始到执行中断服务程序，至少经历了 3 个机器周期，这也是最短的响应时间。如果发生了阻止中断响应的 3 种情况之一，中断响应时间会更长一些。如果当前执行的是上述第三种情况，则附加的等待时间不会超过 5 个机器周期。

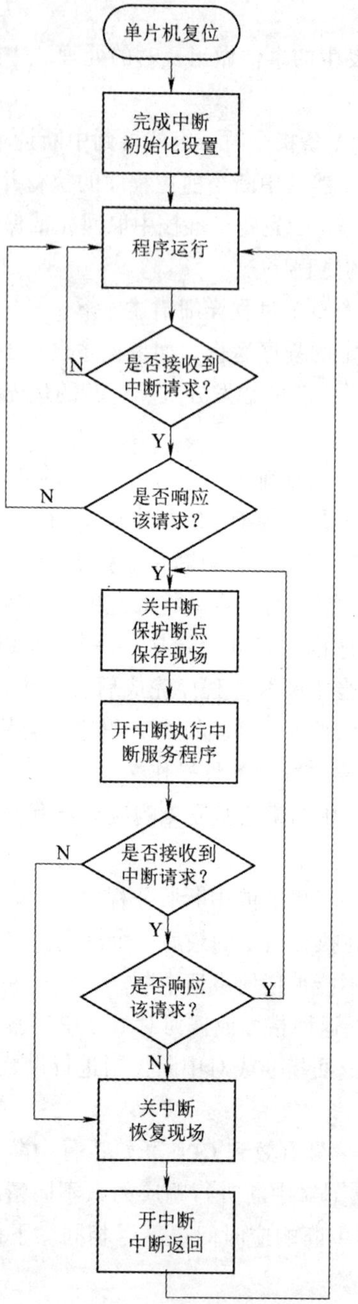

图 4-3　中断响应过程

由上面的分析可知，若系统只有一个中断源，则响应的时间在 3~8 个机器周期之间。若有多个中断源，则应分析各个中断服务程序的执行时间，从而得出中断响应时间的范围。

课件　编写中断服务程序

4.4　编写中断服务程序

视频　编写中断服务程序

当单片机 CPU 被复位后，IE、IP、TCON 等寄存器内容都默认为 0，所有中断源设置为低优先级，而且都被禁止响应。此时系统不能响应任何中断请求。如果系统使用某些中断源，必须在程序开始的部分对这些寄存器进行初始化设置（重新赋值），才能实现对中断源的控制。

完成中断系统的初始化设定后，当中断响应条件满足时，系统就会自动调用中断服务程序。中断服务程序是中断产生的后续结果和最终目的，所以如何进行中断服务程序设计是需要重点研究的内容。

中断服务程序也是一种函数，但与普通的函数不同：

（1）中断服务程序入口地址是相对固定的，普通函数入口则是随意设置的；

（2）中断服务程序的调用依靠的是中断申请编号，由系统自动调用，普通函数的调用需要使用函数名，通过代码指明才能调用。

在 C51 中，中断服务程序的标准形式如下：

```
void  函数名( )  interrupt  中断申请编号  using 工作组
{
    中断服务程序内容
}
```

此处的 interrupt 和 using 是 C51 的关键字，interrupt 表示该函数是一个中断服务函数，中断申请编号表示该中断服务函数所对应的中断源，中断源与中断申请编号的对应关系见表 4－2。

在 C51 中编写中断服务程序还要注意以下几点：

（1）中断服务程序的返回值类型必须为 void，即中断服务程序不能有任何返回值。

（2）中断函数名不能与 C51 的关键字重复。

（3）中断申请编号是指 C51 对中断源的编号，见表 4–2。

（4）using 工作组是指该中断函数使用单片机内存中 4 组工作寄存器的哪一组。由于 C51 编译器会自动分配，因此使用 C51 编写中断函数时这句可以忽略不写。

（5）尽管中断服务程序不能有任何返回值，但是仍可以通过调用全局变量的方式与其他函数进行传值操作。

【课堂练习】简易报警器，如图 4–4 所示，51 单片机的 P1.0 和 P1.1 分别连接着发光二极管和蜂鸣器，P3.2 即单片机的 $\overline{\text{INT0}}$ 中断引脚，连接一个按键开关 KEY1。当 KEY1 开关按下时，相当于产生了一个外部中断 0，此时蜂鸣器会发出鸣叫报警声，同时发光二极管会跟随闪烁。P3.3 即单片机的 $\overline{\text{INT1}}$ 中断引脚，连接一个按键开关 KEY2，当 KEY2 开关按下时，停止报警和闪烁。请编写该程序并运行。

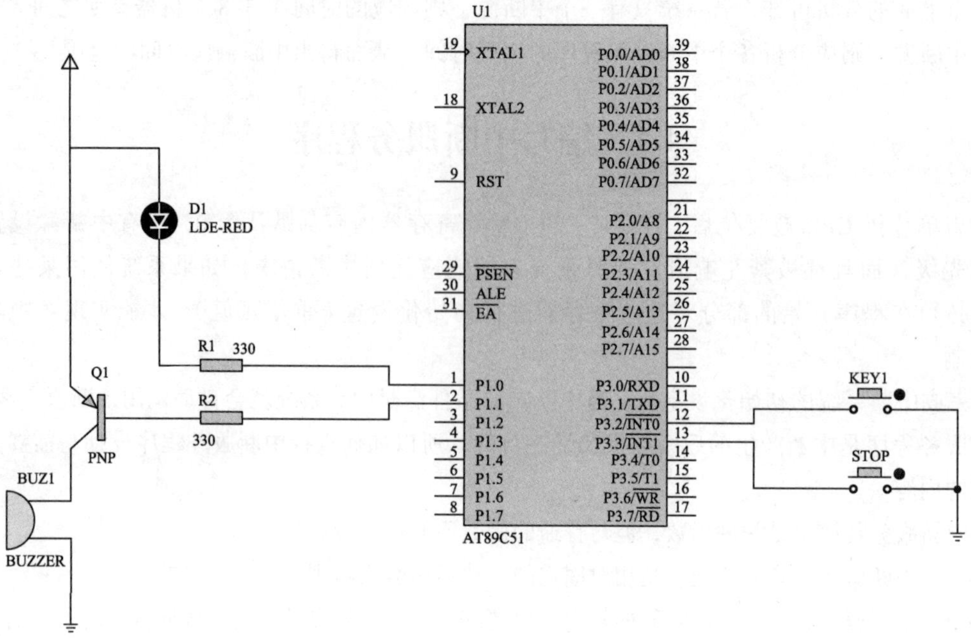

图 4-4 简易报警器的电路原理图

【分析】本程序中使用了蜂鸣器发声。蜂鸣器是一种一体化结构的电子讯响器，采用直流电压供电，广泛应用于计算机、打印机、复印机、报警器、电子玩具、汽车电子设备、电话机、定时器等电子产品中作发声器件。蜂鸣器主要分为压电式蜂鸣器和电磁式蜂鸣器两种类型。方波输入蜂鸣器中就会产生声音，通过控制方波的频率、时长，还能产生简单的音乐等。在这里只是简单地让蜂鸣器①鸣叫即可。

单片机的 P3.2 即 $\overline{\text{INT0}}$ 连接一个按键开关，当开关闭合瞬间，$\overline{\text{INT0}}$ 产生下降沿（负跳变）信号，相当于产生了一个外部中断请求信号，CPU 响应这个中断，将执行相应的中断服务程序，因此只需要在中断服务程序当中将 P1.1 置为低电平，则晶体管导通，蜂鸣器就会发出鸣叫；当 P1.1 为高电平时，晶体管不会导通，蜂鸣器不会鸣叫。如此就实现了开关报警功能。

晶体管在数字电路中应用主要是利用它在饱和区和截止区时，只有高、低两个电平这个特性，充当电路的数字开关使用。对于 PNP 型晶体管，当基极电流为 1 时，晶体管集电极电流为 0（即三极管截止），相当于开关断开；当基极电流下降为 0，以至于晶体管饱和时，相当于开关闭合。此时晶体管主要工作在截止和饱和状态，起到开关作用，一般也把它称为开关管。

通过观察图 4-4 可知，只需要使 P1.0、P1.1 产生低电平，就可以使晶体管导通，从而使蜂鸣器发出声音，发光二极管点亮。其代码为 sbit buzzer=P1^1；然后 buzzer=0；就代表了设定 P1.1 引脚为低电平，于是蜂鸣器就发出了声音。同理，sbit led=P1^0；然后 led = 0；就代表了设定 P1.0 引脚为低电平，于是发光二极管被点亮。

这里要使用按键开关控制蜂鸣器的开关，这涉及两个外部中断不同优先级构成的中断嵌套。

①在 Proteus 中要使蜂鸣器发出声响，需要双击 buzzer，并将其 operating valtage 改为 3 V。

外部中断 0 具有低优先级，它的作用是触发报警装置，并进行报警鸣叫。外部中断 1 具有高优先级，它的作用是使报警装置复位。这里通过一个全局控制变量 flag 来实现。当 KEY1 键按下时，会触发报警装置鸣叫、闪烁；此时按下 KEY2 键，因其具有高优先级，所以会暂时中断 KEY1 的中断服务程序，而在 KEY2 的中断服务程序中，改变全局控制变量数值，使 flag 置 1；随后返回到原来的中断位置（即 KEY1 的中断服务程序中），在这个程序中，每次鸣叫、闪烁时都要检查 flag 值，当检查到 flag 值为 1 时，不具报警条件，结束鸣叫。这种控制方法很常用，希望读者能够掌握。

按照上面的分析即可以写出程序代码，具体如下：

```
#include  <reg51.h>
#define  uchar  unsigned  char
#define  uint  unsigned  int
sbit  led=P1^0;
sbit  buzzer=P1^1;
bit  flag=0;                    //全局变量，能够控制是否鸣叫、闪烁
void  delay(uchar  x)
{
   uchar  y, z;
   for(y=0; y<x; y++)
   for(z=0; z<120; z++);
}

void  main(){

     EA=1;              //允许系统响应中断
     EX0=1;             //允许系统响应外部中断 0
     EX1=1;             //允许系统响应外部中断 1
     IT0=1;             //外部中断 0 的触发方式为负跳变
     IT1=1;             //外部中断 1 的触发方式为负跳变
     PX1=1;             //外部中断 1 具有高优先级，这是 STOP 按键能关闭蜂鸣器鸣叫和闪烁
                        //的关键
                        //以上为中断系统初始化代码
     while(1);         //空循环，未调用任何函数。中断服务程序在中断响应时会自动调用
}

//外部中断 0 的中断服务程序
void  warning()  interrupt  0
{
    flag=0;
    while(!flag)//判断 flag 值，flag=0 持续报警、鸣叫；flag=1 停止报警、鸣叫
    {
        buzzer=0;
        led=0;
        delay(200);
        buzzer=1;
        led=1;
        delay(200);
    }
```

```
    }

    //外部中断 1 的中断服务程序
    void  stopwarning()  interrupt  2
    {
       flag=1;                  //停止报警、鸣叫
    }
```

中断控制应用十分广泛，在很多领域当中都有应用。在上一模块讲解键盘识别方法中，多使用扫描方法，但这种方法耗时较多，在要求键盘响应时间的系统中应用，很难达到预期效果。这里也可以采用中断方式进行判断，以加快按键识别速度。

【课堂练习】使用中断方式检测键盘按键，如图 4-5 所示。有一个单片机系统上使用 P1 口安装了 4 个按键，并通过 1 个 4 路的与非门和反相器后，连接到了单片机的外部中断 0 引脚上；P0 口连接了 1 只数码管，请使用中断方式，判断当前按了哪个按键，并将按键的编号通过数码管显示出来。

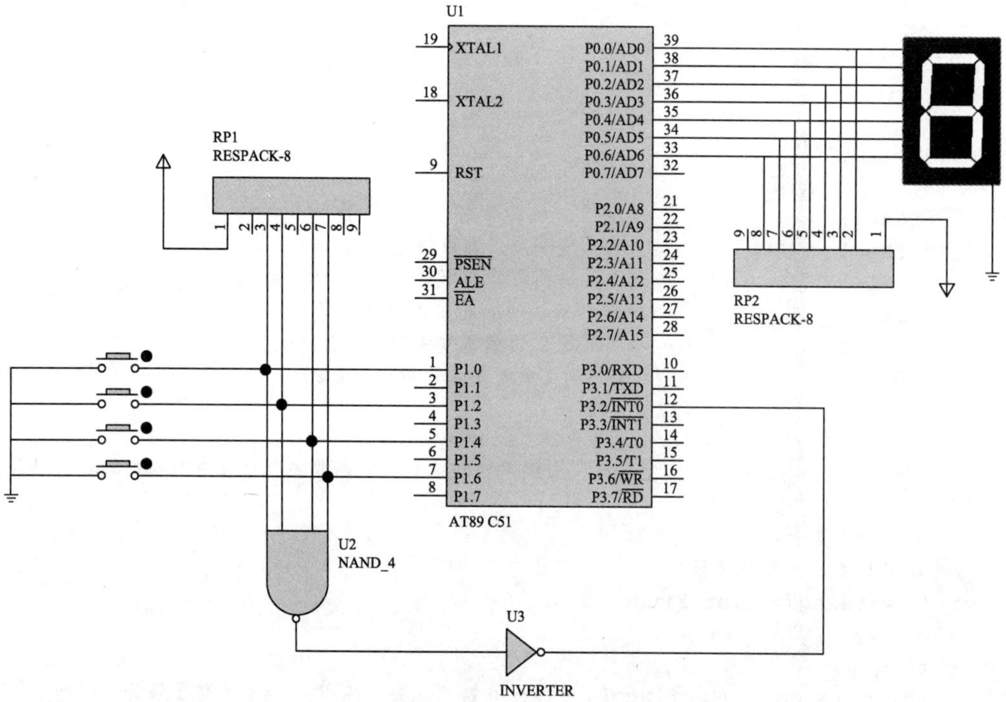

图 4-5　使用中断方式检测键盘按键的电路原理图

【分析】与逐个键位扫描的方式相比，使用中断方式进行键盘检测，速度较快，适合于快速响应的系统中。其工作原理很简单，当用户按下某个按键时，该按键所连接的引脚产生低电平，并传送到与之相连接的与非门，引起与非门状态改变，该信号经反相器反相后，产生下降沿（负跳变）信号传送至外部中断 0 引脚，从而触发外部中断请求。

在外部中断 0 的中断服务程序中，首先要读取与按键相连的 P1 口的状态，并将得到的结果与事先准备的键值编码进行比较，确定出本次按键的键值位置，将该位置信息对应到数码管的显示列表中，即可得到欲显示数字的段选码，将这个段选码通过 P0 口输出，于是数码管点亮并显示出了按键的号码。

依据上述分析，写出相应的程序代码，具体如下：

```
#include <reg51.h>
#define  uint  unsigned  int
#define  uchar  unsigned  char
sbit  int0=P3^2;
uchar  code  table[ ]={0x06,0x5b,0x4f,0x66};    //数码管显示的段选码列表
uchar  code  position[]={0xfe,0xfb,0xef,0xbf};  //P1 口各按键的键位码
uchar  i;

void  delay(uchar x)                             //延时函数
{
   uchar y, z;
   for(y=x; y>0; y--)
   for(z=120; z>0; z--);
}

void  display(uchar  j)          //显示函数，用以显示指定位置的数值
{
   P0=table[j];
}

void  main( )
{
    EA=1;                          //打开系统的中断允许控制
    EX0=1;                         //开始外部中断 0
    IT0=1;                         //设定外部中断 0 为负跳变触发
    while(1);                      //无限循环
}
  void  keytest()  interrupt  0     //中断服务程序
  {
    if(int0==0)                     //应用按键检测框架
    {
       delay(10);                   //延时 10 ms，去抖
        if(int0==0)
        {
         for(i=0; i<4; i++)         //读取 P1 口的值，与位置列表相比较
          {
             if(P1==position[i])    //找到值相同的位置
              {
                 display(i);        //在数码管中显示当前位置
                 return;
              }
          }
       }
```

```
    }
}
```

课件　使用中断模拟汽车转向灯

视频　使用中断模拟汽车转向灯

4.5　实验：使用外部中断模拟汽车转向灯

【实验目的】

（1）学会使用 Keil 和 Proteus 软件进行单片机 C51 语言程序设计与开发；

（2）了解和掌握 51 系列单片机的中断系统组成、中断控制工作原理、中断处理过程、外部中断的中断触发方式；

（3）掌握中断服务程序的编程方法。

【实验内容】

设计一个汽车转向灯，当按下 K1 键时，红色灯亮；当按下 K2 键时，绿色灯亮。由此来模拟汽车打开左右转向时的情景。

【实验准备】

采用软件仿真的方式完成，需要用到以下软件：Keil、Proteus。

实验完成后，可将此程序上传到实验板上进行实践检验。

【实验过程】

单片机的 P1.0 接 LED 指示灯 D0；P3.2 接按键开关 K1 作为中断源，每次按键都会触发 INT0 中断；在 INT0 中断服务程序中将 P1.0 端口的信号取反，使 LED 指示灯 D0 在点亮和熄灭两种状态间切换，产生 LED 指示灯 D0 由按键 K1 控制的效果。

单片机的 P1.1 接 LED 指示灯 D1；P3.3 接按键开关 K2 作为中断源，每次按键都会触发 INT1 中断；在 INT1 中断服务程序中将 P1.1 端口的信号取反，使 LED 指示灯 D1 在点亮和熄灭两种状态间切换，产生 LED 指示灯 D1 由按键 K2 控制的效果。

（1）启动 Proteus ISIS，挑选所需元件（见表 4-7）。

表 4-7　所需元件列表

序号	元件名称（英文）	中文名称或含义
1	AT89C51	Atmel 公司生产的 51 系列单片机
2	RES	电阻（双击后更改阻值为 330）
3	PNP	PNP 型晶体管
4	BUTTON	按钮开关
5	LED-RED	红色发光二极管
6	LED-GREEN	绿色发光二极管

（2）设计仿真的模拟电路图，如图 4-6 所示，并保存文件。

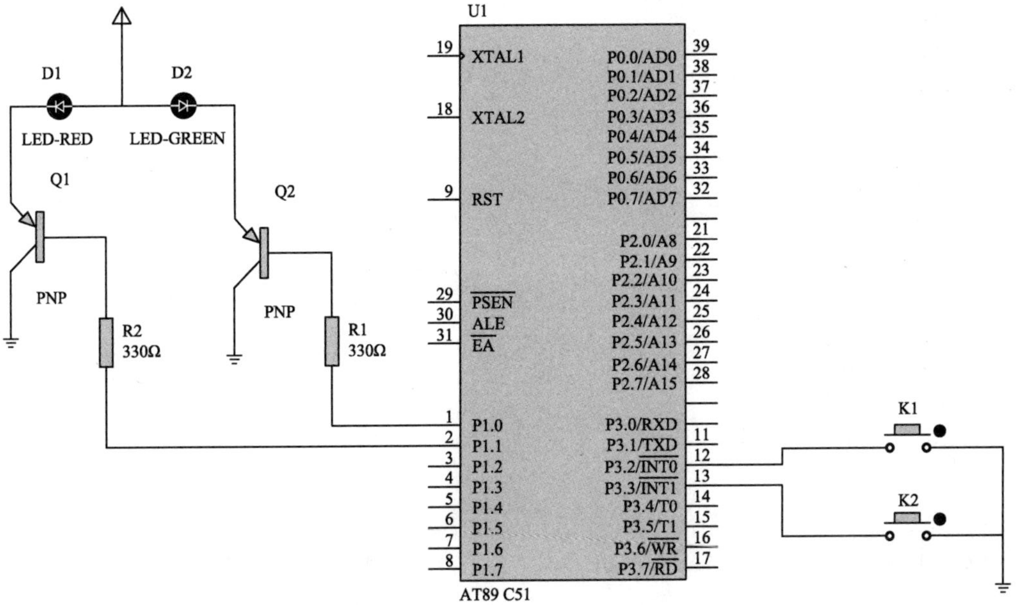

图 4-6　模拟汽车转向灯的电路原理图

（3）对照电路原理图进行程序编写。程序设计原理是单片机上电复位后，CPU 开始执行主程序，在进行了有关中断的初始化设定后，该 CPU 可以响应外部中断 0 和外部中断 1。当 K1 键被按下时，$\overline{\text{INT0}}$ 出现负跳变，发出中断请求信号。CPU 响应中断，停止其他工作，跳转到 $\overline{\text{INT0}}$ 对应的中断服务程序并执行该程序。执行完毕后返回原程序，继续处理其他工作。按 K2 键的道理与之相同，所不同的是 K2 对应的是外部中断 1，即 $\overline{\text{INT1}}$。

当按下 K1 时（即打开左转向），如果原来红灯在亮，此时应当熄灭红灯。如果原来是灭的，那么此时应当点亮红灯。也就是说，按下 K1 后，红灯始终是在做当前状态的取反。所以，在代码中使用 left=!left 来实现。绿灯设计与此相同。

当按下 K1 时，此时如果绿灯在亮，那么要熄灭绿灯。如果绿灯是灭的，则什么也不做。也就是说，要先判断一下，当前绿灯是否在亮，如果是亮的，就灭掉。可用下述语句来实现：

```
if (!right)                          //如果绿灯亮，则条件成立，否则不成立
{
     right=!right;                   //改变绿灯状态
}
```

最后，可以验证程序运行符合实验要求。

（4）将程序编译通过后，写入电路原理图中，进行仿真实验，反复调试并查看结果。

【参考程序】

```
#include  <reg51.h>
#define  uint  unsigned int
sbit  left=P1^0;
sbit  right=P1^1;
void main()
{
```

```
  EA=1;
  EX0=1;
  EX1=1;
  IT0=1;
  IT1=1;
  while(1);
}

void  turnleft()  interrupt 0         //外部中断 0 的中断服务程序
{
   left=!left;
   if(!right)
   {
       right=!right;
   }
}

void  turnright()  interrupt 2        //外部中断 1 的中断服务程序
{
   right=!right;
   if(!left)
   {
       left=!left;
   }
}
```

【实验总结】

（1）中断控制寄存器中各标志位的含义、作用需要熟记。

（2）按下开关后，$\overline{INT0}$出现低电平，但如果不很快释放按键，就会出现一次按键引起多次中断响应。这点在仿真中不会出现，但在实物电路中必定会出现。为解决这一矛盾，可在中断响应前加入防抖动程序。

（3）注意开关应选用 button 而不能用 switch，因为 button 按下后自动跳开，产生一个下降沿，引起中断响应，即按一次 button 产生一个下降沿和一个上升沿。而 switch 按下后不能自动跳开。

（4）EA=1 时系统才会响应各种中断，否则任何中断都不会执行。

小　结

本模块的重点内容是单片机中断机制的原理、构成及应用。要求读者必须掌握 51 系列单片机中 6 类中断源的名称、连接引脚、中断的优先级以及在 C51 语言中的编号顺序。对于组成中断机构的 4 个寄存器：IE、IP、SCON、TCON 要熟悉每一个控制位的含义，能够解读现有中断设定含义，明确地判定中断嵌套能否发生，以及如何设定中断嵌套，并能按预定要求熟练写出中断的初始化代码，掌握外部中断的触发设定以及中断服务程序的编写方法、调用原理并能灵活运用。

习　题

一、选择题

1. 下列（　　）引脚可以作为外部中断请求输入线。

A. P3.0　　　　B. P3.2

C. P3.5　　　　D. P3.4

2. AT89C51 单片机在中断响应期间，不能自动清除的中断标志位是（　　）中断。

A. $\overline{\text{INT0}}$　　　　B. $\overline{\text{INT1}}$

C. T0　　　　D.串行口

3. 计算机使用中断的方式与外界交换信息时，保护现场的工作应该是（　　）。

A.由 CPU 自动完成　　　　B.在中断响应中完成

C.由中断服务程序完成　　　　D.在主程序中完成

4. 若 AT89C51 单片机的中断源都编程为同级，当它们同时申请中断时 CPU 首先响应（　　）。

A. INT1　　　　B. INT0

C. T1　　　　D. T0

5. 各中断源发出的中断请求信号，都会标记在 51 系列单片机系统中的（　　）。

A. TMOD　　　　B. TCON / SCON

C. IE　　　　D. IP

6. AT89C51 单片机有（　　）中断源。

A. 5 个　　　　B. 2 个

C. 3 个　　　　D. 6 个

7. AT89C51 单片机可分为两个中断优先级别。各中断源的优先级别设定是利用（　　）寄存器。

A. IE　　　　B. IP

C. TCON　　　　D. SCON

8. AT89C51 单片机在响应中断后，需要用软件来清除的中断标志是（　　）。

A. TF0、TF1　　　　B. RI、TI

C. IE0、IE1　　　　D. TB、EA

9. AT89C51 单片机用来开放或禁止中断的控制寄存器是（　　）。

A. IP　　　　B. TCON

C. IE　　　　D. TMOD

二、填空题

1. 中断处理的全过程分为以下 4 段：____________、____________、____________、____________。

2. AT89C51 单片机有______个中断源，可分为______个优先级。上电复位时______中断源的优先级别最高。

3. AT89C51 单片机的外中断申请信号有 2 种，分别是______和______；它们可以有 2 种触发方式，分别是______和______；由 TCON 中的______和______决定；控制位为0时，________触发，控制位为1时，________触发。

4. 中断源的允许是由__________寄存器决定的，中断源的优先级别是由__________寄存器决定的。

5. 单片机内外中断源按优先级别分为高级和低级，级别的高低是由_________寄存器的置位状态决定的。同一级别中断源的优先顺序是由__________决定的。

6. 假如要对外部中断1开放中断（不考虑EA状态），在C51中的语句为________。

7. AT89C51单片机的外部中断请求信号若设定为低电平方式，只有在中断请求引脚上采样到____________信号时，才能使外部中断有效。而在负跳变方式时，只有在中断请求引脚上采样到____________信号时，才能使外部中断有效。

三、简答题

1. AT89C51单片机的中断系统有几个中断源？几个中断优先级？中断优先级是如何控制的？在出现同级中断申请时，CPU按什么顺序响应（按由高级到低级的顺序写出各个中断源）？

2. 中断处理的全过程分为哪几个阶段？CPU在哪个阶段执行中断服务程序？

3. AT89C51单片机检测到INT0的中断标志位IE0置1后，是否立即响应？若否，则还需要满足什么条件？如何实现这些条件？

4. AT89C51单片机响应中断的条件是什么？响应中断后，CPU要进行哪些操作？

四、编程题

1. 当AT89C51单片机检测到INT1出现下降沿时，使INT1的中断标志位置1后，并且立即响应INT1的中断，试对AT89C51单片机的中断系统初始化。

2. 为了实现如下由高到低的优先级顺序，且外部中断采用下降沿触发，请对AT89C51单片机的中断系统初始化。（优先级顺序为T0→T1→INT0→INT1）

3. 设引脚P3.2和P3.3分别接有一个开关，当开关按下并抬起时，产生一次中断，若二者同时按下并抬起时，则AT89C51单片机先响应P3.3的请求。试对中断系统初始化。

4. 设引脚P3.2接有一个开关，当开关按下并抬起时，产生一次中断，试对中断系统初始化。

五、创新设计题

1. 用单片机控制2个开关K1、K2和1个数码管。单片机加电时，数码管显示0，当K1按动1次时，数码管显示加1，K2按动1次时，数码管显示减1。用中断方式实现。

2. 用单片机控制2个开关K1、K2和8个发光二极管。单片机加电时，8个发光二极管全亮，当K1按动1次时，8个发光二极管闪烁10次，K2按动1次时，8个发光二极管摇摆10次。用中断方式实现。（摇摆指第一次1、3、5、7灯点亮，第二次2、4、6、8灯点亮。）

模块5 定时器与计数器

定时与计数是自动化控制的一项重要技术，很多机器设备都需要定时或计数装置。如复印机的计数复印、电视机的定时开关机、学校的自动电铃等，都离不开定时与计数。作为自动控制核心的单片机，同样具有在严格时序控制下的定时/计数器。

内容要点：

- 定时与计数的基本原理及计数初值的确定；
- 定时/计数器的结构组成与 TMOD、TCON 寄存器；
- 定时/计数器的 4 种工作方式；
- 应用定时/计数器实现 PWM 信号。

5.1 定时与计数原理

课件 单片机的定时计数器

视频 单片机的定时计数器

通过前面的学习，已经知道 51 单片机内部有两个 16 位可编程的定时/计数器，即 T0 和 T1（AT89C52 比 AT89C51 多一个 T2）。它们既是定时器，同时也是计数器，通过对定时/计数控制寄存器设定，可以选择当前启用的是定时器还是计数器。

定时器和计数器是同一套结构，其二者的区别在于计数对象的不同。启用计数器功能时，它记录的是单片机外部发生的事件数量，其计数对象是由单片机外部电路提供的计数信号；启用定时器功能时，它记录的是由内部产生的脉冲信号的数量，其计数对象是由单片机提供的非常均匀稳定的脉冲信号。

1. 计数器的计数方法及计数初值

计数器的计数方法是加 1 计数。即在给定计数初值的基础上，进行加 1 计数，直至达到计数器的最大值，溢出后本次计数结束。

16 位计数器的最大计数量是 65 536①。因此每次计数到 65 536 时就会产生计满溢出，同时

① 因其为 16 位计数器，所能表达的最大数字是 11111111 11111111B ，即 $2^{16}-1=65\ 535$，而计数器是在达到最大数值之后，要再加 1 才溢出并结束计数，因此其最大计数量为 65 535+1=65 536。

触发定时/计数器中断。如果要计数的数量小于 65 536，可以采用预置初值的方法，即用 65 536 与计数量的差作为预置的计数初值，这样当加 1 计数计满溢出时，正好达到计数量。比如在饮料厂的自动包装线上，一打为一个包装，即要求每次达到 12 瓶时打包机器就打包一次。采用预置初值的方法，先将初值设为 65 536－12＝65 524，从 65 524 开始加 1 计数，经过 12 次计数，达到 65 536 时计满溢出并触发中断，提示打包机器开始打包。

由于计数器是 16 位寄存器，内部由高 8 位（TH）和低 8 位（TL）2 个寄存器组成。当确定了计数初值后，需要将确定的计数初值放置到 2 个 8 位寄存器中。因为这 2 个寄存器是分别存放计数初值的高 8 位和低 8 位，所以需要分别计算放入这 2 个寄存器内的数值。可以采用如下公式（N为计数的数量）：

$$TH=(65\,536-N)/256 \tag{5-1}$$

$$TL=(65\,536-N)\%256 \tag{5-2}$$

还用上面饮料打包的例子说明 TH 和 TL 初值的计算方法。当确定了计数器的初始值为 65 524（65 536－12＝65 524）后，由式（5－1）、式（5－2）可知：

TH＝（65 536－12）/256＝255，即 TH 中的值为 FFH；

TL＝（65 536－12）%256＝244，即 TL 中的值为 F4H。

课件 定时器与定时设定

2. 定时器与定时原理

视频 定时器与定时设定

定时器与计数器在本质上是完全相同的，都是在进行计数，只是二者处理的计数对象不同。计数器处理的计数信号是由单片机外部事件产生的，这个信号可以是均匀的，也可以是不均匀的，计数器记录的是外部脉冲信号的个数；而定时器处理的计数信号是由单片机内部产生的时钟脉冲信号，这一信号非常均匀稳定（即每一个脉冲周期都完全相同）。虽然定时器工作时也是在计数，但因为每一个时钟脉冲信号的周期都严格相等，所以二者相乘就可以得到准确的时间结果，从而达到定时目的，因此将其称为定时器。

通过模块 1 的学习可知，51 单片机的系统振荡信号经过 12 分频后会获得一个脉冲信号（即机器周期信号），这个机器周期信号就是定时器的计数脉冲信号。假设单片机的振荡信号频率是 12 MHz，那么经过 12 分频后，12 MHz ÷ 12＝1 MHz，将计数信号的频率换算为时间，即每个脉冲信号的周期时间间隔（时长）是 1 s ÷ 1 MHz=1 μs，也可以用公式简单记为

$$T_P=\frac{12}{f_{osc}} \tag{5-3}$$

时间单位的换算关系如下：

1 秒＝1 000 毫秒，1 毫秒＝1 000 微秒，1 微秒＝1 000 纳秒

通常也写为

1 s＝1 000 ms，1 ms=1 000 μs，1 μs=1 000 ns

因此在系统时钟频率为 12 MHz 的情况下，1 个计数脉冲信号的时长是 1 μs想要定时 50 ms，首先就需要算出需要计数的脉冲信号的数量，然后再按照式（5–1）和式（5–2）计算出 TH 和 TL 的计数初值即可。50 ms 即为 50 000 μs，也就是 50 000 个脉冲，预置的计数初值为 65 536－50 000＝15 536。由式（5–1）和式（5–2）得出：

TH=（65 536 – 50 000）/256=60，即 TH 中的值为 3CH；

TL=（65 536 – 50 000）%256=176，即 TL 中的值为 B0H。

【课堂练习】假设某单片机的晶振频率为 11.059 2 MHz，现要求使用定时器 0（16 位）进行定时，定时时长为 50 ms，那么定时器 0 的计数初值应为多少，即 TH0 与 TL0 的初值应分别为多少？

【分析】单片机的晶振频率为 11.059 2 MHz，经 12 分频后即为定时器的计数信号，则每一个计数信号出现的周期时长为

$$T_P=\frac{12}{f_{osc}}=12/11.059\ 2\ \text{MHz}\approx 1.085\ \mu\text{s}$$

需要计时的时间 T 为 50 ms，将其除以每个计数信号的出现周期时长 T_P，即为需要的脉冲信号数量，即计数的数量：

$$N=\frac{T}{T_P}=50\ \text{ms}/1.085\ \mu\text{s}\approx 46\ 083$$

由此可知，定时器 0 的计数初值为

$$65\ 536-46\ 083=19\ 453$$

依据式（5–1）和式（5–2）可知，

TH0 的初值为 19 453/256 = 75，即 4BH。

TL0 的初值为 19 453%256 = 253，即 FDH。

课件 单片机定时/计数器的结构

视频 单片机定时/计数器的结构

5.2 定时/计数器的结构

51 单片机内的定时/计数器的基本结构如图 5-1 所示。

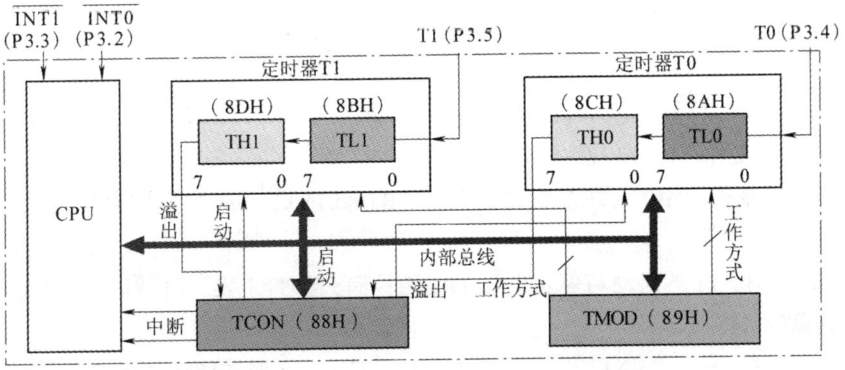

图 5-1 51 单片机中定时/计数器的基本结构

由图 5-1 可以看到，定时/计数器 0（T0）和定时/计数器 1（T1）的结构完全相同，都是由 2 个 8 位寄存器（THx 和 TLx）构成的。

T0 和 T1 工作于定时器还是计数器模式是通过软件进行设定的。软件调控主要通过特殊功能寄存器 TMOD 和 TCON 的设定来完成。TMOD 控制的是定时/计数器的工作方式和功能；TCON

控制的是定时/计数器的启动、停止及设置溢出标志。

当设置为计数器模式时，外部事件的计数脉冲由 T0 或 T1 的外部输入引脚（P3.4、P3.5）输入计数器内。在每个机器周期内采样这两个引脚的电平，当出现下降沿（负跳变）信号时，计数器就加 1，直至计数器溢出，计数停止。

当设置为定时器模式时，P3.4 和 P3.5 可以悬空不接任何信号，将单片机的系统时钟频率经过 12 分频后得到的机器周期信号，作为计数脉冲信号进行计数，直到计满溢出，达到定时效果。

不论 T0 和 T1 工作于定时模式还是计数模式，它们工作时都不会影响 CPU 的正常工作。直到定时/计数器溢出产生中断请求时，CPU 才会停下来处理定时/计数器的中断服务程序。因此可以认为定时/计数器与 CPU 是并行工作的。尤其是定时功能和前面多次使用过的延时函数不同，延时函数虽然也能起到定时的作用，但它是利用空指令，使 CPU 空转不做任何工作，虽然能达到延时等待的目的，但也降低了 CPU 的工作效率；而使用定时器则 CPU 在定时器计时的同时还可以进行其他工作，并不会降低 CPU 的工作效率。

课件 定时/计数器的控制寄存器

5.3 定时/计数器的控制寄存器

1. 工作方式寄存器（TMOD）

TMOD 用来控制定时器的工作方式以及功能的选择。在单片机复位时，会被全部清 0。TMOD 是 8 位寄存器，高 4 位用于控制 T1，低 4 位用于控制 T0。在 reg51.h 头文件中对此寄存器进行了定义，见表 5-1。

视频 定时/计数器的控制寄存器

表 5-1 工作方式寄存器（TMOD）

位序	D7	D6	D5	D4	D3	D2	D1	D0
功能定义	GATE	$C/\overline{T}$	M1	M0	GATE	$C/\overline{T}$	M1	M0
作用范围	定时/计数器 1（T1）				定时/计数器 0（T0）			

其中各位的含义如下（仅以高 4 位为例）：

GATE：门控制位。由 GATE、软件控制位 TR1 和 INT1 共同决定定时/计数器[1]的启动与停止。

当 GATE = 0 时，T1 的启动与停止仅受 TR1 的控制，当 TR1 为 1 时就启动；为 0 时就停止，不管 INT1 引脚是何种状态。

当 GATE = 1 时，只有当 INT1 引脚为高电平，且 TR1 为 1 时才能启动 T1，否则不能启动。

$C/\overline{T}$：工作模式选择位。

当 $C/\overline{T} = 0$ 时，为定时器模式。

当 $C/\overline{T} = 1$ 时，为计数器模式。

① THx 为 TH0 或 TH1，TLx 为 TL0 或 TL1。

M1、M0：工作方式选择位。T0 有 4 种工作方式，T1 只有 3 种工作方式，通过 M1、M0 的设置可以选择其中一种工作方式，见表 5-2。

表 5-2 定时/计数器的工作方式

M1M0 状态	工作方式	说明
M1M0 = 00	工作方式 0	13 位定时/计数器方式，为兼容早期单片机产品存在
M1M0 = 01	工作方式 1	16 位定时/计数器方式，最主要的工作方式
M1M0 = 10	工作方式 2	8 位自动重装的定时/计数器工作方式
M1M0 = 11	工作方式 3	该方式只适用于 T0，T0 被分成 1 个 8 位定时/计数器和 1 个 8 位的定时器

特别需要注意的是，由于 TMOD 只能进行字节寻址，所以对 T0 或 T1 工作方式的设定只能以整个字节写入。

【课堂练习】某 51 单片机的 TMOD 寄存器值为 0x01，试说明其含义。

【分析】TMOD 寄存器用来控制定时/计数器的工作方式，其高 4 位用来定义 T1，低 4 位用来定义 T0。

0x01 为十六进制，转化为二进制为 0000 0001B，其高 4 位为 0，则 T1 为默认状态；低 4 位为 0001，显然定义的是 T0，工作方式有特殊的设定。

对照表 5-2 进行分析：

位序	D7	D6	D5	D4	D3	D2	D1	D0
功能定义	GATE	$C/\overline{T}$	M1	M0	GATE	$C/\overline{T}$	M1	M0
0x01	0	0	0	0	0	0	0	1

D3 位即 GATE 为 0，表示该定时/计数器的启动与停止仅受 TR0 的控制，TR0 为 1 时启动。

D2 位即 $C/\overline{T}$，是定时/计数器的工作模式选择，为 0 表示当前工作于定时器模式。

D1D0 位即 M1M0，是工作方式选择，其值为 01，即 T0 的工作方式为 16 位定时器工作方式。

同理，对照表 5-2 可知，T1 的工作方式为 13 位定时器，其启停仅受 TR1 的控制。

【课堂练习】T1 为 16 位定时器，由 TR1 和 INT1 共同控制其启停，T0 为 8 位计数器，且工作于方式 2，启停仅受控于 TR0。请依据以上要求，写出 TMOD 寄存器的值。

【分析】根据题目要求，T1 为 16 定时器，则其工作方式选择位（M1M0）为 01，工作模式选择位（$C/\overline{T}$）为 0，门控制位（GATE）为 1 时能满足题目要求。

对于 T0，根据叙述可知其工作于方式 2，则工作方式选择位（M1M0）为 10，工作模式选择位（$C/\overline{T}$）为 1，启停仅受 TR0 控制，则 GATE 位为 0。

位序	D7	D6	D5	D4	D3	D2	D1	D0
功能定义	GATE	$C/\overline{T}$	M1	M0	GATE	$C/\overline{T}$	M1	M0
0x96	1	0	0	1	0	1	1	0

根据上述分述，写出 TMOD 值为 1001 0110，即 0x96。

课件 定时/计数器控制寄存器

2. 定时/计数器控制寄存器（TCON）

TCON 寄存器用来控制定时/计数器的启动、停止和标志溢出以及中断情况。在单片机复位时会被自动清 0。

其高 4 位用于控制 T1、T0 的启动、停止与溢出标志（见表 5-3）。低 4 位用于外部中断处理，这部分在上一模块中已经讲解，不再赘述。

视频 定时/计数器控制寄存器

表 5-3 定时/计数器控制寄存器 TCON

位序	D7	D6	D5	D4	D3	D2	D1	D0
功能定义	TF1	TR1	TF0	TR0	IE1	IT1	IE0	IT0
适用范围	定时/计数器 1		定时/计数器 0		外部中断 1		外部中断 0	

其高 4 位含义如下：

TF1：定时/计数器 1 的溢出标志。

当定时/计数器 1 计满溢出时，硬件会自动使 TF1 置 1。

如果使用的是中断方式，这时会产生中断请求，如果 CPU 响应了该中断请求，进入中断服务程序后，会自动将 TF1 清 0。该中断能否被 CPU 响应，具体要看系统是否打开了相应的中断控制位。如果使用的是查询工作方式，当查询到该位为 1 后，要注意须使用软件命令对该控制位进行手动清 0。

TR1：定时/计数器 1 的启动标志。

不论 GATE 为何种状态，当 TR1 = 0 时，都能关闭定时/计数器 1。

当 GATE = 1，且 INT1 为高电平，当 TR1 = 1 时，才能启动定时/计数器 1。

当 GATE = 0，只需要 TR1 = 1，就能启动定时/计数器 1，不必考虑 INT1 的状态。

课件 定时/计数器的 4 种工作方式

TF0、TR0 与 TF1、TR1 的功能完全相同，只不过这 2 位操作的对象是定时/计数器 0（T0）而已。

需要注意的是，reg51.h 头文件对 TCON 寄存器的各个控制位进行了预定义，因此在程序设计中可以使用位定义的名字来进行直接操控，简化了操作代码。

5.4 定时/计数器的 4 种工作方式

视频 定时/计数器的 4 种工作方式

下面详细介绍定时/计数器 4 种工作方式的工作原理以及初始计数值的设定方法。

1. 工作方式 0

工作方式 0 是 13 位的定时/计数器工作方式。这是一种特殊的方式，它是为了兼容上一代单片机而保留下来的。实际上，工作方式 1 完全可以替代这种工作方式。

在工作方式 0 状态下，由 TLx 的低 5 位和 THx 的 8 位共同构成了 13 位计数器。注意，TLx 的高 3 位并没有使用。其内部逻辑结构如图 5-2 所示。

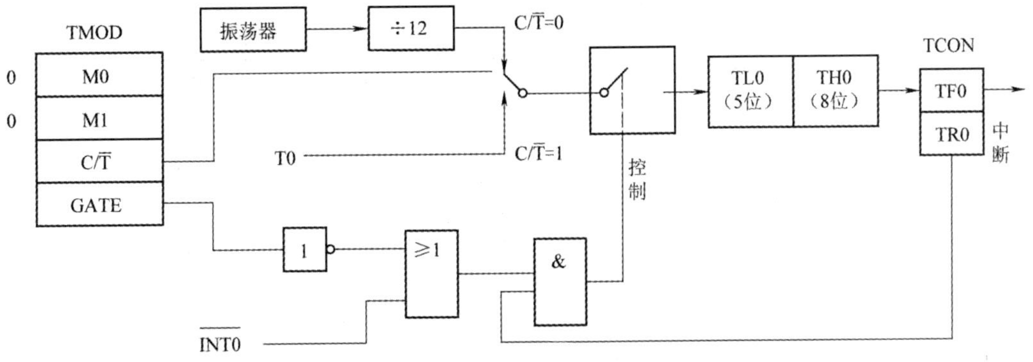

图 5-2　工作方式 0 的内部逻辑结构

下面以 T0 为例，说明其工作原理。对照图 5-2 可以看到，TMOD 寄存器的 C/$\overline{T}$ 位确定了定时/计数器的工作模式，当工作于定时器模式时，其计数信号来自于系统时钟振荡频率的 12 分频；当工作于计数器模式时，则来自于外部电路，由 P3.4 引脚接入。当 GATE 为 1 时，通过反相器，GATE 信号变为 0 并与 $\overline{INT0}$ 信号共同接入或门，此时只有 $\overline{INT0}$ 为 1 或门才能输出 1，而或门输出信号又与 TR0 共同接入与门，控制计数的开始。此时只有 $\overline{INT0}$ 和 TR0 都为 1 才能使控制开关闭合，从而启动 T0 开始计数；当 GATE 为 0 时，完全不必考虑 $\overline{INT0}$ 的状态，只要 TR0 为 1 就可以启动 T0 了。T0 启动后，计数脉冲加到 TL0 的低 5 位，加满后，再进位给 TH0，如此循环直到全部计满后产生溢出，使 TF0 置位并产生中断请求信号。

这里特别要注意的是，如果需要重复计数，在计满溢出后，要立即给定时/计数器重新赋予计数初值，如果没有赋初值，会默认从 0 开始重新计数。

使用工作方式 0，其最大的计数量是 8 192（即 8 191+1 = 8 192），因为只使用了 TL 的低 5 位计数，计满 5 位后就会产生进位，而 5 位二进制数能表达的最大计数量是 32（31+1 = 32），也就是说计数到达 32 就会产生进位。所以，在这种工作方式下，装入计数初值的公式较式（5-1）、式（5-2）略有改变，即

$$THx = (8\,192 - N)/32 \tag{5-4}$$

$$TLx = (8\,192 - N)\%32 \tag{5-5}$$

注：N 为计数的数量。以下公式中 N 的含义与此相同。

2. 工作方式 1

工作方式 1 是最常用的工作方式，其工作原理与工作方式 0 相似。不同之处在于，工作方式 1 使用的是 16 位计数器，TLx 和 THx 的所有位都参与计数。工作方式 1 的最大计数量是 65 536（65 535+1）。其工作原理与工作方式 0 相比，只是 TLx 的 8 位全都参与了计数，如图 5-3 所示。

其计数初值的装入公式在前面已经介绍、使用过，即式（5-1）、式（5-2）。

和工作方式 0 相类似，每次定时/计数溢出后，都需要及时装入设定好的计数初值，否则系统就会默认从 0 开始重新计数了。

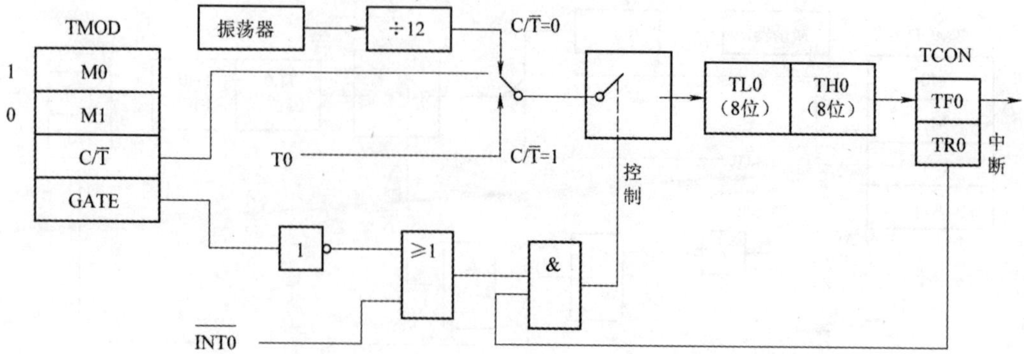

图 5-3 工作方式 1 的内部逻辑结构

3. 工作方式2

工作方式 2 是 8 位自动重装定时/计数器。在这种工作方式下，只能进行 8 位定时/计数，因此最大的计数量为 256（255+1）。计数时，THx 内保存了 TLx 中放入的原始计数初值，当 TLx 计满溢出时，对应的 TFx 会置位并产生中断请求信号，与此同时，由 THx 自动向 TLx 中装入保存的计数初值，并重新开始计数，周而复始，直到关闭该定时/计数器。

在工作方式 0 和工作方式 1 状态下，每次计满溢出后，重新装入计数初值的工作都要由软件来完成。完成装入初值的工作要花费一定的时间，根据单片机所处情况的不同，时间的长短也不很确定，如果是要求精密的定时，可能会产生一定的误差。而采用工作方式 2，由单片机自动重装初值，则不会产生这种问题。但是，工作方式 2 的计数量要比前 2 种方式小很多。其内部逻辑结构如图 5-4 所示。

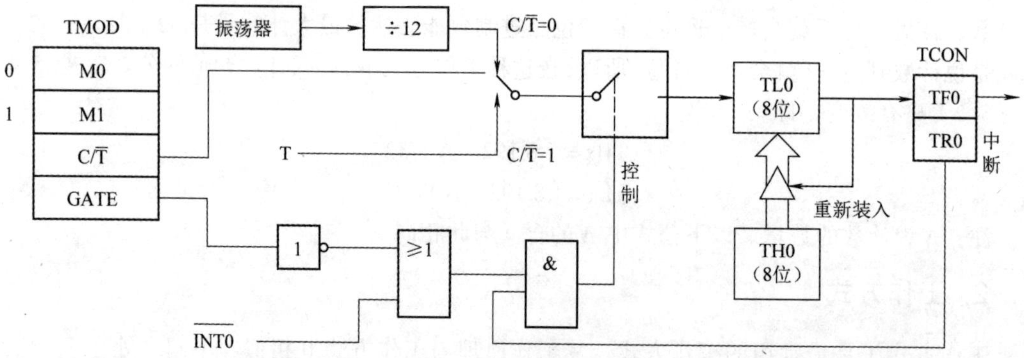

图 5-4 工作方式 2 的内部逻辑结构

其计数初值的装入公式为

$$THx = TLx = 256 - N \tag{5-6}$$

4. 工作方式3

工作方式 3 是 T0 特有的。当 T0 工作于工作方式 3 的时候，会分解成 2 个独立的 8 位定时/

计数器（一个是 8 位的定时/计数器，另一个是 8 位定时器）。此时，T1 要么工作于方式 2，要么就停止工作，T1 没有工作方式 3。

在工作方式 3 中，TL0 是一个独立的 8 位定时/计数器，它使用 T0 的控制位 TR0 和 TF0 来进行启动和中断控制；而 TH0 此时是一个独立的 8 位定时器，它使用的是 T1 的控制位 TR1 和 TF1 来进行启动和中断控制。这也是 T1 没有工作方式 3 的原因所在。一般情况下，T0 的工作方式 3 仅在 T1 处于工作方式 2 而且还不需要使用中断的前提下，才能得以正常使用，比如在使用 T1 作为串行口的波特率发生器时。

因此，工作方式 3 特别适合于单片机需要 1 个独立的定时/计数器、1 个定时器及 1 个串行口波特率发生器的工作情况。其内部逻辑结构如图 5-5 所示。

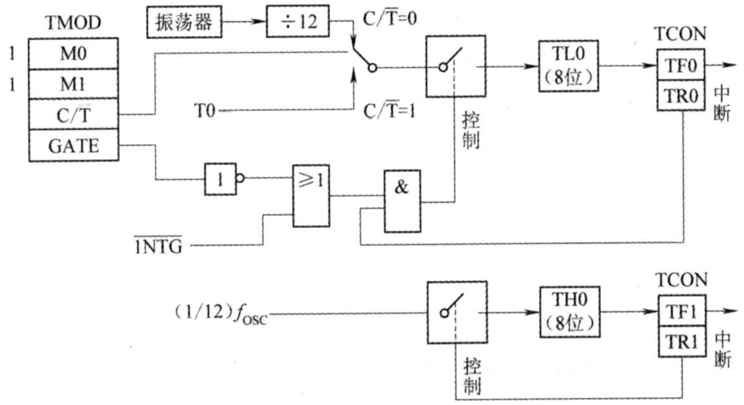

图 5-5　工作方式 3 的电路逻辑结构

其计数初值的装入公式为

$$TH0 = 256 - N_1 \quad (5-7)$$

$$TL0 = 256 - N_2 \quad (5-8)$$

此时，TH0 和 TL0 是两个独立的定时/计数设备，因此可以设定两个不同的计数初值。

5.5　定时/计数器 T2

AT89C52 与 AT89C51 相比，除了传统的定时/计数器 0（T0）和定时/计数器 1（T1）外，还增加了一个定时/计数器 2（T2）。T2 与 T0 和 T1 相比，功能更为强大，它是一个 16 位的具有自动重装和捕获能力的定时/计数器，它的计数时钟源既可以是内部产生的脉冲信号，也可以是由 P1.0 输入的外部脉冲信号；其计数方式不仅可以加 1 计数，也可减 1 计数。T2 主要由控制寄存器 T2CON、计数寄存器（T2H 和 T2L）、捕获寄存器对①（RCAP2H、RCAP2L）以及复用 P1 口的两个引脚共同构成。T2 使用的 P1 口引脚情况见表 5-4。

① 捕获寄存器（register of capture）对：RCAP2H、RCAP2L 是 T2 在 16 位捕获方式或 16 位自动重装方式下的捕获/自动重装载寄存器对。

表 5-4　T2 使用的 P1 口引脚情况

引脚编号	信号名称	作用或功能特性
P1.0	T2	外部计数脉冲输入引脚/时钟输出引脚
P1.1	T2EX	T2 捕获/重装触发，以及计数方向控制引脚

1. T2 控制寄存器（T2CON）

T2CON 用来专门控制 T2 的工作方式、功能选择、启停及标志溢出等。在单片机复位时，会被全部清 0。T2CON 是 8 位寄存器。在 reg52.h 头文件中对此寄存器进行了定义，见表 5-5。

表 5-5　T2CON 寄存器及位定义

位序	D7	D6	D5	D4	D3	D2	D1	D0
功能定义	TF2	EXF2	RCLK	TCLK	EXEN2	TR2	$C/\overline{T2}$	$CP/\overline{RL2}$

各控制位含义如下：

TF2：T2 溢出标志。

T2 溢出时，由硬件自动置位，在中断服务结束后必须使用软件清 0。但是，当 T2 作为波特率发生器（即 RCLK=1 和 TCLK=1）时，即使 T2 溢出了，TF2 也不会自动置位。

EXF2：T2 外部标志。

EXF2 的取值受 EXEN2 影响。只有当 EXEN2 = 1，且 T2EX 引脚（P1.1）上出现负跳变并导致捕获或重新装载发生时，EXF2 才会置位并产生中断信号。需要注意的是，EXF2 置位后必须使用软件才能清除。

当 T2 工作在向上或向下计数工作方式时（即 DCEN=1），EXF2 将不能触发中断。

RCLK：串行口接收时钟标志。

该位只能通过软件置位或清除；用来确定选择 T1（RCLK=0）还是 T2（RCLK=1）作为串行口波特率发生器。默认选择的是 T1 作为串行口波特率发生器。

当 RCLK=1 时，使用 T2 作为串行口（工作于串行工作方式 1 或 3 时）的接收时钟；

当 RCLK=0 时，使用 T1 作为串行口波特率发生器。

TCLK：串行口发送时钟标志。

与 RCLK 相同，它的置位与清除都是通过软件来实现的。

当 TCLK=1 时，用 T2 作为串行口（工作于工作方式 1 或 3 时）的发送时钟；

当 TCLK=0 时，用 T1 作为串行口波特率发生器。

EXEN2：T2 外部中断允许标志。

当 EXEN2=1 时，且 T2 不作为串行口波特率发生器时，当在 T2EX 端（P1.1）出现负跳变脉冲时，可以激活 T2 的捕获或自动重装功能，即可以通过外部信号触发 T2。

当 EXEN2=0 时，T2EX 端的外部信号无效，即禁止外部信号触发 T2。

需要注意，该信号只能通过软件置位或清除。

TR2：T2 启/停控制信号。

当 TR2 = 1 时，启动 T2。

当 TR2 = 0 时，停止 T2。

$C/\overline{T2}$：T2 工作方式控制位。

当 $C/\overline{T2}=0$ 时，为定时器工作方式。

当 $C/\overline{T2}=1$ 时，为外部事件计数方式（由下降沿触发）。

$CP/\overline{RL2}$：捕获/重装载选择信号。该信号只能由软件置位或清除。

当 $CP/\overline{RL2}=1$ 并且 EXEN2=1 时，如果 T2EX 引脚（P1.1）出现负跳变信号，则发生捕获操作。

当 $CP/\overline{RL2}=0$ 时，则 T2 溢出（EXEN2 = 0）或 EXEN2 = 1 时，T2EX 端出现负跳变信号都会进行自动重装载操作。

当 RCLK=1 或 TCLK=1 时，该位功能无效，在 T2 溢出时系统强制其自动重载。

2. T2MOD 寄存器

T2MOD 也是 8 位寄存器，并且在 reg52.h 头文件中进行了位定义。但是，只有 D0 位和 D1 位是有意义的，其余 6 位是保留未使用的。其中 D0 位是 DCEN 信号，是减 1 计数的使能控制位；D1 位是 T2OE 信号，它是 T2 的输出使能位，见表 5-6。

表 5-6 T2MOD 寄存器及位定义

位序	D7	D6	D5	D4	D3	D2	D1	D0
功能定义	保留未使用						T2OE	DCEN

DCEN：向下计数允许位。

当 DCEN=1 时，T2 采用向下减 1 计数方式。

当 DCEN=0 时，T2 采用向上加 1 计数方式。

T2OE：T2 输出允许位。

当 T2OE=1 时，允许时钟输出到 P1.0。（仅对 80C54/80C58 有效。）

3. T2 的 3 种工作方式

通过上面控制寄存器各个位的定义及功能可以看出，T2 主要有 3 种工作方式，见表 5-7。

表 5-7 T2 的工作方式及设定

RCLK	TCLK	$CP/\overline{RL2}$	TR2	工作方式
0	0	0	1	16 位自动重装方式
0	0	1	1	16 位捕获方式
0/1	1/0	×	1	波特率发生器方式

使用 T2 计数时，当 T2 引脚上的外部计数信号产生由 1 至 0 的负跳变（下降沿）时，寄存器的值加 1。CPU 在每个机器周期的 S5P2 期间，对外部输入进行采样。若在第一个机器周期中采样的值为 1，而在下一个机器周期中采样的值为 0 时，则在紧跟着的第三个周期的 S3P1 期间使寄存器加 1 计数，即识别 1 至 0 的跳变需要 2 个机器周期（即 24 个振荡周期），因此，T2 的最高计数频率为系统振荡频率的 1/24。为确保采样的正确性，要求输入的计数电平信号在变化前至少保持一个完整周期的时间，以保证输入信号至少被采样一次。

T2 的数据寄存器 TH2、TL2 和 T0、T1 的用法一样，而捕获寄存器 RCAP2H、RCAP2L 只是在捕获方式下，产生捕获操作时会自动保存 TH2、TL2 的值。

1）16 位自动重装方式

当 T2 工作于 16 位自动重装方式时，通过编程能控制计数的方向（即加 1 计数还是减 1 计数），这个功能是由 DCEN 的状态决定的。单片机复位时，DCEN 默认为 0，此时 T2 的计数方式为加 1 计数；当 DCEN 置位时，T2 既可加 1 计数也可减 1 计数，此时的计数方向取决于 T2EX 引脚的状态。

当 DCEN=0 时，T2 为加 1 计数方式。在这种方式下，T2CON 中的 EXEN2 控制位状态的不同，会导致两种情况发生：

（1）当 EXEN2=0 时，T2 加 1 计数至 0xFFFFH，计满溢出，TF2 由硬件自动置位并产生中断申请，与此同时，使用 RCAP2H 和 RCAP2L 寄存器的值对 TH2 和 TL2 重新装载（RCAP2H 和 RCAP2L 的值可事先使用软件预置）。

（2）当 EXEN2=1 时，T2 的重新装载既可由计满溢出触发也可由外部输入端 T2EX 引脚（P1.1）的负跳变触发，同时，这个负跳变信号会使 EXF2 置位，并产生中断申请。其工作原理如图 5-6 所示。

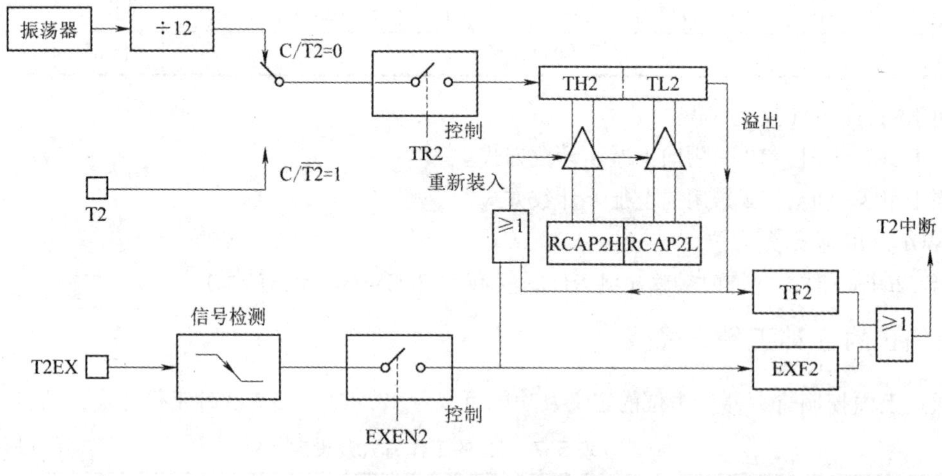

图 5-6 T2 的 16 位自动重装方式（DCEN=0）

当 DCEN=1 时，T2 的计数方向可以调整，并由 T2EX 引脚控制计数方向。

（1）当 T2EX 引脚为高电平时，T2 为加 1 计数方式，当计数到达 0xFFFFH 时向上溢出，硬件自动置位 TF2，与此同时，使用 RCAP2H 和 RCAP2L 的预装值重新装载到 TH2 和 TL2 中。

（2）当 T2EX 引脚为低电平时，T2 为减 1 计数方式，当 TH2 和 TL2 中的数值从 0xFFFFH 减至 RCAP2H 和 RCAP2L 中的数值时，T2 向下溢出，自动置位 TF2，同时又将 0xFFFFH 数值重新装入 TH2 和 TL2 中。

当 T2 向上溢出或向下溢出时，也会同时置位 EXF2 信号，如图 5-7 所示。

2）捕获方式

当 $CP/\overline{RL2}=1$ 时，即为捕获方式。

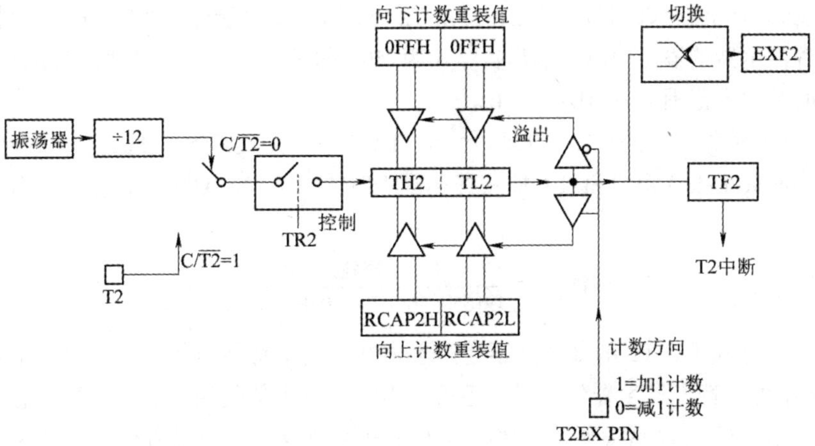

图 5-7　T2 的 16 位自动重装方式（DCEN=1）

在捕获方式下，T2CON 控制寄存器通过 EXEN2 的控制，有两种工作状态。

（1）当 EXEN2=0 时，T2 就是一个普通的 16 位定时/计数器，采用加 1 计数，计满溢出时 TF2 自动置位，同时产生中断申请。

（2）当 EXEN2=1 时，T2 就处于捕获方式。此时 T2 仍像是一个普通的 16 位定时/计数器一样在正常计数，但是当 T2EX 引脚接收到外部输入负跳变信号时，就会把 TH2 和 TL2 中的值分别捕获到 RCAP2H 和 RCAP2L 中，同时使 EXF2 置位并产生中断申请。T2 工作在捕获方式下很像一个功能增强了的外部中断。T2 的捕获方式如图 5-8 所示。

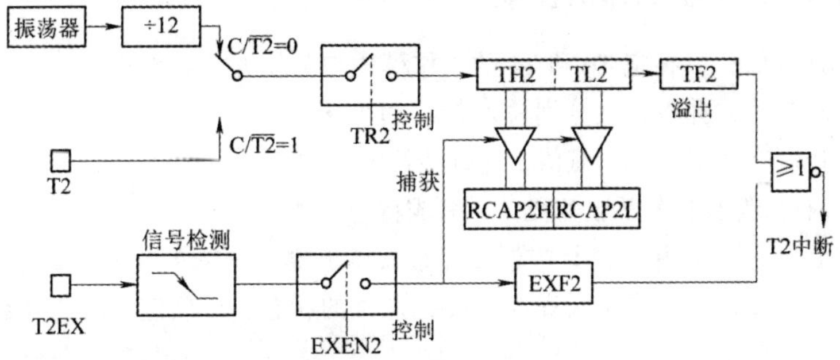

图 5-8　T2 的捕获方式

3）波特率发生器方式

若 RCLK 或 TCLK 置位，则 T2 工作于波特率发生器方式。如果 T2 作为发送器或接收器，其发送和接收的波特率是可以不同的，此时 T1 可用于其他功能。波特率发生器方式与自动重装方式相仿，在此方式下，T2 翻转使 T2 的寄存器用 RCAP2H 和 RCAP2L 中的 16 位数值重新装载，该数值由软件设置。

有关串行通信中波特率的内容将在模块 6 中详述。有关使用 T2 作为波特率发生器的详细操作请读者查阅相关资料，本书不再介绍。

除了上述 3 种工作方式外，T2 还可以作为可编程时钟发生器。通过编程可以从 P1.0 引脚输出一个占空比为 50%的时钟信号。因此在使用 T2 时，P1.0 不仅能作为 T2 的外部时钟输入引脚，也能作为时钟发生器的输出引脚，输出占空比为 50%的时钟脉冲。当时钟振荡频率为 16 MHz 时，其输出时钟频率范围为 61 Hz~4 MHz。

当设置 T2 为时钟发生器时，要求 $C/\overline{T2}=0$，T2OE=1，而且必须由 TR2 启动或停止定时器。时钟输出频率取决于振荡频率和 T2 捕获寄存器（RCAP2H、RCAP2L）的重新装载值，计算公式如下：

$$\text{输出时钟频率}=\frac{\text{振荡器频率}}{4\times[65\ 536-(\text{RCAP2H、RCAP2L})]} \tag{5-9}$$

在时钟输出方式下，T2 的翻转并不会产生中断，这个特性与作为波特率发生器使用时相仿。并且 T2 作为波特率发生器使用时，还可作为时钟发生器使用，但是需要注意波特率发生器和时钟发生器的输出频率必须是一致的，不能分别确定，这是因为它们同时使用 RCAP2H 和 RCAP2L。

课件 定时/计数器的应用

视频 定时/计数器的应用

5.6 定时/计数器的应用

定时/计数器计满溢出会产生中断申请，如果打开中断控制，允许 CPU 响应，此时 CPU 会调用定时/计数器的中断服务程序，完成指定任务。因此在 C51 语言中，使用定时/计数器仍然需要使用中断函数。中断函数的格式与上一模块的介绍相同，所不同的是要记住 T0、T1、T2 的中断申请号分别是 1、3、5。

1. 使用定时/计数器工作的步骤

（1）对 TMOD 赋值，以确定 T0 和 T1 的工作模式与工作方式。

（2）计算计数初值，并将初值分别写入 THx 和 TLx。

（3）对中断控制寄存器（IE）赋值，允许系统响应中断。

（4）编写定时/计数器的中断服务程序，完成特定功能。

以上是在中断方式下使用定时/计数器的完整操作步骤。如果使用的是查询工作模式，则无须设置（3）、（4）步，只需要不断查询 TFx 标志位的状态，以确定定时或计数是否溢出，并相应处理即可。

2. 定时/计数器的简单应用

【课堂练习】请编写程序，实现在 AT89C51 的 P1.0 引脚上产生 100 Hz 的方波信号，要求使用定时/计数器和中断。系统振荡频率为 12 MHz。

【分析】要产生 100 Hz 的方波信号，就是要求引脚上的电平应当以 10 ms 为一个周期，且高、低电平各持续 5 ms，循环交替出现，如图 5-9 所示。问题的实质就是使用定时器定时 5 ms。这里使用 T0 定时器，工作在方式 0 即可。

首先根据系统时钟频率计算出计数器的初值。

机器周期为

$$T_P = \frac{12}{f_{osc}} = 12/12\ \text{MHz}=1\ \mu\text{s}$$

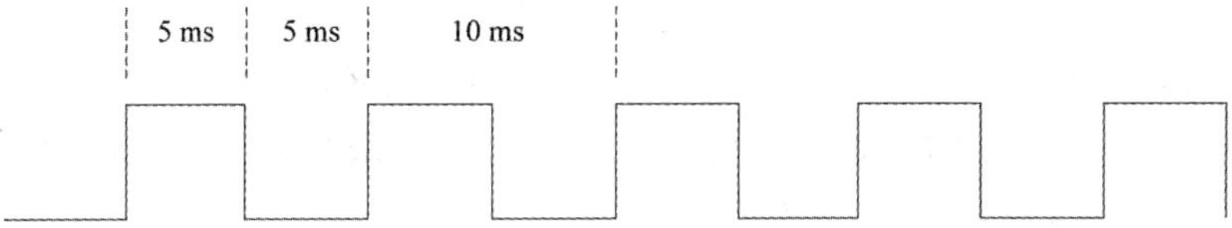

图 5-9　100 Hz 的方波示意图

计数量为

$$N = \frac{T}{T_P} = 5\ \text{ms}/1\ \mu\text{s} = 5\ 000$$

计数初值为

$$X=8\ 192 - N=8\ 192-5\ 000=3\ 192$$

按照式（5-3），其高 8 位为 3 192/32=99，即 63H。

按照式（5-4），其低 5 位为 3 192%32=24，即 18H。

故 TH0=63H，TL0=18H。

然后在定时响应的中断处理程序里，只需要将高低电平进行转换，并重新装入计数初值即可实现波形输出的变化。

参考程序如下：

```
#include <reg51.h>
#define  uchar  unsigned  char
#define  uint  unsigned  int

sbit  fangbo=P1^0;        //定义 fangbo 代表 P1.0 引脚

void main()
{
  TMOD|=0x00;             //设定 T0 的工作模式与工作方式
  TH0=0x63;               //设置计数初值
  TL0=0x18;
  ET0=1;                  //允许 T0 中断
  EA=1;                   //允许系统响应中断
  TR0=1;                  //启动 T0
  //以上为中断和定时器的初始化
  //fangbo=0;             此语句也可以不写。如不写，P1.0 默认输出的是高电平
  while(1);              //空循环
}

void timer0() interrupt 1    //T0 的中断服务程序
{
   TH0=0x63;              //立即重设计数初值
   TL0=0x18;
```

```
        fangbo=!fangbo;           //进行到此，意味着定时的 5 ms 时间到了
                                  //将 P1.0 引脚的状态取反
    }
```

使用 Proteus 绘制电路原理图，并写入上述程序，可以观察方波输出的效果。为了明确地看到产生的方波，在电路图中需要加入示波器。Proteus 中使用示波器非常简单，单击左侧工具栏上的按钮，在弹出的 INSTRUMENTS 列表中，选择 OSCILLOSCOPE 即为示波器。该示波器有 4 个输入，只需选择 1 个连入线路即可，如图 5-10 所示。仿真运行时，就能看到示波器上的方波显示了。

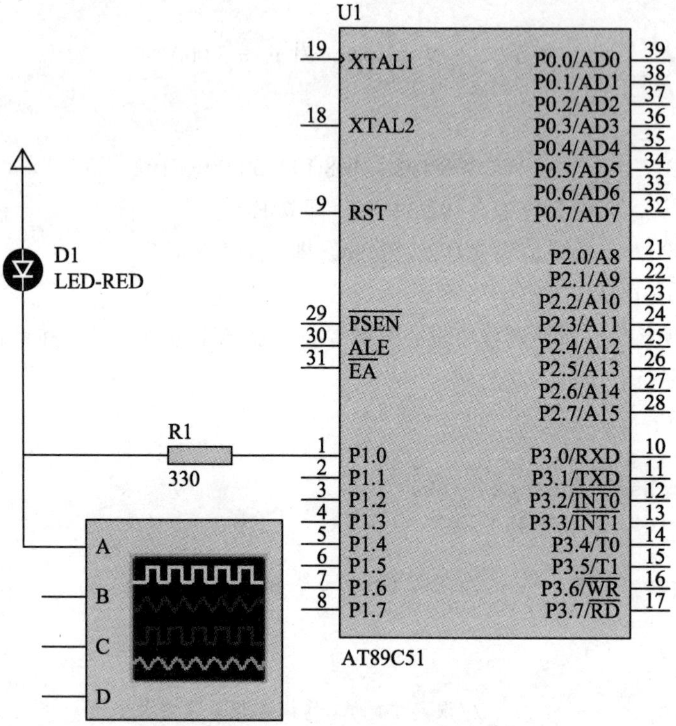

图 5-10　Proteus 中的示波器连接

在 Proteus 中绘制一个发光二极管与 51 单片机的 P1.0 引脚相连，同时将示波器连接在 P1.0 引脚上，当 P1.0 引脚上产生出 100 Hz 的方波时，发光二极管也会闪烁，同时示波器上会出现产生的方波，如图 5-11 所示。

仿真过程中需要注意，当 Proteus 运行仿真时，不要关闭弹出的示波器的窗口，只要停止仿真运行，该窗口会自动关闭。如果不慎将示波器的窗口关闭了，再次进行仿真运行时，系统将不会自动打开示波器窗口。这时需要单击 DEBUG 菜单，选择 Reset Popup Windows 项，做出肯定回答后，才可以重新弹出示波器的窗口。可以通过调整图 5-11 中的①和②两个按钮，将方波形状放大，便于进行观察，也可以单击按键③，进行有关方波的测量。

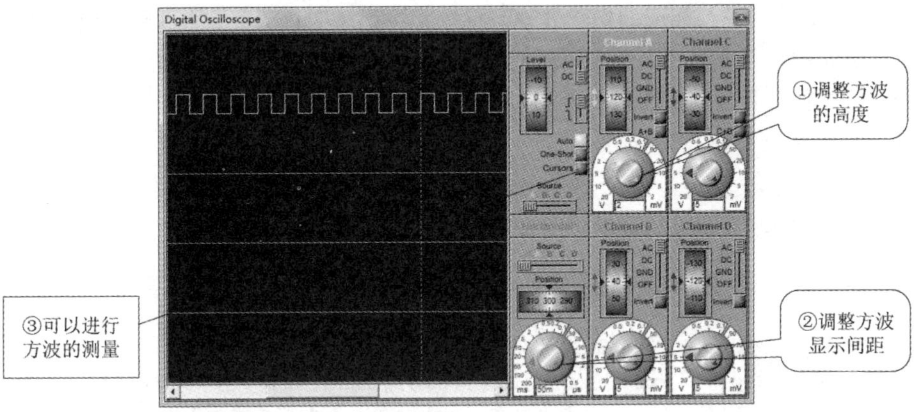

图 5-11　Proteus 中的示波器显示状态

【课堂练习】某一时序控制系统，在 P1 口连接了 8 个控制开关 K1~K8。要求机器开启后第 1 s 仅 K1、K3 闭合，第 2 s 仅 K2、K4 闭合，第 3 s 仅 K5、K7 闭合，第 4 s 仅 K6、K8 闭合，第 5 s 仅 K1、K3、K5、K7 闭合，第 6 s 仅 K2、K4、K6、K8 闭合，第 7 s 8 个开关全部闭合，第 8 s 全部断开。如此循环往复，系统的振荡频率为 12 MHz。

【分析】由描述可知，该系统需要的定时时长为 1 s。单片机中，16 位定时器最长的定时时间是 65 536 个机器周期，在主频为 12 MHz 的情况下，每个机器周期耗时 1 μs，其能定时的最长时间为 1 μs×65 536≈65.5 ms，远低于 1 s 的要求。此时必须要使用软件的方法来扩展定时时间，通常的做法是先设定一个标准的定时时间为 50 ms，同时辅助增加一个变量来计算出现 50 ms 的次数，当这一变量达到 20 次时，意味着过去了 20 个 50 ms，即达到了预定的 1 s 时间（20×50 ms=1 000 ms=1 s）。对于超出定时器定时范围的计时，通常都采用这种方法来实现。

在这里仍考虑选取 T0，让其工作在方式 1 状态下。首先计算出定时 50 ms 时 TH0 和 TL0 的初始值。

机器周期为

$$T_{\mathrm{P}}=\frac{12}{f_{\mathrm{osc}}}=12/12\ \mathrm{MHz}=1\ \mu\mathrm{s}$$

计数量为

$$N=\frac{T}{T_{\mathrm{P}}}=50\ \mathrm{ms}/1\ \mu\mathrm{s}=50\ 000$$

计数初值为

$$X=65\ 536-50\ 000=15\ 536$$

按照式（5-1），其高 8 位为 15 536/256=60，即 3CH。

按照式（5-2），其低 8 位为 15 536%256=176，即 B0H。

故 TH0=3CH，TL0=B0H。

接着在定时的中断服务程序里，使用变量记录 50 ms 定时出现的次数，达到 20 次时，即到达 1 s 定时时刻，然后进行相应的操作处理。再接着将记录变量清空，重新赋初值后，重新开始记录 50 ms 定时的出现次数，到达 1 s 定时后，再去执行相应操作处理，如此循环往复达到系统设计要求。为方便起见，这里使用图 3-20 所示的电路原理图，利用发光二极管点亮代替开关闭合，发光二极管熄灭代替开关断开。

参考程序如下：

```c
#include <reg51.h>
#define  uint  unsigned  int
#define  uchar  unsigned  char

//数组中存放的是每秒开关闭合的编码
uchar code disp[]={0xfa,0xf50,0xaf,0x5f,0xaa,0x55,0x00,0xff};
uchar flag=0;              //全局变量，用来记录当前数组元素的下标

void  main()
{
     TMOD|=0X01;          //设置 T0 的工作方式为方式 1
     TH0=0X3C;            //设置计数初值
     TL0=0XB0;
     ET0=1;               //允许 T0 中断
     EA=1;                //允许系统响应中断
     TR0=1;               //启动 T0，开始计时
     while(1);
}
//T0 的中断服务程序
void  timer0()  interrupt  1
{
   static uchar times=0;      //静态变量，只初始化一次，记录定时溢出的次数

   TH0=0X3C;                  //定时器重新设置初值
   TL0=0XB0;
   times++;                   //对定时溢出的次数进行累加

   if(times==20)              //如果定时溢出的次数到了 20 次，即到达 1 s 定时
   {
       times=0;
       P1=disp[flag];         //从 P1 口输出开关的闭合编码，控制开关的闭合
       if(++flag>7)           //计算数组下标是否越界
       flag=0;                //数组下标置 0
   }
}
```

3. 定时/计数器与 PWM

利用单片机的定时器还可输出 PWM（pulse width moduation，脉宽调制）信号。PWM 是一种对模拟信号电平进行数字编码的方法。它是利用微处理器的数字输出来对模拟电路进行控制的一种非常有效的技术，广泛地应用于测量、通信、功率控制与变换等领域。PWM 示意图如图 5-12 所示。

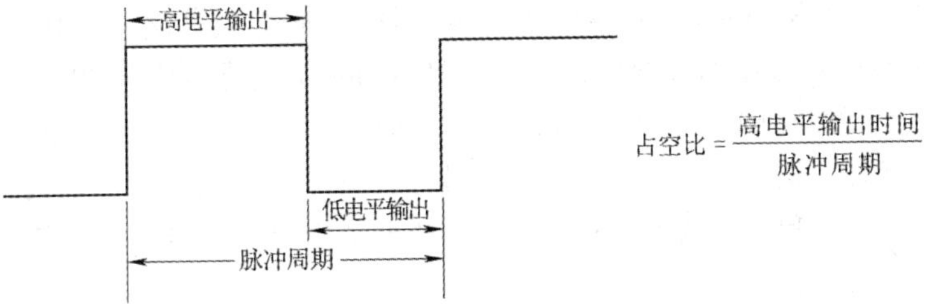

图 5-12　PWM 示意图

应用 PWM 进行直流电动机的调速控制，既简单又高效，通过改变脉冲周期内高电平的输出时长，使得 PWM 的占空比增大，直流电动机就会获得更大的能量，从而加速运转；反之，则会降低速度。

电动机是将电能转化为机械能的设备，而直流电动机则是将直流电能转化为机械能的设备。由于直流电动机具有优良的调速特性以及超强的负载能力，加之能够实现快速启动、制动和逆向运转等，在冶金工业、交通运输、航空、国防中得到了极为广泛的应用。有关直流电动机的工作原理等请读者查阅相关资料。因直流电动机的工作需要较大的电流支持，而单片机的输出电流较小，不能直接驱动直流电动机工作，需要通过一个直流电动机驱动芯片 L298，接收单片机输出的 PWM 信号，并控制直流电动机按指令运转。

【课堂练习】使用单片机的定时器输出 PWM 信号对直流电动机调速，并控制直流电动机的正转和反转。

【分析】直流电动机的正、反转通常采用改变电动机中电枢电流方向的方法来实现。在本电路中可以通过 L298 的 IN1 和 IN2 引脚值的改变实现输出端 OUT1 与 OUT2 中电流方向的变化，从而实现直流电动机的正反转控制。另外，ENA 端为 PWM 信号的输入端，通过改变 PWM 信号的占空比可以加速或减慢直流电动机的转速。电路原理图如图 5-13 所示。

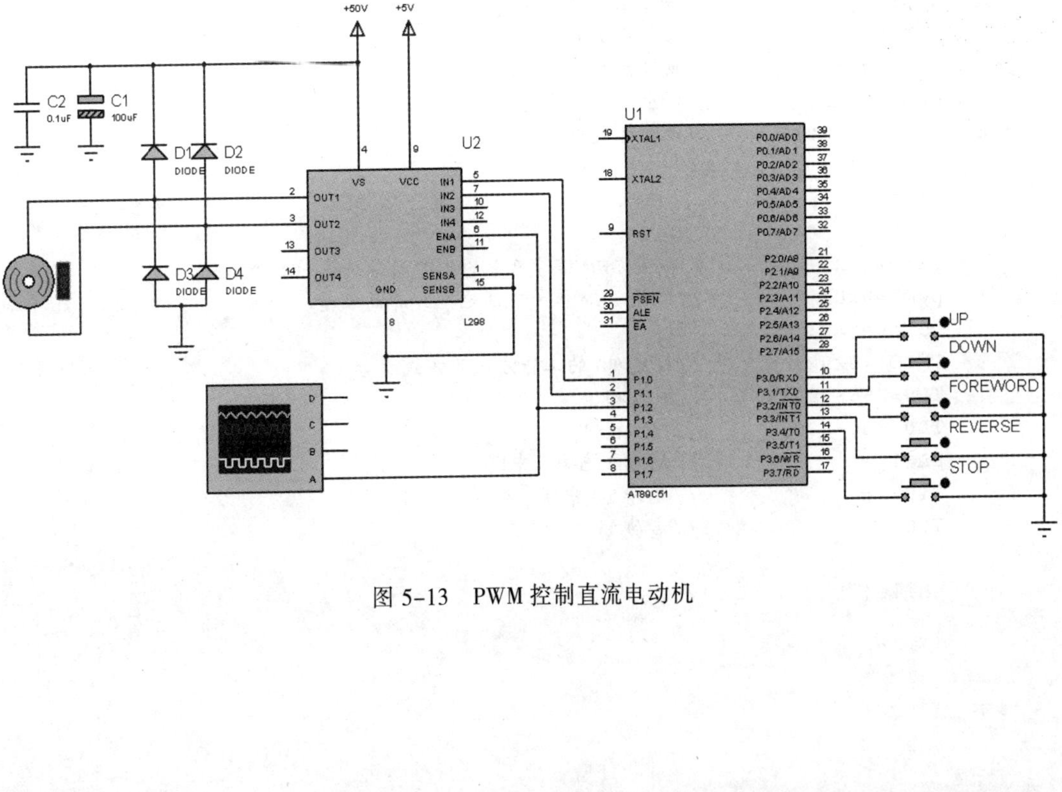

图 5-13　PWM 控制直流电动机

首先在程序中需要进行定时器的初始化，这里将 PWM 的频率设定为 100 Hz（每 10 ms 为 1 个脉冲周期）；每个脉冲周期又细分为 50 份，即 pwmh（每个脉冲周期中高电平脉冲的数量）可在 0~50 间变化，按下加速开关后，可以增加 pwmh，增加占空比会使直流电动机获得更大的能量从而加速运转；按下减速开关后，会减小占空比，减慢直流电动机的速度；按下正转与反转开关会切换 IN1 和 IN2 的值，从而改变直流电动机中电流的方向，实现正、反转。

参考程序如下：

```
#include <reg51.h>
#define uchar unsigned char
#define uint unsigned iNt

sbit ena=P1^2;              //L298 的 ENA
sbit in1=P1^0;              //L298 的 IN1
sbit in2=P1^1;              //L298 的 IN2

sbit up=P3^0;               //加速开关
sbit down=P3^1;             //减速开关
sbit foreword=P3^2;         //正转开关
sbit reverse=P3^3;          //反转开关
sbit stop=P3^4;             //停转开关


uchar pwmh;                 //高电平脉冲的数量
uchar pwm;                  //PWM 信号中包含的脉冲周期数
uchar counter;              //计数变量

void upkey();               //向上函数的声明
void downkey();             //向下函数的声明
void forewordkey();         //正转函数的声明
void reversekey();          //反转函数的声明
void stopkey();             //停止函数的声明
void delay(uint);           //延时函数的声明

void main()
{
     pwm=0x32;              //设置 PWM 信号包含的脉冲周期个数(50 个)
     pwmh=0x02;             //默认 PWM 信号中高电平脉冲的数量
     counter=0;
     TMOD|=0x02;            //设定 T0 的工作方式为方式 2
     TH0=256-200;           //装入初值
     TL0=256-200;
     EA=1;                  //允许系统响应中断
     ET0=1;                 //允许 T0 中断
     TR0=1;                 //启动 T0

     while(1)
     {
```

```
    if(up==0)
        { delay(10);          //延时去抖
          if(up==0)
          upkey();}           //增加占空比
    if(down==0)
    { delay(10);              //延时去抖
      if(down==0)
      downkey();}             //减小占空比
      if(foreword==0)
       { delay(10);           //延时去抖
         if(foreword==0)
         forewordkey();}      //设置直流电动机正转
    if(reverse==0)
        { delay(10);          //延时去抖
          if(reverse==0)
          reversekey();}      //设置直流电动机反转
    if(stop==0)
    {     delay(10);          //延时去抖
          if(stop==0)
          stopkey(); }        //直流电动机停转
    }
}

void timer() interrupt 1    //T0 中断服务程序
{
    counter++;               //计数变量自加
    if(counter!=pwmh&&counter==pwm)
      {counter=0;            //计数器清 0，重新开始计数
       ena=1;                //输出高电平
      }
    else if(counter==pwmh)
      ena=0;                 //输出低电平
}

void  downkey()              //减小 PWM 的占空比
{
   while(!down);             //等待释放按键
     if(pwmh!=0x01)          //判断高电平脉冲的个数是否到了最少的情况
     {
          pwmh--;            //减少一个高电平脉冲
         if(pwmh==0x01)      //已经是系统设定的最低的高电平脉冲数量了
            {TR0=0;          //关闭定时器
             ena=0;          //直接输出低电平
            }
         else
            TR0=1;           //启动定时器
     }
}
```

```
void upkey()                          //增加 PWM 的占空比
{
    while(!up);                       //等待释放按键
      if(pwmh!=pwm)                   //判断当前的高电平时长是否已经达到上限
      { pwmh++;                       //增加高电平脉冲时长
          if(pwmh==pwm)               //已经到达系统设定的最高的高电平脉冲数量了
             {TR0=0;                  //关闭定时器
              ena=1;                  //直接输出高电平
             }
        else
           TR0=1;                     //启动定时器
      }
}

void forewordkey()                    //设定为正转
{
      while(!foreword);               //等待释放按键
      in1=0;
      in2=1;
}
    void reversekey()                 //设定为反转
    {
        while(!reverse);              //等待释放按键
        in1=1;
        in2=0;
    }
    void stopkey()
    {
        while(!stop);                 //等待释放按键
        in1=1;
        in2=1;
    }
    void delay(uchar x)               //延时函数
    {
      uchar y,z;
      for(y=x;y>0;y--)
      for(z=120;z>0;z--);
    }
```

5.7 实验：应用定时/计数器设计电子时钟

【实验目的】

掌握单片机定时/计数器的工作原理及局部静态变量的应用方法。

【实验内容】

应用 8 位数码管模块、74LS373 锁存器、定时/计数器以及 4 个独立按键（S1、S2、S3、S4），模拟制作可调时电子时钟。电路原理图如图 5-14 所示。

S1 为设置键，单次按下 S1 键直接进行调整小时状态，再次按下 S1 键退出设置状态，开始走时。

S2 为选择键，在设置状态下，按下一次为选择“小时”位，再次按下为“分钟”位，循环往复。不在设置状态时按下无效。

S3 为上调键，S4 为下调键，用来在设置状态下，调整分钟和小时数字，上调键每按一次加 1，下调键每按一次减 1，不在设置状态时按下无效。

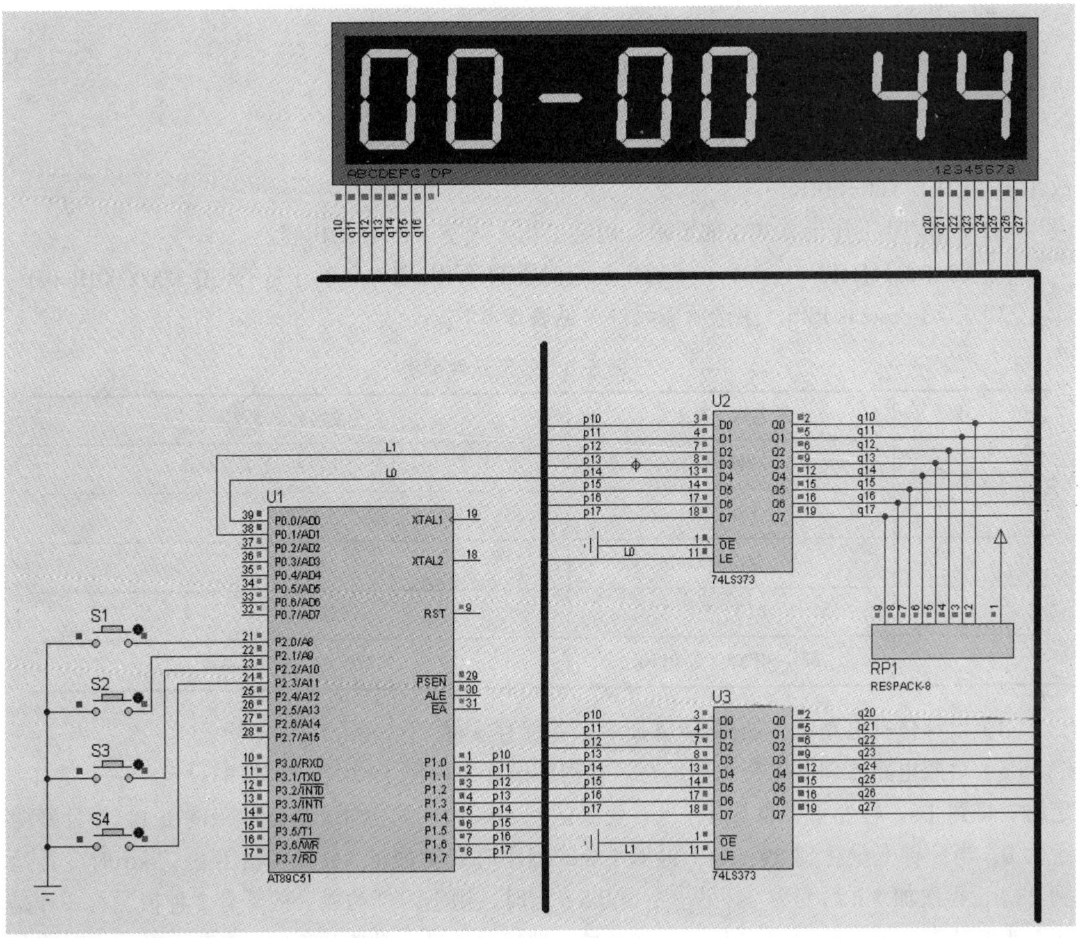

图 5-14　电路原理图

【实验准备】

采用软件仿真的方式完成。需要用到以下软件：Keil，Proteus。

【实验过程】

实验采用 AT89C51，设定单片机的晶振频率为 12 MHz。使用 T0 作为时间的尺度。考虑到 T0 在方式 1 时最大定时范围仅为 65.536 ms，远不到 1 s，因此采用定时 50 ms，应用变量累计 50 次为 1 s 的方法进行计时。

（1）首先确定定时/计数器初值。

机器周期长度为

$$T_P = \frac{12}{f_{osc}} = 12/12\ \text{MHz} = 1\ \mu\text{s}$$

计数量为

$$N = \frac{T}{T_P} = 50\ \text{ms}/1\ \mu\text{s} = 50\ 000$$

计数初值为

$$65\ 536 - 50\ 000 = 15\ 536$$

按照式（5－3），其高 8 位为 155 36/256=60，即 3CH。

按照式（5－4），其低 8 位为 155 36%256=176，即 B0H。

故 TH0=3CH， TL0=B0H。

（2）根据 T0 工作于方式 1 的要求，确定工作方式字 TMOD 的内容。

对于 T0 来说，M1M0=01、$C/\overline{T}$=0、GATE=0。定时器 T1 不用，取为全 0。于是 TMOD=00000001B=01H。

（3）启动 Proteus ISIS，挑选所需元件（见表 5-8）。

表 5-8　所需元件列表

序号	元件名称（英文）	中文名称或含义
1	AT89C51	Atmel 公司生产的 51 系列单片机
2	RESPACK	排阻
3	74LS373	锁存器
4	BUTTON	按钮开关
5	7SEG-MPX8-CA-BLUE	共阳极 8 位数码管模块

（4）设计仿真电路图，如图 5-14 所示，并保存文件。

（5）对照电路原理图进行程序编写。在程序设计中使用了 2 个时间段的设定，一个是 1 s 定时，每到 1 s，秒变量会自加 1，当秒变量达到 59 s 时，再加 1 s 则分钟变量加 1，并且秒变量为 0；当分钟变量达到 59 min，再加 1 min 则小时变量加 1，分钟变量为 0；当小时变量达到 23 h，再次加 1 h 后变为 0。另一个是 0.5 s 定时，用于闪烁功能。闪烁有 2 种情况：一种是正常走时状态，每 0.5 s 短横线闪烁一次；另一种情况是进入设置状态时，当前选择的小时或分钟位会闪烁。在 T0 的中断服务程序中使用变量 count 进行累计，当 count 达到 20 次时，就计时了 1 s；利用（count%10==0）这个表达式实现 0.5 s 定时，当 count 不断增加时，每当使表达式成立就计时 0.5 s。

（6）将程序编译通过后，装载到电路原理图中，进行仿真实验，反复调试并查看结果。

【参考程序】

```
#include <reg51.h>
#define uchar unsigned char
#define uint unsigned int
```

```
//共阳段选码(最后两个编码一个显示全黑，另一个显示短横线)
uchar dspcode[]={0xc0,0xf9,0xa4,0xb0,0x99,0x92,0x82,0xf8,0x80,0x90,
0xff,0xbf};
uchar bitcom=0;
//显示数组，欲显示的内容存放在此数组中
uchar dsp[]={0,0,11,0,0,10,0,0};

sbit duan=P0^0;
sbit wei=P0^1;

sbit s1=P2^0;            //设置键
sbit s2=P2^1;            //选择键
sbit s3=P2^2;            //上调键
sbit s4=P2^3;            //下调键

char hour,min,sec;       //时、分、秒 3 个变量使用的是带符号的 char 型
bit status,hflag,mflag;  //设置标志、小时标志、分钟标志
//延时函数
void delay(uint ms){
   uint y,z;
   for(y=ms;y>0;y--)
   for(z=120;z>0;z--);
 }

void display(uchar * dspbuffer)     //显示函数
{
  //消影处理
  P1=0;
  wei=1;
  wei=0;
  //送段选码
  P1=dspcode[dspbuffer[bitcom]];
  duan=1;
  duan=0;
  //送位选码
  P1=(1<<bitcom);
  wei=1;
  wei=0;
  //bitcom 改变
  if(++bitcom==8)
      bitcom=0;
}
//按键扫描
void scankey(){
  static uchar times;
   if(!s1){                //设置键功能
        delay(10);
        if(!s1){
            while(!s1);
```

```
            //进入设置状态，默认进入的是小时调整状态
            if(status==0){
                 status=1;
                  hflag=1;
            }else{          //退出设置状态，则所有标志都为退出状态
                  status=0;
                 hflag=0;
                 mflag=0;
            }
      }
  }

  if(!s2){
     delay(10);
     if(!s2){
       while(!s2);
         //处于设置状态，按此键才有效
         if(status==1){
            if(++times>2)
                 times=1;
              switch(times){
              case 1:hflag=1,mflag=0;break;
              case 2:hflag=0,mflag=1;break;
                }
            }
        }
  }

  if(!s3){
       delay(10);
      if(!s3){
      while(!s3);
      if(status==1){
         if(hflag==1){
             if(++hour>23)
                 hour=0;
         }
         if(mflag==1){
             if(++min>59)
                 min=0;
         }
      }
    }
  }

   if(!s4){
       delay(10);
        if(!s4){
          while(!s4);
```

```
            if(status==1){
              if(hflag==1){
                 if(--hour<0)
                   hour=23;
              }
              if(mflag==1){
                  if(--min<0)
                     min=59;
              }
            }
          }
        }
}
void main(){
   //定时器初始化
   TMOD|=0x01;
   TH0=0X3C;
   TL0=0XB0;
   EA=1;
   ET0=1;
   TR0=1;
   while(1){
      scankey();             //扫描按键
      display(dsp);          //显示时间
   }
}
void time0() interrupt 1{
  static uchar count,flash;        //定义两个局部静态变量，作为计时变量
  TH0=0X3C;                        //定时器赋初值
  TL0=0XB0;
  count++;                         //累加 20 次为 1 s，累加 10 次为 0.5 s
  if(count%10==0){                 //每隔 0.5 s 进行闪烁
      if(++flash>200)              //flash 在 0~200 间循环变化
          flash=0;
      if(status==0){
          if(flash%2==0)
                dsp[2]=11;
             else
                dsp[2]=10;
       }
      if(status==1 && hflag==1){
          if(flash%2==0)
          {
                 dsp[0]=hour/10;
                 dsp[1]=hour%10;
                 dsp[2]=11;
          }
          else{
               dsp[0]=10;
```

```
                dsp[1]=10;
                dsp[2]=11;
            }
        }
        if(status==1 && mflag==1){
            if(flash%2==0)
              {
                 dsp[3]=min/10;
                 dsp[4]=min%10;
                 dsp[2]=11;
              }
              else{
                  dsp[3]=10;
                  dsp[4]=10;
                  dsp[2]=11;
              }
        }

    }
    //定时 1 s时，进行时间数字的计算及变化
    if(count==20){
         count=0;
        if(++sec>59){           超过 59 s，则进位为分钟
             sec=0;
            if(++min>59){       超过 59 min，则进位为小时
                min=0;
                if(++hour>23){ 超过 23 h，则进位为 0 时
                     hour=0;
                }
            }
        }
        //每隔 1 s 更新显示数组当前的内容
        dsp[0]=hour/10;
        dsp[1]=hour%10;
        dsp[3]=min/10;
        dsp[4]=min%10;
        dsp[6]=sec/10;
        dsp[7]=sec%10;
    }
}
```

【实验总结】

（1）TMOD 方式字中各位的功能应当熟知，并能灵活运用。

（2）学会在一个定时中断服务程序中，实现多个时间段的定时。

（3）了解局部静态变量的特殊作用及通常的使用方法。

（4）本模块结合了数码管、按键扫描以及定时器的内容，要学会通过设置实现三者的完美配合。

小　　结

本模块重点介绍了定时/计数器的结构和工作原理、计数初值、工作方式的设定等内容，重点是熟练掌握 TMOD 和 TCON 寄存器的使用及位定义，并能应用定时/计数器进行简单应用。学会依据定时/计数任务设定计数初值的方法，并能应用定时/计数器输出 PWM 信号。对于定时/计数器的 4 种工作方式的不同定时范围、计数初值计算公式等能够熟练运用。本模块还通过实例应用讲述了应用单片机控制直流电动机的工作方法，以及 Proteus 中虚拟示波器的使用方法。T2 是 AT89C52 增加的定时/计数器，其功能较 T0、T1 更为强大，当前各类学习板上配置的 STC 系列单片机都具备 T2，灵活使用 T2 可使系统功能更加强大，开发效率更高。

习　　题

一、填空题

1. MCS-51 单片机中有 ＿＿＿＿＿＿个＿＿＿＿＿位的定时/计数器。
2. T0 可以工作于方式＿＿＿＿＿＿＿。
3. 方式 0 为＿＿＿＿＿＿位定时/计数器。
4. 若系统晶振频率为 12 MHz，则 T0 工作于定时方式 1 时最多可以定时＿＿＿＿μs。
5. 欲对 300 个外部事件计数，可以选用 T1 的方式＿＿＿＿或方式＿＿＿＿。
6. TMOD 中的 M1M0= 11 时，该定时器工作于方式＿＿＿＿＿，这个定时器一定是＿＿＿＿。
7. 若系统晶振频率为 6 MHz，则定时器可以实现的最小定时时间为＿＿＿＿＿＿ μs。
8. MCS-51 单片机工作于定时状态时，计数脉冲来自＿＿＿＿＿＿＿＿＿＿＿＿＿＿。
9. MCS-51 单片机工作于计数状态时，计数脉冲来自＿＿＿＿＿＿＿＿＿＿＿＿＿＿。
10. 当 GATE=0 时，则当软件控制位＿＿＿＿＿＿时，启动 T0 开始工作。
11. 当 T0 工作在方式 3 时，要占用定时器 T1 的＿＿＿＿和＿＿＿＿＿2 个控制位。
12. 定时时间与定时器的＿＿＿＿、＿＿＿＿及＿＿＿＿有关。

二、选择题

1. 在下列寄存器中，与定时/计数控制无关的是（　　）。

   A. TCON　　B. TMOD

   C. SCON　　D. IE

2. 在工作方式 0 下，计数器是由 TH 的全部 8 位和 TL 的 5 位组成，因此其计数范围是（　　）。

   A. 1~8 192　　B. 0~8 191

   C. 0~8 192　　D. 1~4 096

3. 如果以查询方式进行定时应用，则应用程序中的初始化内容应包括（　　）。

   A. 系统复位、设置工作方式、设置计数初值

   B. 设置计数初值、设置中断方式、启动定时

   C. 设置工作方式、设置计数初值、打开中断

   D. 设置工作方式、设置计数初值、禁止中断

4. 与定时工作方式1和方式0比较，定时工作方式2不具备的特点是（　　）。
   A. 计数溢出后能自动重新加载计数初值
   B. 增加计数器位数
   C. 提高定时精度
   D. 适于循环定时和循环计数应用
5. 使用T1时，有（　　）工作方式。
   A. 1种　　B. 2种
   C. 3种　　D. 4种
6. 51系列单片机的T1用作定时方式时是（　　）。
   A. 由内部时钟频率定时，一个时钟周期加1
   B. 由内部时钟频率定时，一个机器周期加1
   C. 由外部时钟频率定时，一个时钟周期加1
   D. 由外部时钟频率定时，一个机器周期加1
7. 51系列单片机的T0用作计数方式时是（　　）。
   A. 由内部时钟频率定时，一个时钟周期加1
   B. 由内部时钟频率定时，一个机器周期加1
   C. 由外部计数脉冲计数，下降沿加1
   D. 由外部计数脉冲计数，一个机器周期加1
8. 51系列单片机的T1用作计数方式时计数脉冲是（　　）。
   A. 外部计数脉冲由T1（P3.5）输入
   B. 外部计数脉冲由内部时钟频率提供
   C. 外部计数脉冲由T0（P3.4）输入
   D. 由外部计数脉冲计数
9. 51系列单片机的一个机器周期为2 μs，则其晶振频率f_{osc}为（　　）MHz。
   A. 1　　B. 2　　C. 6　　D. 12
10. 设定T1作定时器使用，工作于方式1，则工作方式控制字为（　　）。
   A. 01H　　B. 05H
   C. 10H　　D. 50H
11. 启动T0开始计数的指令是使TCON的（　　）。
   A. TF0位置1　　B. TR0位置1
   C. TR0位置0　　D. TR1位置0
12. 使8031的T1停止计数的指令是使TCON的（　　）。
   A. TR0位置1　　B. TR1位置1
   C. TR0位置0　　D. TR1位置0
13. 用T1方式1计数，要求每计满10次产生溢出标志，则TH1、TL1的初始值是（　　）。
   A. FFH、F6H　　B. F6H、F6H
   C. F0H、F0H　　D. FFH、F0H

14. MCS-51 单片机的 TMOD 模式控制寄存器是一个专用寄存器，用于控制 T1 和 T0 的操作模式及工作方式，其中 $C/\overline{T}$ 表示的是（　　）。

A. 门控制位　　B. 操作模式控制位

C. 功能选择位　　D. 启动位

15. 8031 单片机晶振频率 f_{osc}=12 MHz，则一个机器周期为（　　）μs。

A. 12　　B. 1　　C. 2　　D. 3

16. MCS-51 单片机定时器溢出标志是（　　）。

A. TR1 和 TR0　　B. IE1 和 IE 0

C. IT1 和 IT0　　D. TF1 和 TF0

17. 用 T1 方式 2 计数，要求每计满 100 次，向 CPU 发出中断请求，TH1、TL1 的初始值是（　　）。

A. 9CH　　B. 20H

C. 64H　　D. A0H

18. MCS-51 单片机 T1 的溢出标志 TF1，若计满数产生溢出时，如不用中断方式而用查询方式，则应（　　）。

A. 由硬件清零　　B. 由软件清零

C. 由软件置 1　　D. 可不处理

19. MCS-51 单片机 T0 的溢出标志 TF0，若计满数产生溢出时，其值为（　　）。

A. 00H　　B. FFH

C. 1　　D. 计数值

20. MCS-51 单片机 T0 的溢出标志 TF0，若计满数在 CPU 响应中断后（　　）。

A. 由硬件清零　　B. 由软件清零

C. A 和 B 都可以　　D. 随机状态

三、判断题

1. 特殊功能寄存器 SCON，与定时/计数器的控制无关。（　　）

2. 特殊功能寄存器 TCON，与定时/计数器的控制无关。（　　）

3. 特殊功能寄存器 IE，与定时/计数器的控制无关。（　　）

4. 特殊功能寄存器 TMOD，与定时/计数器的控制无关。（　　）

5. 在 MCS-51 单片机内部结构中，TMOD 为模式控制寄存器，主要用来控制定时器的启动与停止。（　　）

6. 在 MCS-51 单片机内部结构中，TCON 为控制寄存器，主要用来控制定时器的启动与停止。（　　）

7. MCS-51 单片机的 2 个定时器均有 2 种工作方式，即定时和计数工作方式。（　　）

8. MCS-51 单片机的 TMOD 模式控制寄存器不能进行位寻址，在 C51 中只能用改变 TMOD 整个值的方法来设置定时器的工作方式及操作模式。（　　）

9. MCS-51 单片机系统复位时，TMOD 模式控制寄存器为 00H。（　　）

10. 当 T0 计满数变为 0 后，溢出标志位（TCON 的 TF0）也变为 0。（　　）

四、计算题

1. 设 MCS-51 单片机系统振荡频率为 12 MHz，要求 T0 定时 150 μs，分别计算采用定时方式 0、方式 1 和方式 2 时的定时初值。

2. 设 MCS-51 单片机系统振荡频率为 6 MHz，问单片机处于不同的工作方式时，最大定时范围是多少？

五、简答题

1. 根据定时/计数器 0 工作方式 1 的逻辑结构图（见图 5-2），简述门控制位 GATE 取不同值时，启动定时器的工作过程。

2. 使用一个定时器，如何通过软、硬件结合的方法，实现较长时间的定时？

3. 定时器 T0 已预置初值为 156，且选定使用方式 2 的计数方式，现在由 T0 输入周期为 10 ms 的脉冲，问此时 T0 的实际用途是什么？在什么情况下计数器 0 溢出？

六、创新设计题

1. 设 MCS-51 的单片机晶振为 6 MHz，使用 T1 对外部事件进行计数，每计数 200 次后，T1 转为定时工作方式，定时 5 ms 后，又转为计数方式，如此反复的工作，试编程实现。

2. 用方式 0 设计 2 个不同频率的方波，P1.0 输出频率为 200 Hz，P1.1 输出频率为 100 Hz，晶振频率为 12 MHz。试编程实现。

3. P1.0 输出脉冲宽度调制（PWM）信号，即脉冲频率为 2 kHz、占空比为 7∶10 的矩形波，晶振频率为 12 MHz。试编程实现。

4. MCS-51 单片机 P1 端口上，经驱动器连接有 8 只发光二极管，若 f_{osc}=6 MHz，试编写程序，使这 8 只发光二极管每隔 2 s 循环发光一次（要求 T0 定时）。

5. 设 f_{osc}=12 MHz。试编写一段程序，对 T1 初始化，使之工作在方式 2，产生 200 μs 定时，并用查询 T1 溢出标志的方法，控制 P1.1 输出周期为 2 ms 的方波。

模块6 串行通信

通信是指计算机与外界的信息传输，既包括计算机与计算机之间的传输，也包括计算机与外围设备，如终端、打印机和磁盘等设备之间的传输。其工作的基本原理是将电信号转换为逻辑信号，也就是把高、低电平分别表示为二进制中的 1 和 0，再通过不同的二进制序列来表示所有的信息，并将转换后的信息以脉冲形式通过媒介（通信设备）来传输，从而达到通信的功能。

内容要点：

- 串行通信与并行通信的基础知识；
- 串行通信的数据传输速率、传输方向、传输方式与错误校验；
- 单片机串行口的结构与控制寄存器；
- 单片机串行口的工作方式与波特率设定；
- 常用的串行通信标准及应用。

6.1 串行通信与并行通信

课件 串行通信与并行通信

视频 串行通信与并行通信

在数据通信中依据每次传送的数据位数的不同，通信方式可分为：并行通信和串行通信。

1. 并行通信

并行通信时数据的各个位同时传送，以字或字节为单位并行进行，需要多根数据线。发送设备将这些数据位通过对应的数据线直接传送给接收设备（也可附加 1 位数据校验位）。接收设备同时接收到这些数据，不需要做任何变换就能直接使用。并行通信的特点是速度快、效率高，适合近距离通信。但由于通信时使用的数据线多，导致成本高，不宜于进行远距离通信。计算机内部总线就是以并行方式传送数据的。其工作原理如图 6-1 所示。

2. 串行通信

串行通信时数据中的每个字符都是按位传送的，仅使用一根数据线。数据一位一位地依次传输，每一位数据占据一个固定的时间长度。只需要少数几根线就可以在系统间交换信息，特别适用于计算机与计算机、计算机与外设之间的远距离通信。串行通信的成本较低，传输的效率较并行通信也低，但其主要的优势在于适合较远距离的数据传输。计算机外部的通信传输均采用串行方式。其工作原理如图 6-2 所示。

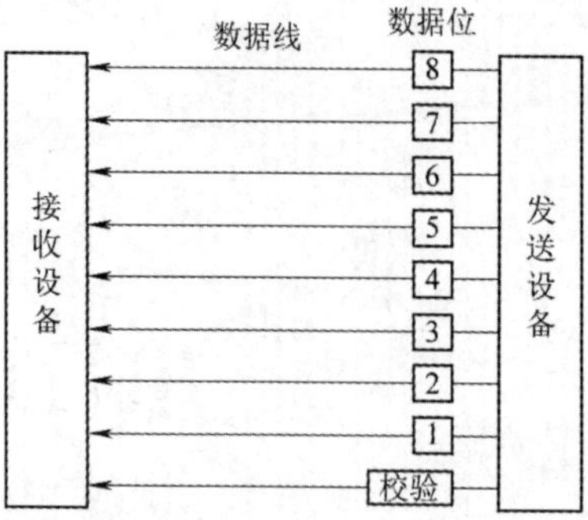

图 6-1 并行通信

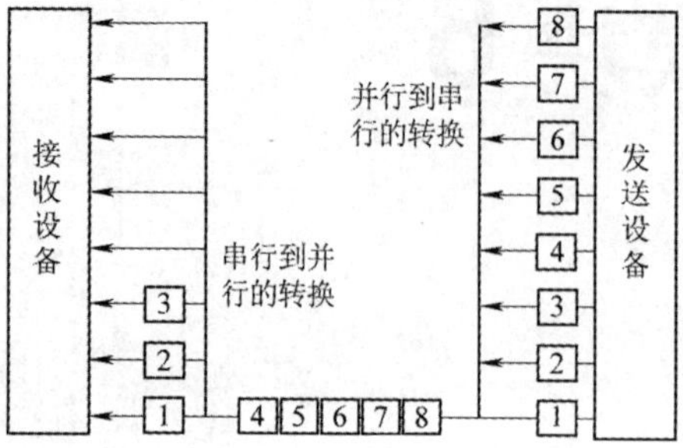

图 6-2 串行通信

3. 串行通信与并行通信的应用

从上述介绍的通信原理来看，并行方式优于串行方式。通俗地说，并行通信犹如高等级的多车道高速公路，而串行通信犹如单车道普通公路。

但“尺有所短、寸有所长”，并行通信虽然数据传输速率快，但通信成本高，不支持长距离传输，所以一般只用于计算机内部通信，如计算机内部的各种总线等。而串行通信数据传输速率不快，但通信成本低，尤其适合长距离的传输，一般多用于计算机外部通信。

随着通信技术的发展，串行通信取得了长足进步，正越来越多地进入传统并行通信占领的区域。如串口硬盘（SATA）已经基本取代了传统硬盘（PATA）；而 USB 技术的推陈出新，使得更快的信息传输成为可能；再如，PCI Express 点对点的串行总线架构正在取代 PCI 等传统的共享并行架构，成为主导。

课件 串行通信的基本知识

6.2 串行通信的基本知识

1. 数据传输速率

数据传输速率又称数据通信速率，是指单位时间内传输的信息量，可用比特率或波特率来表示。

1）比特率

视频 串行通信的基本知识

每秒通过信道传输的信息量称为位传输速率，简称比特率。比特率表示有效数据的传输速率，单位为 bit/s。

2）波特率

在信息传输通道中，携带数据信息的信号单元称为码元，每秒通过信道传输的码元数称为码元传输速率，简称波特（率）。波特率[①]是传输通道频宽的指标，单位为 Bd。

① 单位“波特”本身就已经是代表每秒的调制数，以“波特每秒”为单位是一种常见的错误，但是在一般中文口语化的沟通上常以“波特率”来描述“波特”（Baud）。

3）比特率与波特率的关系

波特率与比特率数值上的关系是：比特率=波特率 × 单个调制状态对应的二进制位数。

两相调制（单个调制状态对应 1 个二进制位）的比特率值等于波特率值；四相调制（单个调制状态对应 2 个二进制位）的比特率值为波特率值的 2 倍；八相调制（单个调制状态对应 3 个二进制位）的比特率值为波特率值的 3 倍，依此类推。

在二进制传输系统中，一个符号（码元）的含义为高、低电平，分别用来代表逻辑“1”和逻辑“0”；每个符号所含的信息量刚好为 1 个二进制数，所以这种情况下其波特率值就是每秒传输的二进制位的个数。

在并行通信中，传输速率以每秒传送多少字节（B/s）来表示。而在串行通信中，传输速率是在基波传输[①]情况下，以波特率来表示，即每秒传送二进制位的个数。

比如：电传打字机最快的传输速率为 10 字符/s，其中每个字符包含 11 个二进制位，则数据传输速率为：11 bit/字符 × 10 字符/s=110 bit/s 或 110 Bd。

计算机中常用的波特率是：110 Bd、300 Bd、600 Bd、1 200 Bd、2 400 Bd、4 800 Bd、9 600 Bd、19 200 Bd、28 800 Bd、33 600 Bd。

【课堂练习】在某计算机串行通信系统中，每传送 1 个字符，需要包含 1 个起始位，8 个数据位，1 个校验位，2 个停止位。若数据传输速率为 1 200 Bd，则该系统每秒可以传输多少个字符？

【分析】计算机串行通信波特率为 1 200 Bd，即表示其数据传输速率在数值上为 1 200 bit/s。

传送 1 个字符需要的二进制位数为（1+8+1+2）bit = 12 bit。

$$1\,200 / 12 = 100$$

故该系统每秒可传输 100 个字符。

2. 数据传输方向

在串行通信中，按照数据流的方向，可以分为：单工传输、半双工传输和全双工传输。

单工传输是单方向的数据传输，如图 6-3 所示。数据仅能从发送设备传送到接收设备，数据只允许按照固定的方向进行传输。日常生活中的广播、电视等信号的传输都是单工传输。

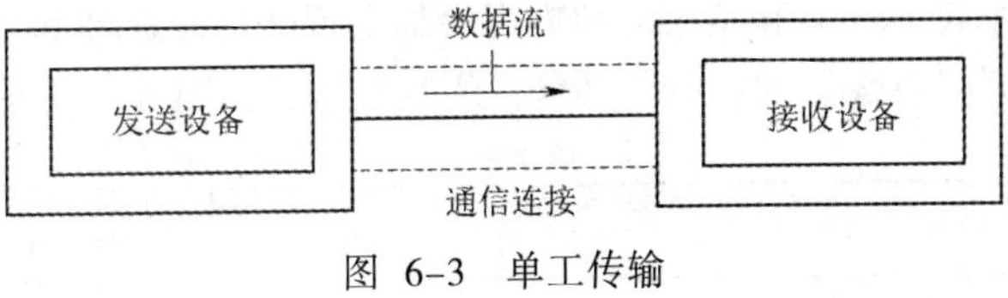

图 6-3　单工传输

半双工传输是双向的数据传输，但在某一时刻，只能进行单方向的传输，通过电子开关设备，可以改变传输的方向，如图 6-4 所示。虽然通信的双方都可以进行收或发，都有发送和接收设备，但在同一时刻，只能或收或发。日常生活中的对讲机就是典型的半双工传输。

① 基波传输是指不加调制，以其固有频率进行传送。

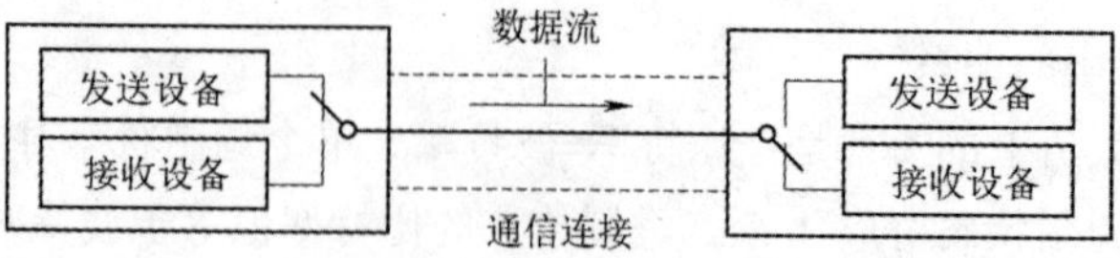

图 6-4 半双工传输

全双工传输需要 2 根数据线，连接通信的双方，可以同时进行发送和接收，如图 6-5 所示。全双工传输效率高、控制也很简单，但通信设备结构复杂、成本高。日常使用的电话就是全双工传输。

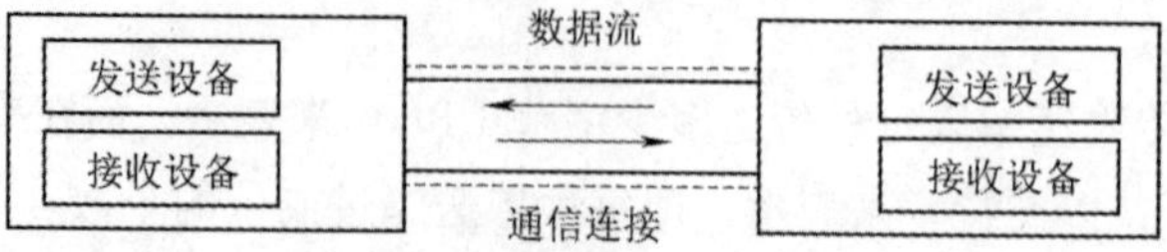

图 6-5 全双工传输

3. 数据传输方式

在串行通信中要将构成字符的二进制位转化为二进制序列，然后逐位传送。其传送的方式有两种：同步通信方式和异步通信方式。

同步通信是一种比特同步通信技术，要求发收双方必须具有同频同相的同步时钟信号，传送前要在传送数据块的最前面附加特定的同步字符，使发收双方建立同步，然后在同步时钟的控制下逐位发送/接收。

在同步通信时，为了表示数据传输的开始，发送方先发送一个或两个特殊字符，该字符称为同步字符。利用这个字符，可以使发送方和接收方达到同步，然后就可以同步收发数据了。在同步过程中，发收双方还必须使用同频同相的时钟进行协调，用于确定串行传输中每一位的位置。其传输的数据格式如图 6-6 所示。

同步字符	数据1	…	数据n	校验字符

图 6-6 同步通信传输的数据格式

异步通信相对于同步通信而言，不需要严格的时钟同步，而且所发送的字符之间的时隙也是任意的，但每一个字符的开始和结束的地方都要加上特殊标志，即起始位和停止位。而且要求接收方必须随时做好接收数据的准备。其传输的数据格式如图 6-7 所示。

起始位	D0	…	Dn	校验字符	停止位

图 6-7 异步通信传输的数据格式

异步通信也可以帧作为发送单位，接收端必须随时做好接收帧的准备。需要注意的是，在异步发送帧时，并不是发送端对帧中的每一个字符都必须加上起始位和停止位后再发送出去，而是发送端可以在任意时间发送一个帧，而帧与帧之间的时间间隔也可以是任意的。但在一帧中的所有位是连续发送的。

4. 错误校验

为了保证高效率且准确无误地进行数据传输，必须对传输的数据进行校验。常用的校验方法有奇偶校验、代码和校验和循环冗余校验。

1）奇偶校验

奇偶校验包括两种校验：奇校验和偶校验。在发送数据时，数据位尾随的 1 位为校验位，校验位可填 1 或 0。当采用奇检验时，要使包含校验位的数据中（包含）1 的个数为奇数；当采用偶校验时，要使包含校验位的数据中（包含）1 的个数为偶数。接收数据时，只需校验 1 的个数为奇还是为偶，若为奇校验，则 1 的个数为奇数，表示传输正确，否则表示传输出错。偶校验与之类似，只是要求接收到的数据中 1 的个数为偶数表示传输正确。请读者自行对照。根据上述规则就可以确定出当前数据的校验位取值。

奇偶校验具有局限性，只能检测出一位错误（或奇数位错误），而且不能确定出错位置，也不能检测出偶数位错误。

【课堂练习】数据信息为 10010111，请分别写出其奇校验码位和偶校验码位。

【分析】信息位中 1 的个数为 5 个。其奇校验码位为 0，传输数据为 100101110。偶校验码位为 1，传输数据为 100101111。

2）代码和校验

代码和校验是发送方将所发数据块求和（或各字节异或），产生 1 字节的检验字符（校验和）附加到数据块尾。接收方接收到数据块时，同时对数据块（除校验字节外）求和（或各字节异或），将所得结果与接收的校验和相比较，相符则表示传输正确；否则，表示传输过程出错。

3）循环冗余校验

这种校验通过数据运算实现有效信息与校验位之间的循环校验，常用于对磁盘信息的传输、存储区的完整性校验等。这种校验方法具有一定的纠错能力。

课件　单片机的串行通信结构

6.3　51 单片机的串行通信

51 单片机只有一个串口，通过引脚 RXD（P3.0）和 TXD（P3.1）与外部电路进行全双工的异步通信，具备 UART（universal asynchronous receiver/transmitter，通用异步接收/发送）的全部功能，还可以作为同步移位寄存器使用。

视频　单片机的串行通信结构

1. 串行口结构

51 单片机的串行口结构如图 6-8 所示。发送缓冲寄存器和接收缓冲寄存器都称为 SBUF，它们共用一个寻址地址，但它们是两个物理上独立的寄存器，二者职责不同，发送缓冲寄存器只管发，不管收；接收缓冲寄存器只管收，不管发。二者结合起来便可完成同时接收数据、发送数据的功能。

此外，还包括发送控制器、接收控制器、移位寄存器以及串行通信控制寄存器（SCON）等。

图 6-8 中的 T1 充当波特率发生器作用，调节的是串口数据收发的速率；当内部总线上的数据送入发送 SBUF 时，在发送控制器的作用下通过发送引脚 TXD（P3.1）立即进行发送，发送完成将产生中断信号通知系统已经发送完成；当接收引脚 RXD（P3.0）接收到数据时会通过输入移位寄存器进入接收 SBUF，当一个数据接收完成同样会产生接收中断信号，通知系统到接收 SBUF 中取走数据；整个串口通信由串行通信控制寄存器控制。

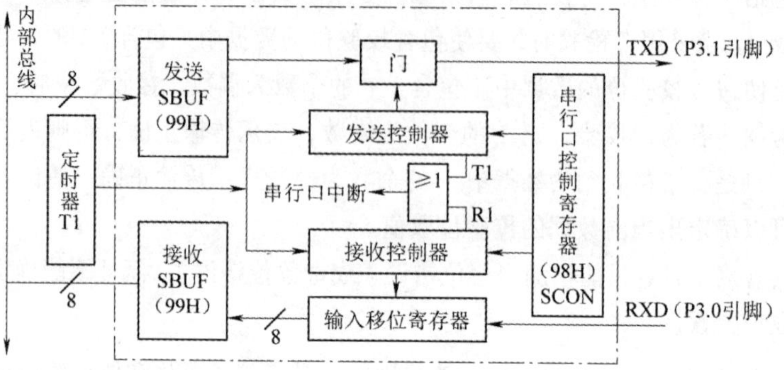

图 6-8　51 单片机的串行口结构

2. 串行通信控制寄存器（SCON）

课件　串行通信控制寄存器

串行通信控制寄存器（SCON）主要用于设定串行口的工作方式、接收/发送控制以及设置状态标志等，最后两位用于设定串行口的中断标志。这个寄存器可以进行位寻址，在程序编程中可以直接使用各控制位的名字。在单片机复位时，SCON 会被全部清 0。SCON 寄存器中各位定义与功能见表 6-1。

表 6-1　SCON 寄存器中各位定义与功能

位序	D7	D6	D5	D4	D3	D2	D1	D0
功能定义	SM0	SM1	SM2	REN	TB8	RB8	TI	RI

视频　串行通信控制寄存器

各位含义如下：

SM0、SM1：串行口工作方式选择位。串行口有 4 种工作方式，可以通过 SM0 与 SM1 的组合来设定。具体工作方式见表 6-2。

表 6-2　串行口的工作方式

SM0	SM1	工作方式	说　明
0	0	方式 0	同步通信，8 位移位寄存器方式，用于 I/O 口扩展
0	1	方式 1	10 位 UART，波特率可以变化，由定时器 1（T1）的溢出率控制
1	0	方式 2	11 位 UART，波特率固定
1	1	方式 3	11 位 UART，波特率可以变化，由定时器 1（T1）的溢出率控制

SM2：多机通信控制位。因为多机通信是在方式 2 和方式 3 下进行的，因此 SM2 位主要用于方式 2 或方式 3 中。

当串行口处于方式 2 或方式 3 接收状态时：

当 SM2=1 时，若接收到的第 9 位数据（RB8）是 1 时，使 RI 置 1，并产生中断请求，同时将接收到的前 8 位数据送入 SBUF；若接收到的第 9 位数据（RB8）是 0 时，则将接收到的前 8 位数据丢弃。

当 SM2=0 时，不论第 9 位数据是 1 还是 0，都将前 8 位数据送入 SBUF 中，并使 RI 置 1，产生中断请求。

在方式 1 时，如果 SM2=1，那么只有收到有效的停止位时 RI 才会置位。

在方式 0 时，SM2 必须为 0。

REN：允许串行接收位。由软件置 1 或清 0。

当 REN=1 时，允许串行口接收数据。

当 REN=0 时，禁止串行口接收数据。

TB8：方式 2 和方式 3 中发送的第 9 位数据。其值由软件置 1 或清 0。

在双机串行通信时，TB8 一般作为奇偶校验位使用；在多机串行通信中，用来表示主机发送的是地址帧还是数据帧，TB8=1 为地址帧，TB8=0 为数据帧。

RB8：方式 2 和方式 3 中接收的第 9 位数据。

在方式 1 时，如果 SM2=0，RB8 存放的是接收到的停止位。

在方式 0 时，不使用 RB8。

TI：发送中断标志位。

在方式 0 时，当串行发送的第 8 位数据结束时 TI 由硬件置 1；在其他工作方式中，当串行口开始发送停止位时由硬件置 1。

当 TI=1 时，表示一帧数据发送结束，可以向 CPU 申请中断。CPU 响应中断后，在中断服务程序中向 SBUF 写入要发送的下一帧数据。注意：TI 不会自动复位，必须在中断服务程序中用软件清 0。

RI：接收中断标志位。

在方式 0 时，接收完第 8 位数据时，RI 由硬件置 1。在其他工作方式中，当串行接收到停止位时由硬件置 1。

当 RI=1 时，表示一帧数据接收完毕，并申请中断，要求 CPU 从接收 SBUF 中取走数据。但 RI 不会自动复位，必须在中断服务程序中使用软件清 0。

由于串行发送中断和接收中断是同一个中断源，因此在向 CPU 提出中断申请时，必须要使用软件对 RI 和 TI 进行判断，以决定进行哪一个中断处理服务。

3. 电源控制寄存器（PCON）

电源控制寄存器（PCON）用来管理单片机的电源部分，仅最高位与串行通信有关。PCON 寄存器中各位定义与功能见表 6-3。

表 6-3 PCON 寄存器中各位定义与功能

位序	D7	D6	D5	D4	D3	D2	D1	D0
功能定义	SMOD	—	—	—	GF1	GF0	PD	IDL

各位含义如下：

SMOD：串行口波特率选择位。

在串行口的工作方式 1、2、3 时：

当 SMOD = 1 时，串行口的波特率加倍。

当 SMOD = 0 时，串行口的波特率为正常值。

GF1、GF0：通用工作标志位，用户可以自由使用。

PD：掉电模式设定位。

当 PD = 1 时，掉电模式。

当 PD = 0 时，正常工作模式。

IDL：空闲模式设定位。

当 IDL = 1 时，空闲模式。

当 IDL = 0 时，正常工作模式。

课件 串行口的工作方式与波特率设定

视频 串行口的工作方式与波特率设定

4. 串行口的工作方式与波特率设定

单片机的串行口通过 SCON 的 SM0 和 SM1 控制，有 4 种工作方式，下面分别介绍。

1）工作方式 0

工作方式 0 为 8 位移位寄存器输入/输出方式。可外接移位寄存器以扩展 I/O 口，也能外接同步输入/输出设备。8 位串行数据都从 RXD 输入或输出，而 TXD 用来传输同步移位脉冲。

发送时，串行数据从 RXD 引脚输出，TXD 引脚输出移位脉冲。CPU 将数据写入发送寄存器 SBUF 时立即启动发送，发送时低位在前，高位在后。发送完一帧数据后，TI 由硬件自动置位。

接收时，先要置位允许接收控制位 REN。当 RI=0 并且 REN=1 时，开始接收。串行数据从 RXD 引脚输入，TXD 引脚输出同步移位脉冲。当接收到第 8 位数据时，将数据移入接收寄存器 SBUF，并由硬件自动置位 RI。

在工作方式 0 下，其波特率是固定的。

$$\text{工作方式 0 的波特率} = \frac{f_{osc}}{12} \tag{6-1}$$

式中，f_{osc} 为系统晶振频率。

2）工作方式 1

工作方式 1 为波特率可变的 10 位异步通信方式。发送或接收的一帧信息，由 1 个起始位 0，8 个数据位和 1 个停止位组成。TXD 为数据发送引脚，RXD 为数据接收引脚。

发送时，当数据写入发送寄存器 SBUF 时，就启动发送。发送完一帧数据后，由硬件自动对 TI 置位。

接收时，先要置位允许接收控制位 REN，然后以选择的波特率的 16 倍速率采样 RXD 引脚，当采样到 1 至 0 的负跳变时，确认是开始位 0，接着就开始接收一帧数据。只有当 RI=0 且 SM2=0 或停止位为 1 时，8 位数据才能进入接收寄存器，并由硬件置位 RI，否则该信息丢失。因此，在方式 1 接收时，要先用软件对 RI 和 SM2 复位。

在工作方式 1 下，其波特率是可变的，由 T1 的溢出率决定。

$$工作方式1波特率 = \frac{2^{SMOD}}{32} \times T1的溢出率 \quad (6-2)$$

3）工作方式 2

工作方式 2 为固定波特率的 11 位 UART 方式。与工作方式 1 相比，增加了一个第 9 位数据，其值来自 SCON 寄存器的 TB8。这一位可以用软件进行置位或复位，它既可以作为多机通信中地址帧/数据帧的标志位，也可以作为数据的奇偶校验位。TXD 为数据发送引脚，RXD 为数据接收引脚。

发送时，当数据写入 SUBF 时，启动发送器发送。发送一帧信息后，由硬件置位 TI。

接收时，先要置位允许接收控制位 REN，然后串行口采样 RXD 引脚，当采样到 1 至 0 的负跳变时，确认是开始位 0，接着开始接收一帧数据。在接收到附加的第 9 位数据后，如果 RI=0 或者是 SM2=0 时，第 9 位数据进入 RB8，其余 8 位数据进入接收寄存器，并由硬件置位 RI；否则信息丢失，且不会置位 RI。经过一段时间后，不管上述条件是否满足，接收电路自行复位，并重新检测 RXD 上从 1 到 0 的跳变。

在工作方式 2 下，其波特率是固定的。

$$工作方式2的波特率 = \frac{2^{SMOD}}{64} \times f_{osc} \quad (6-3)$$

4）工作方式 3

工作方式 3 为波特率可变的 11 位 UART 方式。除波特率设置方式外，其余均与工作方式 2 相同。其波特率变化与式（6-2）相同。

$$工作方式3的波特率 = \frac{2^{SMOD}}{32} \times T1的溢出率 \quad (6-4)$$

串行通信的工作方式 1 和工作方式 3 中波特率计算都涉及 T1 的溢出率，所谓 T1 的溢出率就是 T1 的溢出频率。只需知道 T1 溢出一次所需要的时间，用 1 s 去除这个时间，就得到了 T1 的溢出频率。假如设 T1 每隔 20 ms 溢出一次，那么 T1 的溢出频率为 50 Hz。

当 T1 处于工作方式 2 时（即自动重装初值的 8 位定时器模式），最适宜作为串行通信的波特率发生器。而且当系统晶振频率选用 11.059 2 MHz 时，比较容易获得标准的波特率。表 6-4 列出了串行方式 1 下 T1 工作于方式 2 时产生常用波特率应装入的初始值。

表 6-4　常用波特率应装入的初始值

波特率	晶振频率 f_{osc}	SMOD	TH1 初值
19 200	11.059 2	1	FDH
9 600	11.059 2	0	FDH
4 800	11.059 2	0	FAH
2 400	11.059 2	0	F4H
1 200	11.059 2	0	E8H

【课堂练习】 51 单片机的 T1 工作于方式 2，作为串行口的波特率发生器，如果此时的串行工作方式是工作方式 1，波特率为 9 600，PCON = 0x80，系统的晶振频率为 11.059 2 MHz，那么 T1 应装入的初值为多少？

【分析】因为串行口处于工作方式 1，由式（6–2）可知，波特率 = $\frac{2^{SMOD}}{32}\times$T1的溢出率。设 T1 应装入的初值为 X，则 T1 的一次溢出时间就是 $\frac{12}{f_{osc}}\times(256-X)$，溢出频率就是这个时间的倒数，即 $\frac{f_{osc}}{12\times(256-X)}$，将之代入式（6–2）中可得波特率 = $\frac{2^{SMOD}}{32}\times\frac{f_{osc}}{12\times(256-X)}$，再次进行变换得到如下公式：

$$X=256-\frac{2^{SMOD}}{32}\times\frac{f_{osc}}{12\times\text{波特率}} \qquad (6\text{–}5)$$

式（6–5）就是利用设定 T1 初值来设置单片机串行通信波特率的方法。

将题中已知的波特率、晶振频率和 SMOD 值代入式（6–5）中，解得 $X=250$，转换为十六进制为 FAH，即 T1 应当装入的初值为 FAH。

【课堂练习】若某 51 单片机的串行口设为方式 1 工作，每分钟传送 28 800 个字符，求其波特率。

【分析】51 单片机串口的方式 1，通常用于标准的串口通信。数据传输的帧格式固定，每一帧数据共有 10 位，包括 1 个起始位、8 个数据位（最低有效位在前）、1 个停止位。因此，串口工作在方式 1 下，一个字符要传送 10 位。

其比特率为[（28 800 × 10）/60] bit/s=4 800 bit/s。

因计算机串行通信中波特率与比特率在数值上相等，故其波特率为 4 800 Bd。

课件 常用的串行通信接口标准

6.4 常用的串行通信接口与标准

由于串行通信应用广泛，为了便于实现计算机与外围设备之间的串行通信连接，人们制定了若干种串行通信接口标准，包括 RS–232–C、RS–422、RS–485、USB 等。其中 RS–232–C、RS–422 与 RS–485 标准只对接口的电气特性做出规定，不涉及接插件、电缆或协议。USB 是最新、最流行的接口标准，主要应用于高速数据传输。此外，还有 SPI、I^2C、单总线等其他串行通信接口。

视频 常用的串行通信接口标准

1. RS–232–C、RS–422、RS–485 和 USB

1）RS–232–C

RS–232–C 是一种外部串行总线，由 EIA 于 1962 年公布。推出这种总线的目的是为了实现数据终端设备（data terminal equipment，DTE）和数据通信设备（data communication equipment，DCE）之间的串行通信。后来人们将其广泛地应用于计算机与终端之间，计算机与计算机之间或者计算机与串行打印机以及其他串行接口设备之间的近距离通信。

RS–232–C 总线共有 25 根信号线，其中 2 根地线、4 根数据线、11 根控制线、3 根定时线、5 根备用线。通过标准的 DB25 或 DB9 物理连接器实现连接互换性。

DB 连接器的每个引脚（连线）都规定了特殊的功能，具体的引脚功能及含义，请查阅相关资料手册。DTE 与 DB、DB 与 DCE 的连接都按此标准，因此只要按此标准连接的 DCE 就可与任何按此标准连接的 DTE 连接在一起，实现正常的串行通信，如图 6-9 所示。

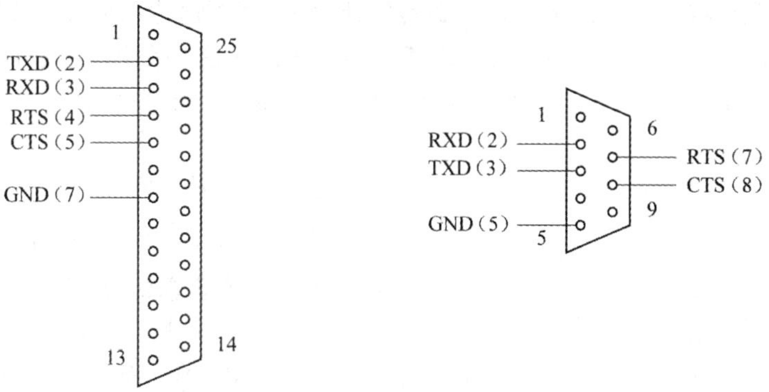

（a）DB25　　（b）DB9

图 6-9　DB25、DB9 总线连接器

在连接时，需要注意以下几点：

（1）发送设备与接收设备的 TXD、RXD 应交叉连接。

（2）RTS 与 CTS 形成一对握手线，发送端发出发送请求，当允许发送端应答同意后才能发送数据。

（3）在最简单的双工通信中，一般只需要连接 3 根线：TXD、RXD、GND。

使用 RS-232-C 接口进行串行通信时，采用的是“负逻辑”的 RS-232-C 电平（EIA 电平）。即高电平为-15~-3 V（通常取-12 V），代表逻辑 1；低电平为+3~+15 V（通常取+12 V），代表逻辑 0。它是无间隔不归零传送，具有很强的抗干扰能力。

由于计算机和终端一般都采用 TTL 电平，所以通过 RS - 232-C 进行数据传输时需要进行电平的转换。早期应用 MC1488（TTL→RS-232-C）和 MC1489（RS-232-C→TTL）实现这两种电平之间的转换。现在用得较多的是 MAX232、MAX202、HIN232 等芯片，它们都同时集成了 RS-232-C 电平和 TTL 电平的互转功能。

RS-232-C 是为点对点通信而设计的，其传送距离最大约为 15 m，最高速率为 20 kbit/s。

2）RS-422

RS-422 是为改进 RS-232-C 的通信距离短、传输速率低等缺点，而开发的一种平衡通信接口。典型的 RS-422 是 4 线接口，实际上还有 1 根地线，总共有 5 根线。由于接收器采用高输入阻抗和发送驱动器比 RS-232-C 更强的驱动能力，所以允许在相同的传输线路上连接多个接收节点，最多可以接 10 个节点。即一个主设备，其余为从设备，主设备和从设备之间可以进行通信，但从设备之间不能互相通信。传输速率最高可达 10 Mbit/s，最远传输距离可达 1 219 m（速率低于 100 kbit/s）。RS-422 是一种单机发送、多机接收的单向、平衡传输规范，被命名为 TIA/EIA-422-A 标准。

3）RS-485

RS-485 是从 RS-422 基础之上发展而来的，同样采用平衡发送和差分接收方式实现通信。即发送端将串口的 TTL 电平信号转换成差分信号 A、B 两路输出，经过线缆传输后在接收端将差分信号再还原成 TTL 电平信号。由于传输线使用双绞线，又是差分传输，所以具有极强的抗共模干扰能力。与 RS-422 一样，最大通信距离为 1 219 m，最大传输速率为 100 Mbit/s，传输速率与传输距离成反比，在 100 kbit/s 的传输速率下，才可以达到最大的传输距离。RS-485 可以采用二线与四线方式，二线制可实现真正的多点双向通信；采用四线制时，与 RS-422 一样只能实现点对多的通信。与 RS-422 不同，无论四线还是二线连接方式，总线上可以连接 32 个设备。

4）USB

USB（Universal Serial Bus，通用串行接口）是当前计算机上应用最为广泛的接口。其内部结构简单，信号的定义仅用 4 线完成，其中 2 根是用来传送数据的串行通道，另外 2 根为下游设备提供电源；而且 USB 接口支持设备的“热插拔”，实现了真正的即插即用。USB 接口的另一个特点是传输速率快，USB1.1 的传输速率为 12 Mbit/s，而 USB2.0 的传输速率高达 480 Mbit/s，USB3.0 的传输速率达到了 5 Gbit/s，USB 3.1 Gen2 是最新的 USB 规范，其传输速率高达 10 Gbit/s。

课件 SPI 总线接口

2. SPI 总线接口

SPI（serial peripheral interface，串行外围接口）是一种高速的、全双工的、同步的串行通信接口。SPI 接口主要用于 CPU 和外部低速器件之间进行同步串行数据传输。

SPI 接口最早由 Motorola 公司提出，由于其简单实用，因此许多厂家都支持该接口，并广泛应用。SPI 接口采用主从式工作方式，为全双工通信，传输速率可达到几兆位每秒。

视频 SPI 总线接口

SPI 接口的通信原理很简单，在主从方式工作下通常有一个主器件和一个或多个从器件，通信主要通过 4 根信号线来完成。

（1）MOSI：主器件数据输出，从器件数据输入。

（2）MISO：主器件数据输入，从器件数据输出。

（3）SCK：由主器件产生，为数据通信提供同步时钟信号。

（4）CS：由主器件控制的从设备的使能信号。

SPI 接口连接的主从器件结构如图 6-10 所示。

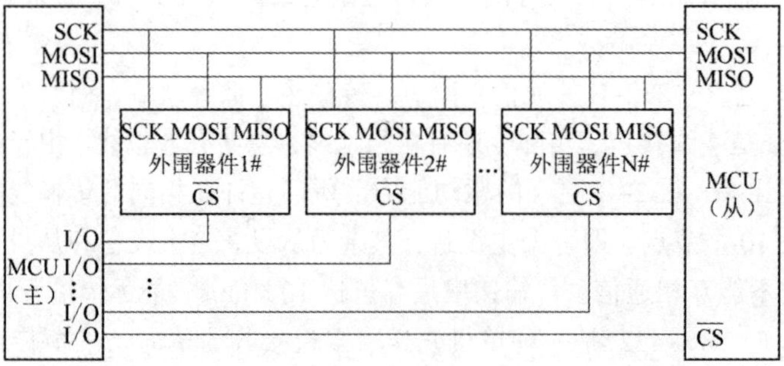

图 6-10　SPI 接口连接的主从设备

SPI 接口实际上是两个简单的移位寄存器，传输的数据为 8 位，在主器件产生从器件的使能信号和移位脉冲（在 SCK 的上升沿进行发送，在下降沿完成数据的接收）共同作用下，按位进行数据传输，传输时高位在前，低位在后。其通信过程如图 6-11 所示。

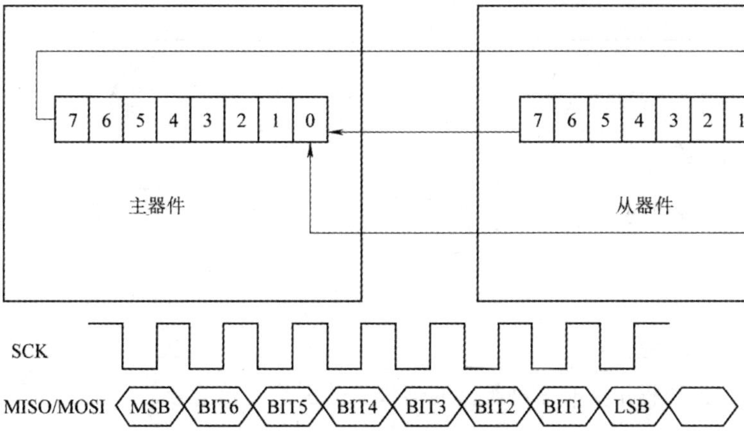

图 6-11　SPI 数据通信过程

SPI 在一次数据通信过程中，只能有一个主器件和一个从器件进行通信，并且总是主器件向从器件发送 1 字节的数据，从器件向主器件发送也是 1 字节的数据；数据是同步进行发送和接收的；数据传输的时钟是由主器件提供的时钟脉冲；当 SPI 接口上有多个从器件时，只有获得主器件使能信号的从器件才能与主器件通信；从器件只能是在接到主器件发布的命令时，才能接收或发送数据。SPI 接口的主要缺点是没有应答机制确认是否接收到了有效数据。

51 单片机的串行口工作方式 0 为 8 位同步移位寄存器方式，其实就是一种简化的 SPI 总线接口。其中 SCK 信号由 TXD 输出，MOSI/MISO 信号则由 RXD 输出或输入。

使用 SPI 接口的外围器件很多，如 FLASH、RAM、网络控制器、显示驱动器、A/D 转换器、传感器等。

3. I^2C 串行总线

I^2C（inter-integrated circuit）接口是 PHILIPS 公司开发的一种用于内部 IC 控制的简单的双向二线制串行总线。I^2C 总线支持任何一种 IC 制造工艺，并且 PHILIPS 公司和其他厂商提供了非常丰富的 I^2C 兼容芯片。

1）I^2C 总线结构

I^2C 总线结构简单，只使用两条线进行信息传输：一条数据线（SDA）和一条串行时钟线（SCL）。具有 I^2C 总线接口的器件可以通过这两根线连接到总线上，进行相互之间的信息传递。由于 I^2C 总线上各器件的 SDA 和 SCL 引脚都是开漏结构，因此使用时需要增加上拉电阻，以保持线路空闲时的高电平状态。连接到 I^2C 总线的器件由器件本身和引脚状态确定地址，无须使用片选。CPU 根据不同的地址进行识别，从而实现对硬件系统简单、灵活的控制。

在 I^2C 总线上数据是按位传送的，I^2C 总线每传送一位数据必须有一个时钟脉冲，并且被传送的数据在时钟 SCL 的高电平期间必须保持稳定，只有在 SCL 低电平期间才能够发生变化，如图 6-12 所示。

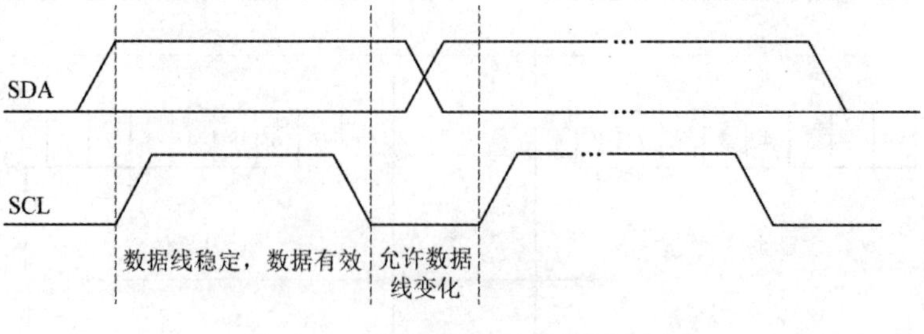

图 6-12 I²C 总线的数据传送信号

2）I²C 的 3 种信号和传输协议

I²C 总线在传输数据过程中共有 3 种类型的信号，分别是开始信号、结束信号和应答信号，如图 6-13 所示。

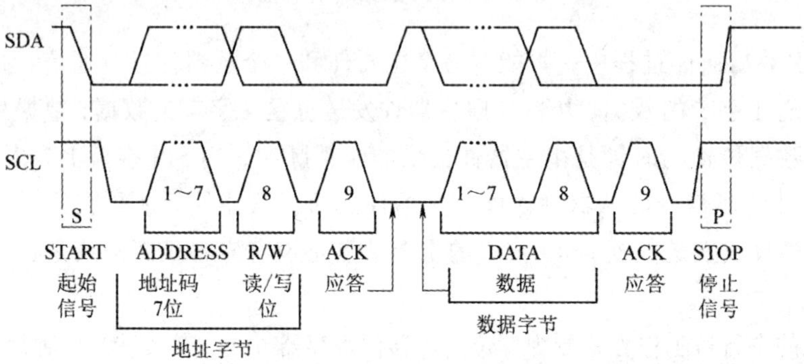

图 6-13 I²C 通信协议

（1）开始信号：当 SCL 为高电平时，SDA 由高电平向低电平的跳变，意味着传输开始。

（2）结束信号：当 SCL 为高电平时，SDA 由低电平向高电平的跳变，意味着传输结束。

（3）应答信号：当主器件传送 1 字节后，在第 9 个 SCL 时钟内拉高 SDA 线，而从器件的响应信号会将 SDA 拉低，这是从器件给主器件的一个响应。只有收到了响应信号才能继续通信。

I²C 总线的数据传输协议：

（1）通信首先要由主机发出开始信号。

（2）主器件发出的第一字节，用来选通从器件。其中，前 7 位为地址码，第 8 位为方向码。其格式如图 6-14 所示。

图 6-14 I²C 通信主器件发送的第一个字节内容

（3）从器件回复应答后，进入下一个传送周期，执行下面的第（4）步。如果从器件没有给出应答，则本次传送无效，结束通信。

（4）主从器件开始正式通信。这时在总线上传送的数据字节数不受限，但每次传送一字节，必须有一个应答。这样一直进行下去，直到收到结束信号或没有收到应答信号结束传送。其通信协议如图 6-13 所示。

I^2C 因其简单便于实现，大多数厂商都生产支持 I^2C 总线的芯片。像 E^2PROM、传感器、ADC、DAC、实时时钟等都有支持 I^2C 总线的版本。目前不少单片机内部都集成了 I^2C 总线接口，方便用户使用。不过也有一些低价位的单片机内部没有 I^2C 接口，但通过软件仍然可以模拟 I^2C 总线协议进行数据的收发。

课件　单总线

4. 单总线

单总线顾名思义就是一根总线，因此又称 1-wire 或单线总线。这个总线协议是美国 DALLAS 公司推出的，仅仅使用一根信号线就能完成与外围设备间的双向信息交换。这根信号线既能传输时钟，又能同时传输数据，而且其工作电源也完全从总线获取，并不需要额外的电源支持，且允许直接插入热/有源设备。因此，这种总线技术具有线路简单、硬件开销少、成本低廉、便于总线扩展与维护等特点。

视频　单总线

凡是支持单总线协议的设备都具有一个通过工厂光刻的 64 位 ROM ID，这是该设备的唯一的识别标识，它存储在设备的只读存储器（ROM①）中。64 位 ROM ID 由 8 位校验码、48 位序列号和 8 位家族码共同构成，其中家族码标识的是该设备的类型，序列号标识的是该设备的 ID，校验码用于保证通信的可靠性。单总线上可以同时挂接多个设备，借助于 64 位的 ROM ID 实现彼此区分。工作时主器件通过从器件唯一的 ROM ID 来识别与之联系的从器件，整个通信过程中从器件不能主动发送数据，只有当主器件对其下达了命令后才能进行被动式的回复或响应。

在单总线通信中，传输的同样是二进制的 0 和 1，或者说是高、低电平。但因为单总线只有一根数据线，所以这里的 0 和 1 要通过不同的时隙来表达。单总线协议中存在着写和读两种时隙。其中，写时隙又分为写 0 和写 1，主器件采用写 1 时隙向从器件写入 1，使用写 0 时隙向从器件写入 0。所有写时隙至少需要 60 μs，并且两次独立的写时隙之间至少要有 1 μs 的恢复时间。两种写时隙均由主器件拉低总线开始。产生 1 时隙的方式为：主器件拉低总线后，接着在 15 μs 内释放总线，由上拉电阻将总线再拉高；产生 0 时隙的方式为：主器件拉低总线后，要至少保持低电平状态 60 μs。在写时隙开始后的 15～60 μs 内，单总线器件采样总线状态，如果此期间采样值为高电平，则表示要向从器件中写入 1；如果采样值为低电平，则表示要向从器件写入 0。写时隙的时序图如图 6-15 所示。

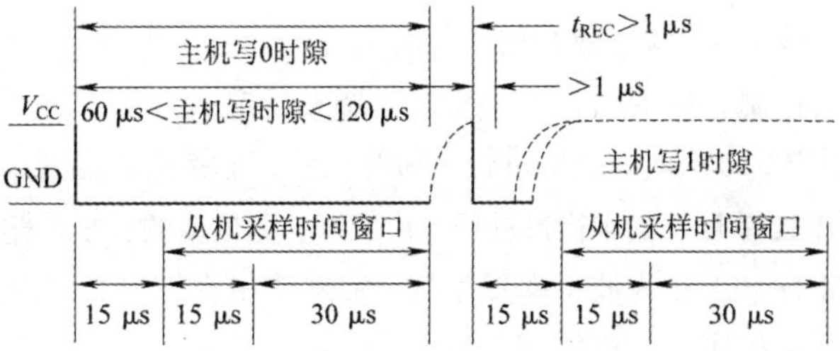

图 6-15　单总线协议中的写时隙

同样，单总线协议中也有两种读时隙，用来读取从器件发回的数据。从器件只有在主器件

① ROM 中存放的 64 位 ID 只能由生产厂家写入，用户无法更改。

发出读时隙时，才向主机传输数据。所有主器件发出读数据命令后，必须马上产生读时隙，以便接收到从器件传回的数据。所有的读时隙至少需要 60 μs，且两次独立的读时隙之间至少要有 1 μs的恢复时间。每一个读时隙均由主机产生，并至少拉低总线 1 μs，然后从器件就开始在总线上发送 1 或 0。如果从机发送的是 1，则保持总线的高电平；如果为 0，则拉低总线。当从机发送 0 时，在读时隙结束后（即 60 μs后）立即释放总线，由上拉电阻将总线拉高。图 6-16 即为单总线协议的读时隙。

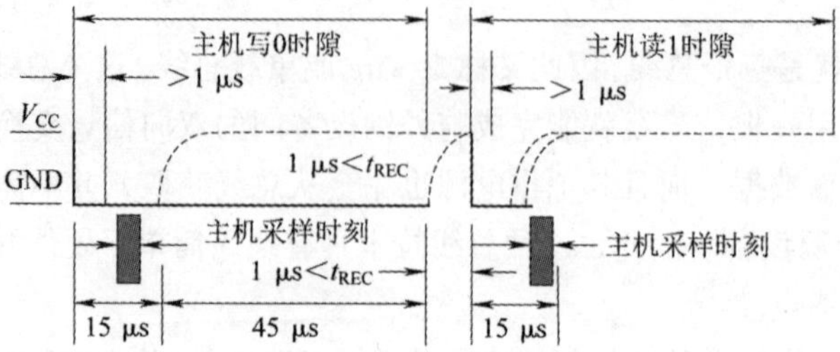

图 6-16　单总线协议的读时隙

单总线上的所有通信，都是以初始化序列开始的。初始化序列包括主器件发出的复位脉冲及从机的应答脉冲。通常通信开始时，先由主器件发出一个复位脉冲（主器件拉低总线 480~960 μs），然后释放总线等待从器件的响应脉冲，这一等待时间至少 480 μs。在等待期后，主器件释放了总线，因为上拉电阻的原因，总线又恢复为高电平，这一时间为 15~60 μs。与此同时，从器件检测到引脚上的上升沿，就会向总线发出应答信号，表示已经准备就绪。接着就可以按预定的程序设计进行通信了。

课件　串行通信的应用举例

6.5　串行通信应用举例

1. 单片机串行口的应用步骤

51 单片机串行口工作之前，需要对其进行初始化工作，主要是设置波特率发生器、串行口控制以及中断控制等。其初始化工作的步骤如下：

（1）确定 T1 的工作方式，主要通过对 TMOD 寄存器设定完成。

视频　串行通信的应用举例

（2）依据波特率，设定 T1 的计数初值，并装入 TH1、TL1 中。

（3）确定串行口的控制，主要通过 SCON 寄存器来设定。

（4）串行口工作于中断方式时，也要进行中断的设定，主要是通过 IE、IP 寄存器设定实现。

【课堂练习】使用 51 单片机的串行口进行 8 位数据、无校验的异步传输。波特率为 4 800 bit/s，振荡频率为 11.059 2 MHz。T1 作为波特率发生器，发送使用查询方式，而接收过程用中断处理。请写出该串行口的初始化程序。

【分析】使用 T1 作为波特率发生器，那么 T1 必须工作于方式 2，且依据给定的波特率要计算出计数初值，这一点可以通过查询表 6-4 得到（也可以自行计算得出），TH1 的值为 FAH。串行口应工作于方式 1，即 10 位的 UART，可以通过对 PCON 和 SCON 寄存器的设定来设置串口的工作方式等。

其参考程序如下：

```
#include  <reg51.h>
#define  uchar  unsigned char
uchar  a;
void main()
{
    TMOD|=0x20;            //T1 工作在方式 2
    TH1=0XFA;              //T1 装入初值
    TL1=0XFA;
    SCON=0X50;             //设定串口为工作方式 1，REN=1
    ES=1;                  //允许串口中断
    EA=1;                  //允许系统响应中断
    TR1=1;                 //启动 T1
    While(1)
    {
        if(a!=0)
        {
            SBUF=a;
            While(!TI);
            TI=0;
        }
    }
}
void  serial()  interrupt  4
{
    if(RI)
    {
        a=SBUF;
        RI=0;
    }
}
```

通常使用单片机串口通信，在接收数据时采用中断方式，在发送数据时采用查询方式，这样的使用组合通信效率较高。上述代码读者可以举一反三、灵活运用。

课件　使用 E^2PROM 进行数据信息的存储

2. I^2C 总线与数据存储

使用单片机进行系统开发设计时，经常需要将系统运行过程中产生的重要信息进行存储，并希望再次加电重启时这些信息依然存在，这就需要使用 E^2PROM①芯片来实现信息的存储。在单片机开发中经常用的 E^2PROM 芯片有 AT24C01/02/04 等型号，其内部的存储容量分别为 1KB、2KB、4KB 等。其串行通信方式即采用 I^2C 总线接口，驱动方法非常简单。下面通过一个具体实例来演示 AT24C02 的使用方法。

视频　使用 E^2PROM 进行数据信息的存储

【课堂练习】使用 51 单片机向 AT24C02 中依次存入 8 个数据“20200701”后，再将这 8 个数据依次读出，并在 8 位数码管中显示出来。

① E^2PROM 即电擦除可编程只读存储器。系统工作时可以改写其中的内容，系统断电时其中的数据依然可以保存。通常所存储的信息可以保存 10 年以上，重复擦写次数在 10 万次左右。

【分析】AT24C02 具有多种封装形式，较为常见的封装有 8 个引脚，如图 6-17 所示。除了 I^2C 总线规定的 SCL 和 SDA 以外，还有 4 个控制引脚。其中 WP 为写保护引脚，用来保护芯片内部的数据不被改写，使用时需要将其接低电平，意味去除写保护，允许写入信息；另外 3 个引脚 A2、A1、A0 是用来确定从器件地址的，若有多片 AT24C02 连接在总线上，就可以通过对这 3 个引脚的设定，来彼此区分。本例中只用到一个 AT24C02，这 3 个引脚全部接地即可。

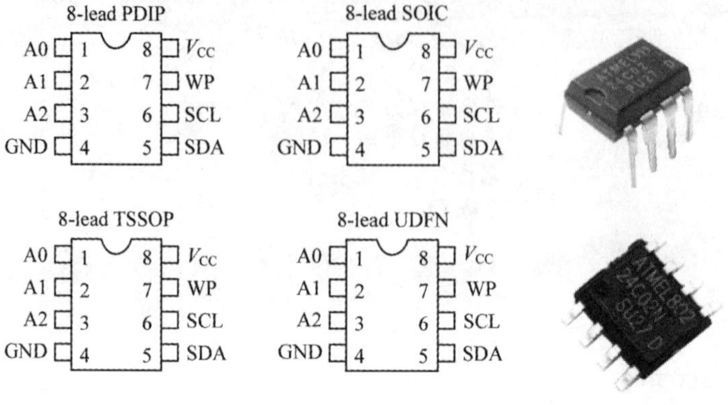

图 6-17 AT24C02 的常用封装及逻辑引脚图

首先利用 Proteus 绘制出电路原理图。直接在器件查找框内输入 AT24C02，就可以找到仿真的该芯片。8 位共阴极数码管模块的仿真名称为 7SEG-MPX8-CC-BLUE，找到上述元件后，即可绘出电路原理图，如图 6-18 所示。

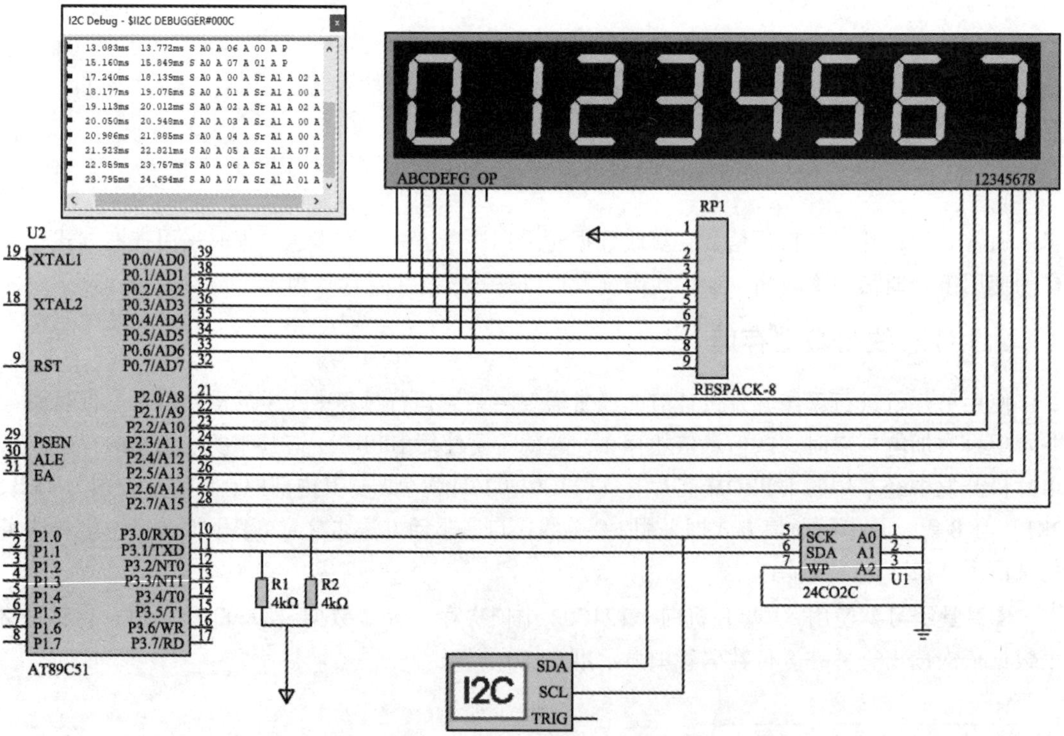

图 6-18 使用 AT24C02 进行数据存储的电路原理图

为了更加准确地看到 I^2C 总线信息传输的过程，可以使用 Proteus 中提供的 I^2C 调试工具，使用该工具能看到使用该总线协议进行传输的每个细节。Proteus 中调用 I^2C 调试工具非常简单，单击左侧工具栏上的按钮，在弹出的 INSTRUMENTS 列表中，选择 I2C DEBUGGER 即为 I^2C 调试器。该调试器有 3 个输入，通常只需将 SCL 和 SDA 连接至 I^2C 总线的对应线路上即可。仿真运行时，会弹出即时的信息传输信息，如图 6-18 所示。

参考程序如下：

```
#include <reg51.h>
#define OP_READ 0xa1      // 器件地址以及读取操作,0xa1 即为 1010 0001B
#define OP_WRITE 0xa0     // 器件地址以及写入操作,0xa0 即为 1010 0000B
#define uchar unsigned char
#define uint unsigned int
//共阴极数码管的段选码
uchar code table[]={0x3f,0x06,0x5b,0x4f,0x66,0x6d,0x7d,0x07,0x7f,0x6f};
//数码管的位选码
uchar code table1[]={0xfe,0xfd,0xfb,0xf7,0xef,0xdf,0xbf,0x7f};
uchar table2[]={0,0,0,0,0,0,0,0};
sbit SCL=P3^0;
sbit SDA=P3^1;

void delay()                //大约 4 μs 的延时函数
{;;}
void delayms(uchar x)       //带参数的单位时间为 1 ms 的延时函数
{
   uchar y,z;
   for(y=x;y>0;y--)
   for(z=120;z>0;z--);
}
void start()                //开始信号
{
   SDA=1;
   delay();
   SCL=1;
   delay();
   SDA=0;
   delay();
}
void stop()                 //停止信号
{
   SDA=0;
   delay();
   SCL=1;
   delay();
   SDA=1;
   delay();
}
void ack()                  //应答信号
{
```

```
    uchar i;
    SCL=1;
    SDA=1;
    delay();
    while((SDA==1)&&(i<250))
    i++;
    SCL=0;
    delay();
}

void writebyte(uchar dat)  //向从器件写 1 字节
{
    uchar i,temp;
    temp=dat;
    for(i=0;i<8;i++)
    {
        temp=temp<<1;
        SCL=0;
        delay();
        SDA=CY;
        delay();
        SCL=1;
        delay();
    }
    SCL=0;
    delay();
    SDA=1;
    delay();
}
uchar readbyte()               //读从器件当前地址上的 1 字节
{
    uchar n,k=0;
    SCL=0;
    delay();
    SDA=1;
    delay();
    for(n=8;n>0;n--)
    {
        SCL=1;
        delay();
        k=(k<<1)|SDA;
        SCL=0;
        delay();
    }
    return k;
}

void init()                    //I2C 的初始化
{
```

```
  SDA=1;
  delay();
  SCL=1;
  delay();
}
//向从器件的指定地址(address)中写入信息(dat)
void write_add(uchar address,uchar dat)
{
   start();
   writebyte(OP_WRITE) ;
   ack();
   writebyte(address);
   ack();
   writebyte(dat);
   ack();
   stop();
}
//读取从器件指定地址(address)中保存的信息
uchar read_add(uchar address)
{
   uchar dat;
   start();
   writebyte(OP_WRITE);
   ack();
   writebyte(address);
   ack();
   start();
   writebyte(OP_READ);
   ack();
   dat=readbyte();
   stop();
   return dat;
}

void display(uchar i,uchar content)      //数码管的显示函数
{
   P0=table[content];
   P2=table1[i];
   delayms(3);
   P2=0xff;
}

void main()
{
   uchar i,j;
   j=9;
   init();
   //向 AT24C02 写入 20200701
   write_add(0,2);     //向 0 号位置写数字 2
```

```
    delayms(5);            //延时 5 ms 确保正确写入
    write_add(1,0);       //向 1 号位置写数字 0
    delayms(5);
    write_add(2,2);       //向 2 号位置写数字 2
    delayms(5);
    write_add(3,0);       //向 3 号位置写数字 0
    delayms(5);
    write_add(4,0);       //向 4 号位置写数字 0
    delayms(5);
    write_add(5,7);       //向 5 号位置写数字 7
    delayms(5);
    write_add(6,0);       //向 6 号位置写数字 0
    delayms(5);
    write_add(7,1);       //向 7 号位置写数字 1
    delayms(5);
    //按保存位置依次读出存储的信息
    for(i=0;i<8;i++)
        table2[i]=read_add(i); //将读取出来的信息保存在数组中
     while(1){
     for(i=0;i<8;i++)       //按保存位置依次读出存储的信息，并在数码管中显示出来
     {
        display(i,table2[i]); //显示读出的信息
     }
   }
}
```

课件 单片机与 PC 串口通信

视频 单片机与 PC 串口通信

6.6 实验：单片机与 PC 串口通信

【实验目的】

（1）掌握串行口的控制与状态寄存器 SCON。

（2）掌握特殊功能寄存器 SCON。

（3）掌握串行口的工作方式及其设置。

（4）掌握串行口的波特率选择。

【实验内容】

实现 PC 发送 1 个字符给单片机，单片机接收到后即在个位、十位数码管上进行显示，同时将其回发给 PC。要求：单片机收到 PC 发来的信号后用串口中断方式处理，而单片机回发给 PC 时用查询方式。

【实验准备】

采用软件仿真的方式完成，用串口调试助手和 Keil C 或串口调试助手和 Proteus 仿真实现。

需要用到以下软件：Keil、VSPD （Virtual Serial Port Driver，虚拟串口软件）、串口调试助手、Proteus。

【实验过程】

（1）首先在 Keil 里编译写好的程序（见参考程序）。

（2）建立虚拟的串口。打开 VSPD，如图 6-19 所示（注：这个软件用来进行串口的虚拟实现。在其网站上可以下载，未经注册只能短暂使用）。

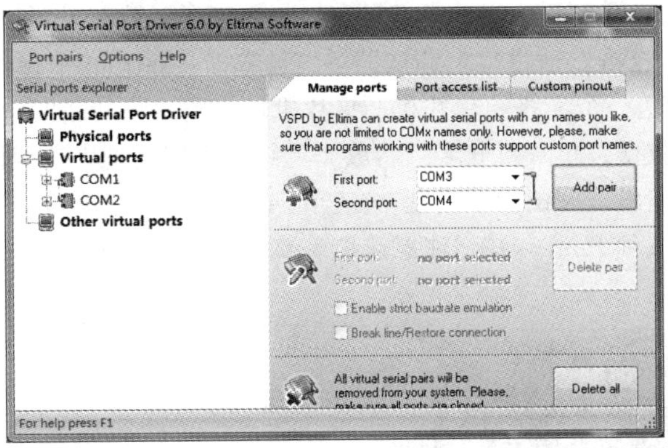

图 6-19　VSPD 工作界面

图 6-19 中左边栏最上面的是计算机自带的物理串口。单击右边的 Add pair，可以添加成对的串口。图中一对串口已经虚拟互联了，如果添加的是 COM1、COM2，用 COM1 发送数据，COM2 就可以接收数据，反过来也可以。

串口调试的方法有两种：

①将 Keil 作为调试工具。应用 Keil 调试串口，需要事先把 Keil 和虚拟出来的串口绑定。现在把 COM1 和 Keil 绑定。在 Keil 中进入 DEBUG 模式。在最下面的 COMMAND 命令行，输入

```
>mode com1 9600,0,8,1
```

设置 COM1 的波特率、奇偶校验位、数据位、停止位，然后再输入

```
>assign com1 <sin> sout
```

就把单片机的串口和 COM1 绑定到了一起。因为所用的单片机是 AT89C51，只有一个串口，所以用 SIN、SOUT，如果单片机有好几个串口，可以选择 S0IN、S0OUT、S1IN、S1OUT。（以上参数设置注意要和所编程序中设置一致！）

做完上述设置就可以使用 Keil 的调试方式，进行串口的通信测试了。

②应用串口调试助手作为调试工具。一般开发者均喜欢使用串口调试助手这款调试工具。串口调试助手的工作界面非常简单，如图 6-20 所示。

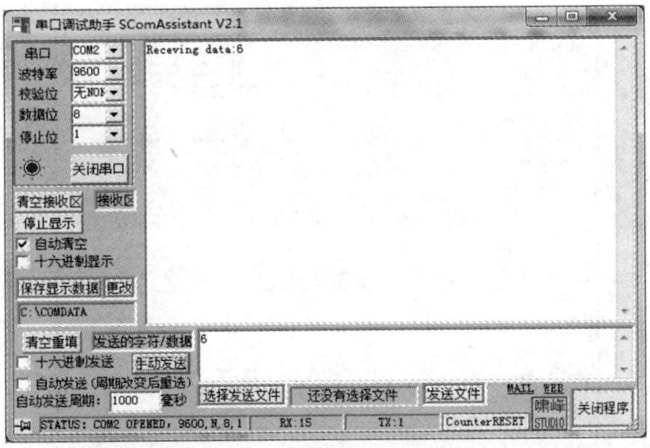

图 6-20　串口调试助手界面

在串口调试助手中可以看到虚拟出来的串口 COM1、COM2,选择 COM2,设置为波特率 9600,无校验位、8 位数据位，1 位停止位（和 COM1、程序里的设置一样）。

打开 COM2。现在就可以开始调试串口发送接收程序了。此时既可以通过 Keil 发送数据，在串口调试助手显示，也可以通过串口调试助手发送数据，在 Keil 中接收。

本实验实现 PC 发送一个字符给单片机，单片机接收到后将其回发给 PC。这里用串口调试助手（模拟 PC）发送数据，单片机收到后将收到的结果再回送到串口调试助手上。

（3）使用 Proteus 和串口调试助手实现。在 Proteus 中绘制电路原理图，如图 6-21 所示。将编译好的 HEX 程序加载到 Proteus 中，注意这里需要加上串口模块（compim），用来进行串行通信参数的设置。

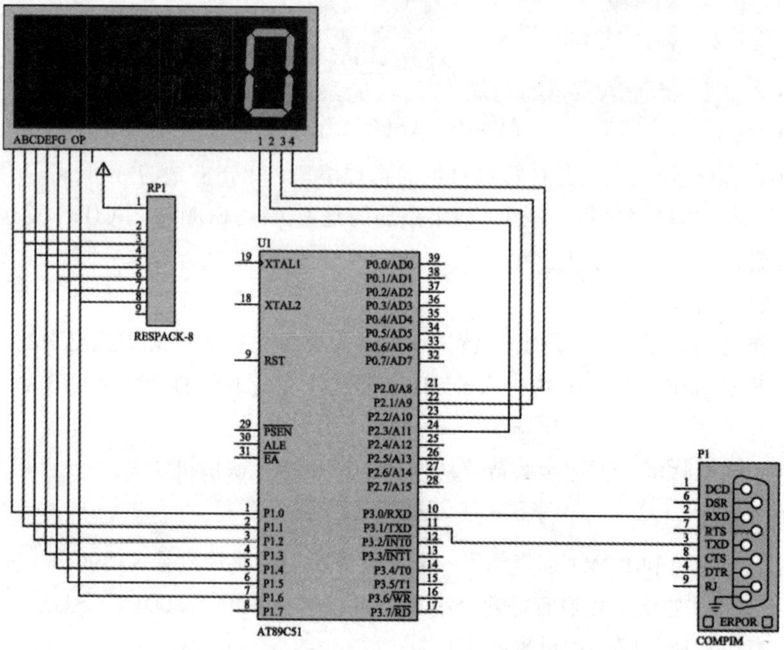

图 6-21 单片机与 PC 机串口通信电路原理图

单击串口，对串口进行设置，如图 6-22 所示。

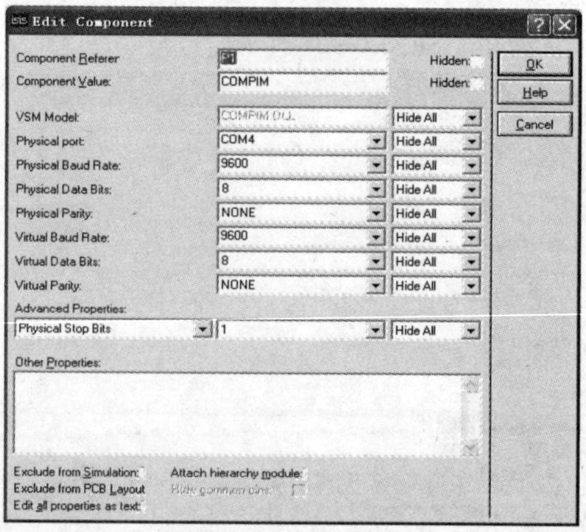

图 6-22 串口设置

此时用串口调试助手发送数据，即可看到仿真结果，用 Keil 仿真串口发送数据，也能收到同样效果。

【参考程序】

```
#include  <reg51.h>
#define  uchar unsigned  char
#define  uint  unsigned int
//共阴极数码管段选码
uchar  code  SEG7[10]={0x3f,0x06,0x5b,0x4f,0x66,0x6d,0x7d,0x07,0x7f,0x6f};
//数码管位选码
uchar  code  table[4]={0xfe,0xfd,0xfb,0xf7};                  //数码管位选信号
uchar  code  dat[]="Receving data:";                          //回送预置数据
uchar a=0x30,b;
void init(void)                        //初始化函数，将串口设置波特率为 9600
{
    TMOD|=0X20;                        //T1 工作于自动重装的 8 位定时/计数器
    TH1=0XFD;                          //设置定时器初值(TH)
    TL1=0XFD;                          //设置定时器初值(TL)
    SCON=0X50;                         //设置串口的波特率为 T1 的溢出率
    TR1=1;                             //因 GATE=0,所以 TR1 = 1 启动 T1
    ES=1;                              //允许串行口中断
    EA=1;                              //允许系统响应中断
}
void delay(uint  k)                    //延时函数
{
    uint data i,j;
    for(i=0;i<k;i++)
    for(j=0;j<120;j++);
}
void  main(   )                        //主函数
{
    uchar  i;
    init();                            //进行系统的初始化
    while(1)
    {
         P1=SEG7[(a-0x30)/10];  //要显示的内容
         P2=table[1];           //显示在哪一个数码管上
         delay(500);            //延时显示
         P1=SEG7[(a-0x30)%10];
         P2=table[0];
         delay(500);            //延时显示
         if(RI)                 //判断是否是接收中断
         {
              RI=0;             //软件清 0，使 RI 复位
              i=0;
              while(dat[i]!='\0')    //将 as[ ]中的内容放入 SBUF
              {
                 SBUF=dat[i];
                 while(!TI);
                   TI=0;
```

```
                i++;
              }
            SBUF=b;
            while(!TI);
            TI=0;
            EA=1;
             }
    }
}
void  serial() interrupt  4       //4号中断服务程序,即串行中断
{
 a=SBUF;
 b=a;
 EA=0;
}
```

【实验总结】

（1）学会应用定时器T1设定单片机串行口波特率的方法。

（2）学会应用Keil调试功能，进行串口绑定与调试的操作方法。

（3）学会使用串口调试助手进行串口数据调试。

（4）使用虚拟串口软件，可以为系统增加虚拟串口，解决了没有串口情况下需要串口进行项目调试的问题。在日常开发中会经常使用这个软件，需要熟练掌握。

（5）程序中将接收到的数字字符进行处理并使用数码管显示的方法具有一定代表性，需要掌握，并在实践开发中熟练运用。

小　　结

本模块重点对串行通信及单片机串口的内部结构和工作原理，以及常用的串口通信标准进行了介绍。对于串行通信的基本知识、数据传输速率、传输方向、传输方式、错误检验方法等需要有一定的掌握，对于串行通信控制寄存器SCON、电源控制寄存器PCON的位定义及如何设定串行口的工作方式、不同工作方式下波特率的计算公式要能熟练运用。进一步熟悉常用的串口通信标准，像RS-232-C、RS-422、RS-485和USB、I^2C、SPI、单总线等要有明确认识。此外，还通过例题的形式，讲述了应用I^2C总线访问E^2PROM的使用方法以及I^2C设备在Proteus中调试的方法，这些都是日常应用中比较常见的技能，希望读者能反复实践，掌握这些方法。

习　　题

一、填空题

1. 在串行通信中，按数据传送方向分为________、________和________3种方式。

2. 要串口为10位UART，工作方式应选为________。

3. 用串口扩展并口时，串行接口工作方式应选为________。

4. 计算机的数据传送有两种方式，即＿＿＿＿＿和＿＿＿＿方式，其中具有成本低特点的是＿＿＿＿＿方式。

5. 串行通信按同步方式可分为＿＿＿＿通信和＿＿＿＿通信。

6. 异步串行数据通信的帧格式由＿＿＿位、＿＿＿＿位、＿＿＿＿位和＿＿＿＿位组成。

7. 专用寄存器“串行数据缓冲寄存器”，实际上是＿＿＿＿＿寄存器和＿＿＿＿＿＿寄存器的总称。

8. MCS-51的串行口在工作方式0下，是把串行口作为＿＿＿＿寄存器来使用。这样，在串入并出移位寄存器的配合下，就可以把串行口作为＿＿＿口使用；在并入串出移位寄存器的配合下，就可以把串行口作为＿＿＿口使用。

9. 在串行通信中，收发双方对波特率的设定应该是＿＿＿＿的。

10. 使用定时/计数器设置串行通信的波特率时，应把T1设定为＿＿＿＿＿，即＿＿＿＿＿方式。

11. 某8031串行口，传送数据的帧格式由1个起始位（0）、7个数据位、1个偶校验位和1个停止位（1）组成。当该串行口每分钟传送1 800个字符时，则波特率应为＿＿＿＿。

12. 8051单片机的串行接口由发送缓冲寄存器SBUF、＿＿＿＿＿、串行接口控制寄存器SCON、定时器T1构成的＿＿＿＿＿＿＿＿＿等部件组成。

13. 在满足串行接口接收中断标志位＿＿＿＿＿ 的条件下，置允许接收位＿＿＿＿＿，就会接收一帧数据进入移位寄存器，并装载到接收SBUF中，同时使RI=1。当发读SBUF命令时，便由接收SBUF取出信息通过8051内部总线送CPU。

14. 若异步通信接口按方式3传送，已知其每分钟传送3 600个字符，其波特率为＿＿＿。

15. 8051中SCON的SM2是多机通信控制位，主要用于方式＿＿＿ 和方式＿＿＿，若置SM2=1，则允许多机通信。

16. TB8是发送数据的第＿＿位，在方式2或方式3中，根据发送数据的需要由软件置位或复位。它在许多通信协议中可用作＿＿＿＿，在多机通信中作为发送＿＿＿＿＿＿＿的标志位。

17. 串行口方式0是＿＿＿＿＿＿＿方式，方式1、2、3是异步通信方式。

18. 使用RS-232-C接口进行通信时，采用的是＿＿＿＿逻辑的RS-232-C电平。

19. RS-232-C是为＿＿＿通信设计的，其传送距离最大约为＿＿＿m，最高速率为20 kbit/s。

20. RS-485是从RS-422基础之上发展而来的，同样采用＿＿＿＿发送和＿＿＿＿接收方式实现通信。最大传输距离为＿＿＿＿m，最大传输速率为＿＿＿Mbit/s。

21. USB是应用广泛的串行接口，信号的定义仅由＿＿＿＿根线完成，其中＿＿＿根用来传送数据，另外＿＿＿＿根用来为下游设备提供电源。USB接口支持＿＿＿＿＿，实现了真正的即插即用。

22. SPI总线是一种高速的、＿＿＿＿、同步串行通信接口。采用＿＿＿＿式工作方式。通信主要由＿＿＿＿根信号线来完成。其中MOSI表示主器件＿＿＿＿＿，从器件＿＿＿＿＿；MISO表示主器件＿＿＿＿＿＿，从器件＿＿＿＿＿。

23. I^2C总线结构简单，只使用2根信号线进行信息传输，其中SDA为＿＿＿＿＿线，SCL为＿＿＿＿＿线。

24. I^2C 总线上数据是按________传送的，I^2C 总线每传送一________数据必须要有一个时钟脉冲，并且被传送的数据在 SCL 的________电平期间必须保持稳定，只有在 SCL________电平期间才能发生变化。

25. I^2C 总线在数据传输过程中主要有 3 类信号，分别是________信号、________信号和________信号。

26. 单总线顾名思义就______根总线。因此又称单线总线或 1-wire。

27. 单总线通信中，传输二进制的 0 和 1 是通过不同的________来表达的。

28. 单总线通信开始时，先要由主器件发出一个________脉冲信号，然后________总线等待从器件的________脉冲信号。

29. 凡是支持单总线协议的通信设备都具有一个唯一的通过工厂光刻的____位的_____ID。

二、单项选择题

1. 串行通信的传送速率单位波特，而波特的含义是（　　）。
   A. 字符/秒　　B. 位/秒
   C. 帧/秒　　D. 帧/分

2. 帧格式为 1 个起始位、8 个数据位和 1 个停止位的异步串行通信方式是（　　）。
   A. 方式 0　　B. 方式 1
   C. 方式 2　　D. 方式 3

3. 在下列所列特点中，不属于串行工作方式 2 的是（　　）。
   A. 11 位帧格式　　B. 有第 9 数据位
   C. 使用一种固定的波特率　　D. 使用两种固定的波特率

4. 以下有关第 9 数据位的说明中，错误的是（　　）。
   A. 第 9 数据位的功能可由用户定义
   B. 发送数据的第 9 数据位内容在 SCON 寄存器的 TB8 位中预先准备好
   C. 帧发送时使用指令把 TB8 位的状态送入发送 SBUF
   D. 接收到的第 9 数据位送 SCON 寄存器的 RB8 中

5. 串行工作方式 1 的波特率是（　　）。
   A. 固定的，为时钟频率的 1/12
   B. 固定的，为时钟频率的 1/32
   C. 固定的，为时钟频率的 1/64
   D. 可变的，由定时/计数器的溢出率设定

6. 当 MCS-51 进行多机通信时，串行接口的工作方式应选择（　　）。
   A. 方式 0　　B. 方式 1
   C. 方式 2　　D. 方式 0 或方式 2

7. 用 MCS-51 串行接口扩展并行 I/O 口时，串行接口工作方式应选择（　　）。
   A. 方式 0　　B. 方式 1
   C. 方式 2　　D. 方式 3

8. MCS-51 单片机串行口发送/接收中断源的工作过程是：当串行口接收或发送完一帧数据时，将 SCON 中的（　　），向 CPU 申请中断。

A. RI 或 TI 置 1　　B. RI 或 TI 置 0

C. RI 置 1 或 TI 置 0　　D. RI 置 0 或 TI 置 1

9. MCS-51 单片机串行口接收数据的次序是（　　）。

（1）接收完一帧数据后，硬件自动将 SCON 的 RI 置 1。

（2）用软件将 RI 清 0。

（3）接收到的数据由 SBUF 读出。

（4）置 SCON 的 REN 为 1，外部数据由 RXD（P3.0）输入。

A. （1）（2）（3）（4）　　B. （4）（1）（2）（3）

C. （4）（3）（1）（2）　　D. （3）（4）（1）（2）

10. MCS-51 单片机串行口发送数据的次序是（　　）。

（1）待发送数据送 SBUF。

（2）硬件自动将 SCON 的 TI 置 1。

（3）经 TXD（P3.1）串行发送一帧数据完毕。

（4）用软件将 TI 清 0。

A. （1）（3）（2）（4）　　B. （1）（2）（3）（4）

C. （4）（3）（1）（2）　　D. （3）（4）（1）（2）

11. 8051 单片机串行口用工作方式 0 时，（　　）。

A. 数据从 RXD 串行输入，从 TXD 串行输出

B. 数据从 RXD 串行输出，从 TXD 串行输入

C. 数据从 RXD 串行输入或输出，同步信号从 TXD 输出

D. 数据从 TXD 串行输入或输出，同步信号从 RXD 输出

12. MCS-51 的串行数据缓冲器 SBUF 用于（　　）。

A. 存放运算中间结果　　B. 存放待发送或已接收到的数据

C. 暂存数据和地址　　D. 存放待调试的程序

三、多项选择题

1. 下列（　　）属于 8031 单片机串行通信时接收数据的过程。

A. SCON 初始化　　B. 从 RXD 串行输入数据

C. RI 置位　　D. 用软件将 RI 清 0

E. 从 SBUF 读数据

2. 下列（　　）属于 8031 单片机串行通信时发送数据的过程。

A. SCON 初始化　　B. 数据送 SBUF

C. 从 TXD 发送数据　　D. 置 TI 为 1

E. 用软件将 TI 清 0

四、判断题

1. 串行口通信的第 9 数据位的功能可由用户定义。（　　）

2. 发送数据的第 9 数据位的内容是在 SCON 寄存器的 TB8 位预先准备好的。 ( )

3. 串行通信发送时，指令把 TB8 位的状态送入发送 SBUF。 ( )

4. 串行通信接收到的第 9 位数据送 SCON 寄存器的 RB8 中保存。 ( )

5. 串行口方式 1 的波特率是可变的，由 T1 的溢出率设定。 ( )

6. 要进行多机通信，MCS-51 串行接口的工作方式应选为方式 1。 ( )

7. MCS-51 的串行接口是全双工的。 ( )

8. 串行口的中断，CPU 响应中断后，必须在中断服务程序中，用软件清除相应的中断标志位，以撤销中断请求。 ( )

9. 串行口数据缓冲器 SBUF 是可以直接寻址的专用寄存器。 ( )

五、计算与简答题

1. 已知 f_{osc}、SMOD 和波特率，试求串行方式 1 下 T1 的定时初值。

①f_{osc}=12 MHz，SMOD=0，波特率为 2 400 Bd;

②f_{osc}=6 MHz，SMOD=1，波特率为 1 200 Bd;

③f_{osc}=11.059 2 MHz，SMOD=1，波特率为 9 600 Bd;

④f_{osc}=11.059 2 MHz，SMOD=0，波特率为 2 400 Bd。

2. 串行缓冲寄存器 SBUF 有什么作用？简述串行口接收和发送数据的过程。

六、创新设计题

1. 利用矩阵键盘、数码管模块设计一个简易计算器，每当计算完成就将算式和结果通过串行通信方式传递给 PC，并通过串口调试助手显示出来。

2. 将两台单片机系统（包含矩阵键盘、数码管模块）用串口连接起来，通过串口方式进行简单的字母聊天。

模块7 A/D与D/A

在使用计算机进行工业控制和测量时，需要处理温度、压力、流量、速度、位移等物理量，这些物理量在时间和空间上都是连续变化的，称为模拟量。而计算机内部处理的数据都是二进制的，无论在时间还是空间上都是离散和有限的，称为数字量。

使用计算机处理这些现场获得的模拟量时，需要利用光电、压敏、热敏等元件把它们转换成模拟电流或模拟电压，再将模拟电流或者是电压转换为数字量，然后才能进入计算机进行数据处理。对于计算机处理的结果，同样需要转换成模拟电流或电压输出，从而作用于受控设备，实现计算机操控功能，如图 7-1 所示。这两个过程分别称为 A/D 转换（模/数转换）和 D/A 转换（数/模转换）。虽然一些高档的单片机内部已经集成了 A/D 与 D/A 功能，但是数量众多的普通单片机仍然需要外接芯片来实现 A/D 与 D/A 功能。

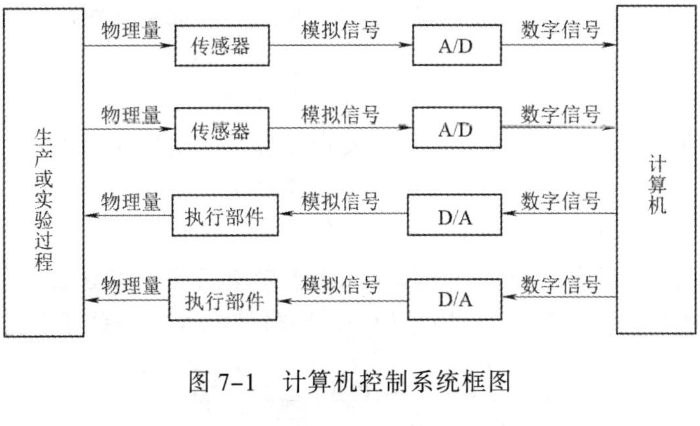

图 7-1　计算机控制系统框图

内容要点：

- D/A 转换器的工作原理与主要性能；
- A/D 转换器的工作原理与主要性能；
- 常见芯片 DAC0832、ADC0809 的应用；
- PCF8591 的特点与应用。

7.1 D/A 转换器

课件 A/D 与 D/A

D/A 转换器用来把数字量转换为模拟量，通常也称为 DAC。D/A 转换器的输出可以是电流也可以是电压，但大多数是电流信号。在大多数电路中，D/A 转换器输出的电流信号需要用运算放大器再次转换成电压输出。

1. D/A 转换器的工作原理

计算机内部所有的信息都是用二进制表示的。通过模块 1 的学习我们知道，二进制数字的每一位都有自己的位权，将每一位数字乘以它的位权，并计算代数和，就得到了这个二进制数字等值的十进制数。D/A 转换器的工作原理与此基本相同。图 7-2 为最简单的 D/A 转换电路。

视频 A/D 与 D/A

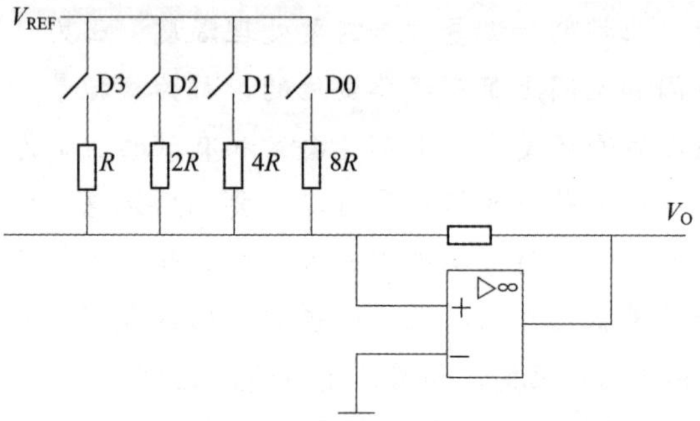

图 7-2 最简单的 D/A 转换电路

在图 7-2 中，V_{REF} 为基准电压，V_O 为输出电压，开关 D0~D3 对应二进制数的第 0 位至第 3 位，当开关打开时，对应输入了 0；闭合时，对应输入了 1。通过这个电路就能够把任意一个 4 位的二进制数字量转换成与之对应的一个模拟电压。

但是图 7-2 所示的电路并不实用，为了实现 4 位二进制数的 D/A 转换，电路中一共用了 4 种阻值呈倍数关系的特殊电阻，类推一下，要实现 8 位 D/A 转换就需要有 8 个不同阻值且阻值呈倍数关系的电阻。现实中能满足倍数关系，误差还不太大的电阻制造起来相对困难不易实现，因此在实际电路中，常用 T 型电阻网络实现上述电阻支路的功能。这时所需的电阻阻值只有 R 和 $2R$ 两种。采用 T 型电阻网络的 D/A 转换器如图 7-3 所示。

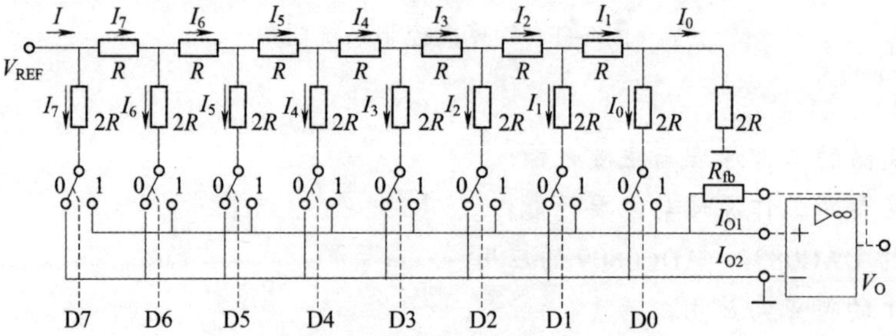

图 7-3 T 型电阻网络的 D/A 转换器

分析图 7–3 可知

整个电路的总电流为

$$I=\frac{V_{REF}}{R}$$

则各支电流分别为

$$I_7=\frac{I}{2^1},\quad I_6=\frac{I}{2^2},\quad I_5=\frac{I}{2^3},\quad I_4=\frac{I}{2^4},\quad \cdots,\quad I_0=\frac{I}{2^8}$$

当电路中对应的开关全部闭合即 D7~D0 全部为 1 时

$$I_{01}=I_7+I_6+I_5+\cdots+I_1+I_0=\frac{I}{2^8}\times(2^7+2^6+2^5+\cdots+2^1+2^0)$$

$$I_{02}=0$$

则输出的电压 $V_0=-I_{01}\times R_{fb}$，若 $R_{fb}=R$，则 $V_0=-I_{01}\times R$，将其与上式结合并化简，可以得到

$$V_O=-\frac{V_{REF}}{2^8}\times\sum_{i=0}^{7}D_i\times 2^i \qquad (D_i\text{取值为 0 或 1}) \qquad (7\text{–}1)$$

式（7–1）就是 8 位数/模转换的基本工作原理和基本计算公式。观察此式，能得出一个重要结论，就是输出的电压 $|V_0|$ 最大也不会超过 $|V_{REF}|$。

【课堂练习】有一个 8 位 D/A 转换器，其基准电压 V_{REF} 为–10 V，当输入量全 0 时、全 1 时模拟输出电压是多少？若输入量为 10101010 时，模拟输出电压是多少？

【分析】依据式（7–1）可知：若输入全为 0，则输出也为 0。

若输入全为 1，则 $V_O=-\frac{V_{REF}}{2^8}\times\sum_{i=0}^{7}D_i\times 2^i$

$$=-\frac{-10}{2^8}\times(1\times 2^7+1\times 2^6+\cdots+1\times 2^1+1\times 2^0)\ \text{V}$$

$$=9.96\ \text{V}$$

若输入为 10101010，则 $V_0=-\frac{-10}{2^8}\times(1\times 2^7+1\times 2^5+1\times 2^3+1\times 2^1)\ \text{V}$

$$=6.64\ \text{V}$$

课件 D/A 转换器的主要性能指标

视频 D/A 转换器的主要性能指标

2. D/A 转换器的主要性能指标

1）分辨率

分辨率是指输入数字量的最低有效位（LSB）发生变化时，所对应的输出模拟量（电压或电流）的变化量。即输入端的最小变化能够引起的输出模拟量的最小变化值。一般用输入数字量的位数来表示，也可以用最小输出电压与最大输出电压之比的百分数来表示。

D/A 转换器所能分辨的最小输出电压与输入数字量的位数之间有确定的关系，可以表示为

$$\text{最小分辨电压}=\frac{FS}{2^n-1} \qquad (7\text{–}2)$$

式中 *FS* 表示满量程输入值；n 为 D/A 转换器能够输入的二进制数字位数。

对于 5 V 的满量程，采用 8 位的 DAC 时，能分辨的最小电压为 5 V/255 = 19.6 mV；当采用 12 位的 DAC 时，能够分辨的最小电压为 5 V/4 095 = 1.22 mV。显然，位数越多，所能分辨的最小电压就越精细。

2）线性度

线性度（又称非线性误差）是实际转换特性曲线与理想直线特性之间的最大偏差。常以相对于满量程的百分数表示。如 ± 1%是指实际输出值与理论值之差在满刻度的 ± 1%以内。

3）精度

精度是指 D/A 转换的精确程度。精度能够表明模拟输出实际值与理想值之间的偏差。精度可以分为绝对精度和相对精度。

绝对精度通常简称精度，是指在刻度范围内，任一输入模拟量的实际输出值与理论值之间的最大误差。绝对精度是由 DAC 的增益误差（当输入数码为全 1 时，实际输出值与理想输出值之差）、零点误差（数码输入为全 0 时，DAC 的非零输出值）、非线性误差和噪声等引起的。绝对精度（即最大误差）应小于 1LSB。

相对精度是指满量程值校准后，任何数字输入的模拟输出值与理论值的偏差。相对精度与绝对精度表示同一含义，用最大误差相对于满刻度的百分比表示。

4）建立时间

建立时间是指从数字输入端发生变化开始，到模拟输出稳定在额定值的 ±（1/2）LSB 所需的时间。这是描述 D/A 转换速率的一个动态指标。

电流输出型 DAC 的建立时间短。电压输出型 DAC 的建立时间主要决定于运算放大器的响应时间。根据建立时间的长短，可以将 DAC 分成超高速（< 1 μs）、高速（1 ~ 10 μs）、中速（10 ~ 100 μs）、低速（≥100 μs）几挡。

课件 典型的 D/A 转换器芯片

此外，还有线性误差、微分线性误差等指标。应当注意，精度和分辨率具有一定的联系，但概念不同。DAC 的位数多时，分辨率会提高，对应于影响精度的量化误差会减小。但其他误差（如温度漂移、线性不良等）的影响仍会使 DAC 的精度变差。

3. 典型的 D/A 转换器芯片

视频 典型的 D/A 转换器芯片

D/A 转换器种类很多，功能与性质也不尽相同。不仅有电流输出芯片，还有电压输出的芯片，有 8 位的芯片，也有 12 位、16 位的芯片。根据其内部是否有输入数据，寄存器还可以分为两类。片内无输入数据寄存器的 D/A 芯片，其结构简单、价格低，但使用时不能直接与总线相连，如 AD7520、AD7521 等；另一类片内有输入数据寄存器，其内部结构相对复杂，但使用时可以直接与数据总线相连，如 DAC0832、DAC1210 等。

DAC0832 是使用非常普遍的 8 位 D/A 转换器，由于其片内有输入数据寄存器，故可以直接与单片机接口。DAC0832 以电流形式输出，当需要转换为电压输出时，可外接运算放大器。属于该系列的芯片还有 DAC0830、DAC0831，它们可以相互代换。

1）DAC0832 的主要特性

（1）电流输出型 D/A 转换器。

（2）数字输入端具有双重缓冲功能，可与所有通用微处理器直接接口。

（3）可以工作在双缓冲、单缓冲或直通和数字输入模式。

（4）满足 TTL 电平规范的逻辑输入。

（5）分辨率为 8 位，满刻度误差为 ± 1LSB，建立时间为 1 μs，功耗为 20 mW。

2）内部结构与引脚

DAC0820 芯片是具有 20 引脚的直插式芯片，采用 R–2R 的 T 型电阻解码网络，由二级缓冲寄存器和 D/A 转换电路及转换控制电路组成。其内部结构如图 7–4 所示。

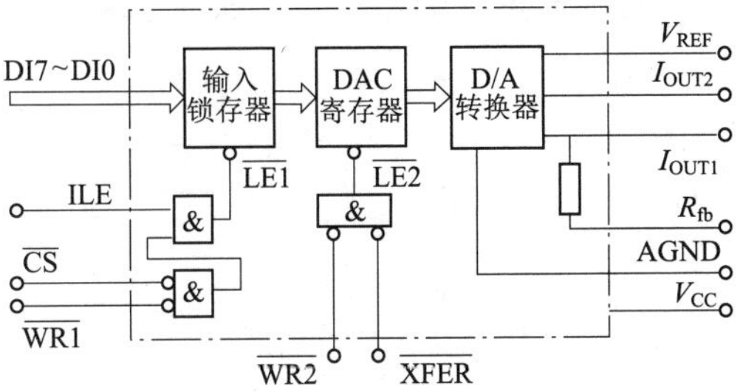

图 7–4　DAC0832 逻辑结构图

其主要的引脚有：

（1）与 CPU 相连的引脚：

①D0~D7：8 位数据输入端，D0 为最低端，D7 为最高端。

②ILE：锁存允许信号，输入高电平有效。输入锁存器的信号 $\overline{LE1}$ 由 ILE、$\overline{CS}$、$\overline{WR1}$ 的逻辑组合产生。当 ILE 为高电平、$\overline{CS}$ 为低电平、$\overline{WR1}$ 输入负脉冲时，$\overline{LE1}$ 信号变为高电平，输入锁存器的状态随着数据输入线的状态变化，$\overline{LE1}$ 的负跳变将数据线上的信息锁存在输入锁存器中。当 $\overline{WR1}$ 变为正脉冲时，$\overline{LE1}$ 变为低电平，输入数据被锁存在输入寄存器中。输入寄存器的输入不再随外部数据的变化而变化。

③ $\overline{WR1}$：写信号 1，输入低电平有效。当 $\overline{WR1}$、$\overline{CS}$、ILE 均有效时，可将数据写入锁存器。

④ $\overline{WR2}$：写信号 2，输入低电平有效。当其有效时，在传送控制信号 $\overline{XFER}$ 的作用下，可将锁存在输入锁存器中的 8 位数据送到 DAC 寄存器中。

⑤ $\overline{XFER}$：数据传送控制信号，输入低电平有效。当 $\overline{XFER}$ 为低电平时，$\overline{WR2}$ 输入负脉冲时，则在 $\overline{LE2}$ 产生正脉冲。$\overline{LE2}$ 为高电平时，DAC 寄存器的输出和输入锁存器状态一致，$\overline{LE2}$ 的负跳变将输入锁存器的内容锁入 DAC 寄存器。

（2）与外设相连的引脚：

I_{OUT1}、I_{OUT2}：电流输出引脚。电流 I_{OUT1} 和 I_{OUT2} 之和为常数，此常数对应于一个固定的、基准的满量程电流。

（3）此外还有其他引脚：

①R_{fb}：DAC0832 芯片内部反馈电阻引脚。

②V_{REF}：基准电压输入端，一般在 – 10 ~+10 V 之间，由外电路供电。

③V_{CC}：逻辑电源。在+5~+15 V 之间，最佳为+15 V。

④AGND、DGND：模拟接地与数字接地。

3）DAC0832 的 3 种工作方式：

（1）单缓冲工作方式。如果不需要多个模拟量同时输出或虽有多个模拟量输出但并不要求同步输出时，都可以采用单缓冲工作方式。在这种工作方式下，内部的两个寄存器处于直通状态。输入的数据只经过一级缓冲就送入到 D/A 转换电路。因此这种方式只需要一次写操作，就可以完成 D/A 转换。

在单缓冲工作方式下，$\overline{WR2}$ 和 $\overline{XFER}$ 接低电平，使得 DAC 寄存器处于直通状态，即默认 $\overline{CS}=\overline{XFER}=0$，ILE=1。它与微处理器的连接方式如图 7-5 所示。

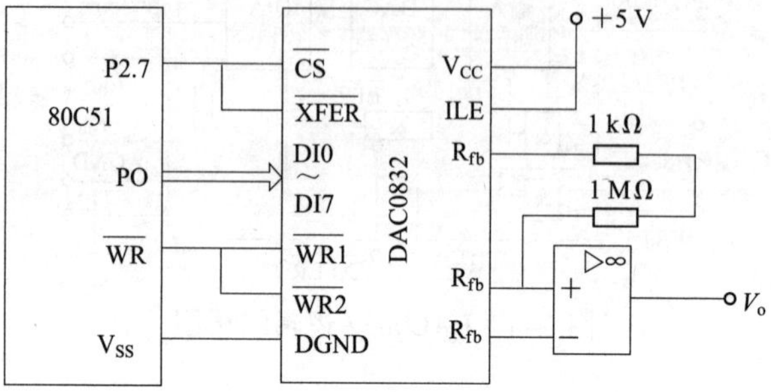

图 7-5　单缓冲工作方式连接实例

（2）双缓冲工作方式。该方式特别适合要求同时输出多个模拟量的场合。在这种工作方式下，数据经过双重的缓冲后再送入 D/A 转换电路中，需要执行两次写操作才能完成一次 D/A 转换。该方式可以在 D/A 转换的同时进行下一个数据的输入。也可以用多片 DAC0832 组成模拟输出系统，每片对应一个模拟量。其与微处理器的连接方式如图 7-6 所示。

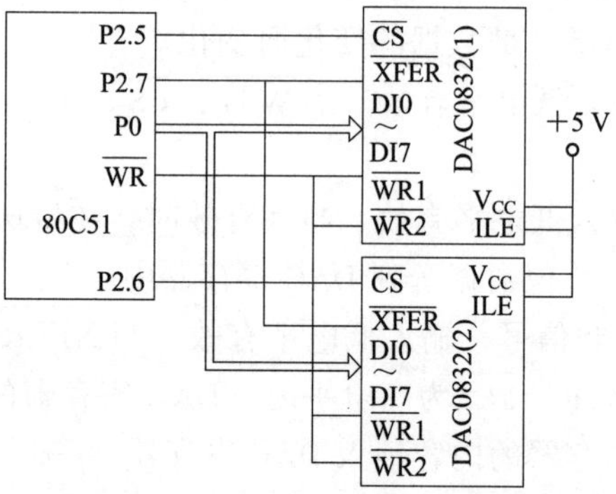

图 7-6　双缓冲工作方式连接实例

（3）直通工作方式。当 DAC0832 芯片的片选信号 $\overline{CS}$、写信号 $\overline{WR}$ 及传送控制信号 $\overline{XFER}$ 的引脚全部接地，允许输入锁存信号 ILE 引脚接 +5 V 时，DAC0832 芯片就处于直通工作方式，数字量一旦输入，就直接进入 DAC 寄存器，进行 D/A 转换。其与微处理器的连接方式如图 7-7 所示。

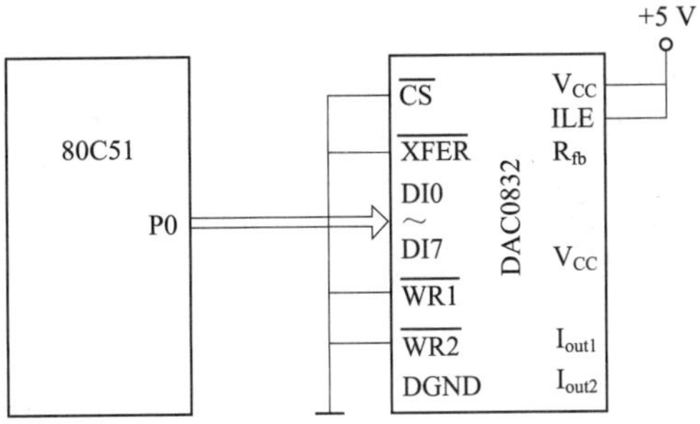

图 7-7 直通工作方式连接实例

课件 使用 DAC0832 产生锯齿波

视频 使用 DAC0832 产生锯齿波

【课堂练习】使用 DAC0832 产生正锯齿波。

【分析】锯齿波是常见的波形之一，标准锯齿波的波形如图 7-8 所示，先呈直线上升，随后陡落，再上升，再陡落，如此反复。使用 DAC0832 产生锯齿波，也就是使输入数据从高点开始，不断地下降，降至设定的幅度值后，再恢复到高点，这样不断重复就可以产生正向的锯齿波了。如果是从低点不断上升，至高点后再陡落，就是反向的锯齿波了。

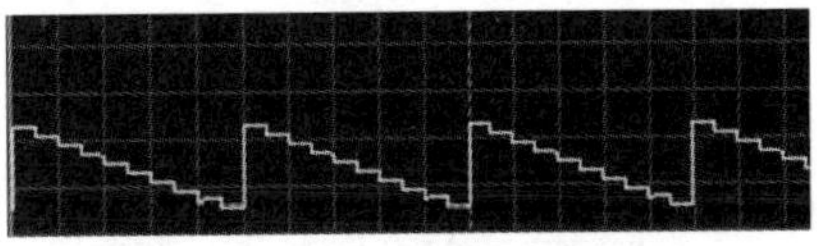

图 7-8 标准锯齿波

由于 DAC0832 的输出是电流型，要输出为电压信号，需要进行 I/V 转换。可以通过连接运算放大器来实现。将运算放大器的输出端连接到示波器，就可以在示波器的屏幕上看到生成的锯齿波了。DAC0832 与单片机的连接如图 7-9 所示。若要得到反向的锯齿波只需要双击 V_{REF} 端的电源，将其更改为-5 V，再次仿真运行，就会得到反向的锯齿波了。

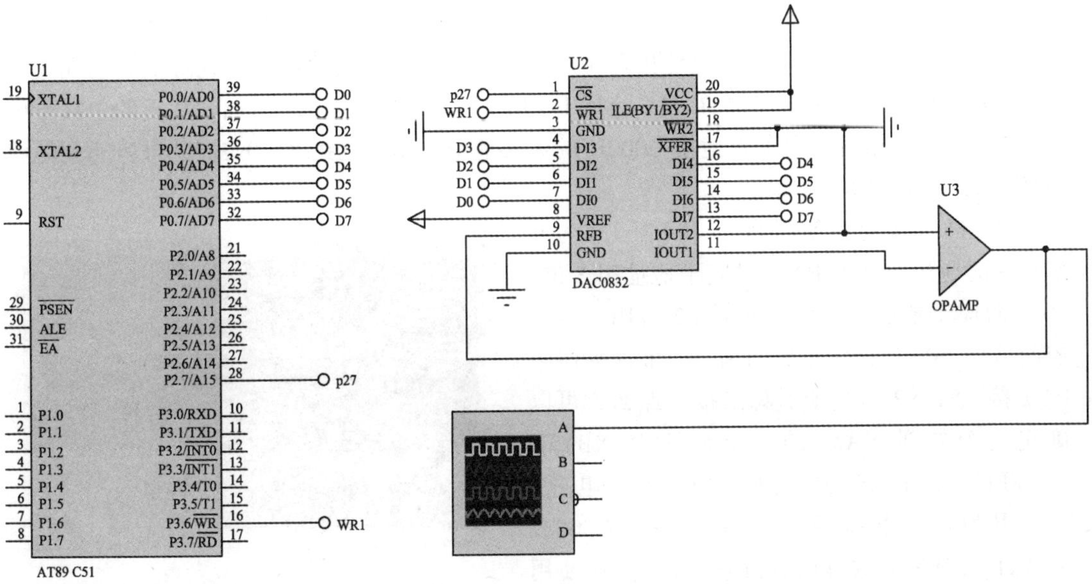

图 7-9 电路原理图

参考程序如下：

```
#include  <reg51.h>
#include  <absacc.h>                     //该文件用于定义存储器空间的绝对地址
#define  uchar  unsigned char
#define  uint  unsigned in
#define  DAC0832  XBYTE[0x7fff]          //定义 DAC0832 表示片外地址 0x7fff

void delay(uchar x)                      //延时函数
{
   uchar  y, z;
   for(y=x;y>0;y--)
   for(z=120;z>0;z--);
}

void  main()
{
  uchar  f=0, i=0;                       //设 f 为幅度,i 为阶梯计数,初始值均为 0
  while(1)
  {
     DAC0832=f;                          //输出阶梯幅度
     delay(10);
     i++;                                //阶梯计数增加
     if(i<10)                            //判断是否已达阶梯顶点
     f=f+10;                             //如未达到则幅度值继续增加
     else
     f=0,i=0;                            //已到阶梯顶点,幅度和阶梯数均回 0
  }
}
```

程序中的 XBYTE 是一个地址指针（可当成一个数组名或数组的首地址），它在头文件 absacc.h 中定义，指向外部 RAM（包括 I/O 口）的 0000H 单元，XBYTE 后面的中括号内的 0x7FFF 是指相对于内存首地址 0000H 的偏移地址，即用 XBYTE[0x7FFF]可访问到偏移地址为 0x7FFF 的 I/O 端口。

XBYTE 主要是在使用 P0 口和 P2 口作为外部扩展时应用，其中 P2 口对应于地址高 8 位，P0 口对应于地址低 8 位。此时 P2 口用于连接控制信号，P0 口作为数据通道。如上面程序中 P2.7 接 CS，P2 口其余引脚未接，那么就可以确定这个外部 RAM 的一个地址为 XBYTE [0x7FFF]，其中 CS 为低电平，其余为高电平。

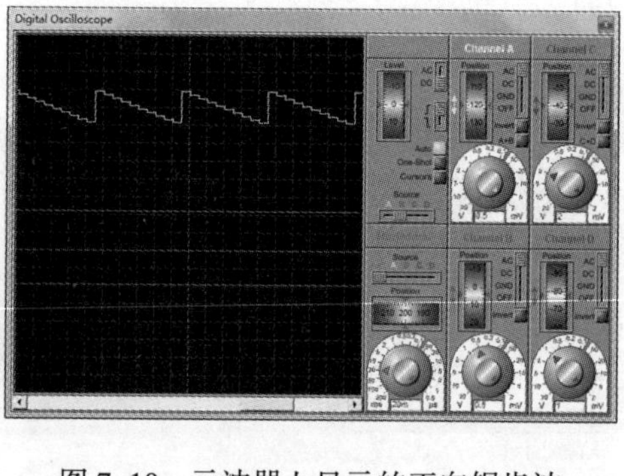

图 7-10　示波器上显示的正向锯齿波

因为前面预定义了“#define DAC0832 XBYTE[0x7FFF]”所以在后面就可以直接使用 DAC0832 对这个地址进行操作了。程序运行的结果如图 7-10 所示。

读者可以以此代码为基础，举一反三，稍做变换就可以输出梯形波和三角波了。

课件　A/D 转换器

7.2　A/D 转换器

视频　A/D 转换器

A/D 转换器是指通过一定的电路将模拟量转换为数字量，通常简称为 ADC。A/D 转换后，输出的数字信号有 8 位、10 位、12 位和 14 位等。在 A/D 转换中，因为输入的模拟信号在时间上是连续不断的，而输出的数字信号是离散的，所以在进行 A/D 转换时，必须在一系列选定的瞬间对模拟信号采样，然后再把这些采样值转换为数字量。一般的 A/D 转换过程通常由采样、保持、量化和编码 4 个步骤完成。

1. A/D 接口的组成

A/D 接口通常包括多路模拟开关、采样保持电路和 D/A 转换器等，如图 7-11 所示。

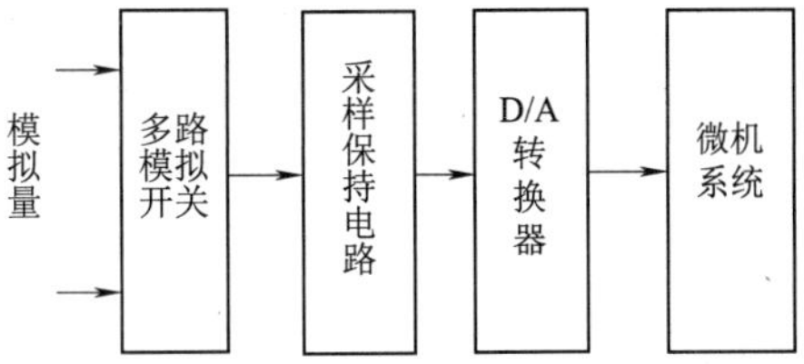

图 7-11　A/D 接口组成

2. 采样、量化和编码

1）采样和保持

通过采样可以将连续的模拟信号变换成不连续的离散信号。这个过程是通过多路模拟开关来实现的。模拟开关每隔一定的时间间隔闭合、断开一次，当一个连续的信号通过这个开关时，就形成了一系列的脉冲信号，称为采样信号。其原理如图 7-12 所示。

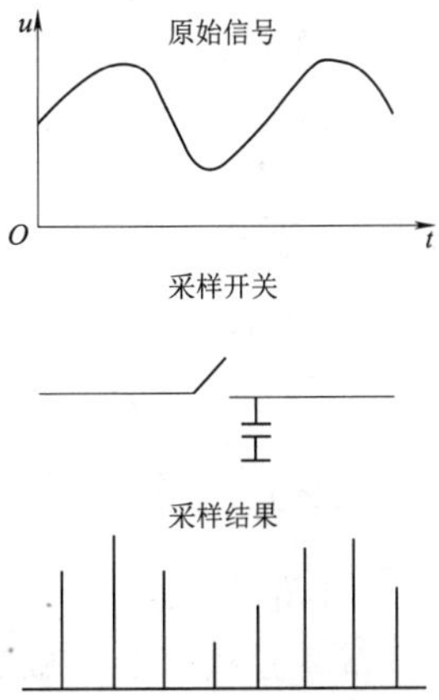

图 7-12　采样原理

采样定理指出，如果采样的频率大于或等于原始信号最大频率的 2 倍，那么所采集的信号就包含了原始信号的全部信息，即通过获得的离散信号可以不失真地恢复原始信号。

在现实生活中，A/D 采样频率一般设置为原始频率的 4~5 倍。

2）量化与编码

采样后的信号虽然在时间上不连续了，但幅度仍然是连续的，仍是一种模拟信号，必须经过量化才能真正转换为数字信号。

数字信号不仅在时间上是离散的，而且数值上的变化也不是连续的。也就是说，任何一个数字量的大小，都是以某个最小数量的整数倍来表示的。因此，在用数字量表示采样信号时，也必须把它转换成最小数量单位的整数倍，这个转换过程，就称为量化。把量化的数值用二进制代码表示出来，就是编码。这个二进制编码就是 A/D 转换的输出信号。

当然在量化过程中不可避免地会出现误差，这个误差就称为量化误差，主要是由于对最小的数量单位不能被整除需要舍入而引起的。

3. A/D 转换的类型

A/D 转换器种类繁多，品种和规格复杂，分类方法也不统一。

按照工作原理分为：计数式 A/D 转换器、逐次逼近式 A/D 转换器、双积分式 A/D 转换器、并行 A/D 转换器等。逐次逼近式 A/D 转换器的工作原理如图 7-13 所示。

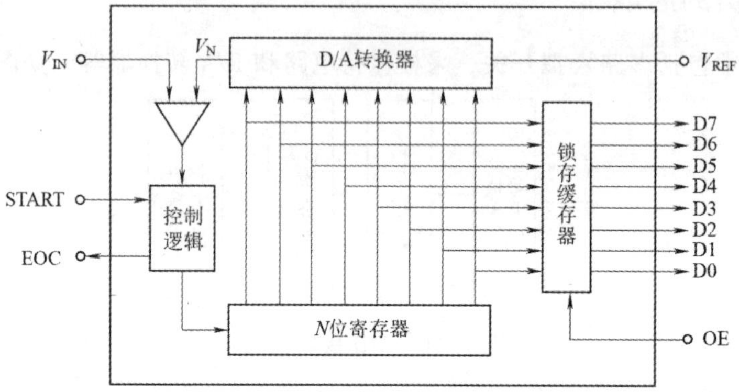

图 7-13 逐次逼近式 A/D 转换器的工作原理

按转换方法分为：直接 A/D 转换器（将模拟量直接转换成数字量）、间接 A/D 转换器（将模拟量转换成中间量，再将中间量转换成数字量）。

按分辨率分为：二进制的 4 位、6 位、8 位、10 位、12 位、14 位、16 位和 BCD 码的 3 位半、4 位半、5 位半等。

按转换速度分为：低速（转换时间≥1 s）、中速（转换时间≥1 ms）、高速（转换时间≥1 μs）和超高速（转换时间≥1 ns）。

按输出方式分为：并行、串行、串并行等。

4. 主要性能指标

1）分辨率

分辨率是指 A/D 转换器对输入信号的分辨能力。通常用能转换成的数字量（二进制）的位数来表示。在最大输入电压一定的情况下，输出位数越多，量化的单位就越小，分辨率就越高。如用一个分辨率为 10 位 A/D 转换器（最大输入模拟电压为 - 10 ~+10 V）能分辨的最小模拟电压为 10 mV（$10\ V \times 1/2^{10}=10\ mV$）。

【课堂练习】某信号采集系统要求用一片 A/D 转换集成芯片在 1 s 内对 16 个热电偶的输出电压分时进行 A/D 转换。已知热电偶输出电压为 0~0.025 V（对应于 0~450 ℃温度范围），现在需要分辨的温度为 0.1℃，试问应当选择多少位的 A/D 转换器，其转换时间为多少？

【分析】对于 0~450 ℃的温度范围，信号电压的变化范围为 0~0.025 V，要求能分辨出温度为 0.1℃的变化，这相当于 0.1/450 即 1/4 500 的分辨率。而 12 位 A/D 转换器的分辨率为 $\frac{1}{2^{12}}$=1/4 096>1/4 500，因此，至少要选用 13 位的 A/D 转换器，才能达到预期的分辨率。

系统在 1 s 内对 16 个热电偶采样，即采样速率为每秒 16 次，则采样时间为 62.5 ms。

2）转换时间

转换时间是指 A/D 转换器从转换控制信号到来开始，到输出端输出稳定的数字信号所经历的时间。转换时间越短，则转换速度就越快。

3）转换误差

转换误差是指 A/D 转换器实际输出的数字量与理论输出数字量之间的差别。转换误差是指实际的转换点偏离理想特性的误差，一般用最低有效位来表示。如给出相对误差≤LSB/2，这就表明实际输出的数字量和理论上应得到的输出数字之间的误差小于最低位的一半。

4）绝对精度

绝对精度是指在输出端产生给定的数字量，实际需要的模拟输入值与理论上要求的模拟输入值之差。

5）相对精度

相对精度指的是满刻度值校准以后，任意数字输出所对应的实际模拟输入值（中间值）与理论值（中间值）之差。

课件　典型的 A/D 转换器芯片 ADC0809

视频　典型的 A/D 转换器芯片 ADC0809

5. 典型的 A/D 转换器芯片 ADC0809

1）主要特性

（1）8 路输入通道，8 位 A/D 转换器，即分辨率为 8 位。

（2）具有转换启停控制端。

（3）转换时间为 100 μs（时钟频率为 640 kHz 时），130 μs（时钟频率为 500 kHz 时）。

（4）单个+5 V 电源供电。

（5）模拟输入电压范围 0 ~ +5 V，不需零点和满刻度校准。

（6）工作温度范围为-40 ~ +85 ℃。

（7）低功耗，约 15 mW。

2）内部结构

ADC0809 是 CMOS 单片型逐次逼近式 A/D 转换器，内部结构如图 7-14（a）所示，它由 8 路模拟开关、地址锁存与译码器、比较器、8 位开关树状 A/D 转换器、逐次逼近寄存器、逻辑控制和定时电路组成。

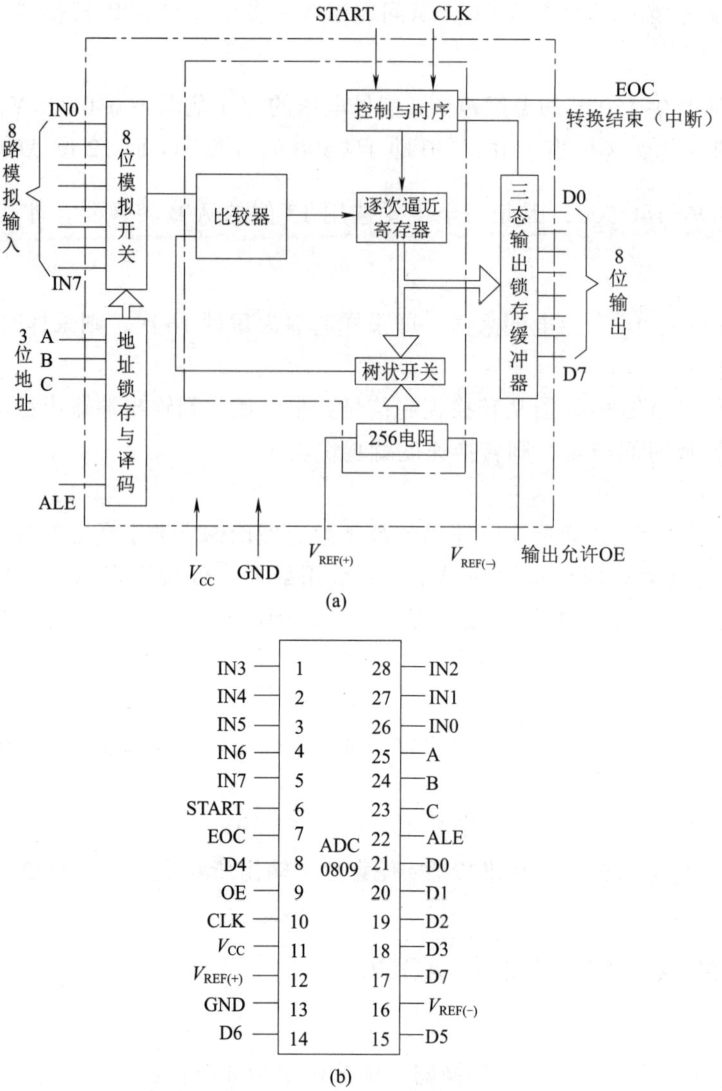

图 7-14　ADC0809 结构图

3）外部特性（引脚功能）

ADC0809 芯片有 28 个引脚，采用双列直插式封装，如图 7-14（b）所示。

IN0 ~ IN7：8 路模拟量输入端。

D0 ~ D7：8 位数字量输出端。

A、B、C：3 位地址输入线，用于选通 8 路模拟输入中的一路。

ALE：地址锁存允许信号，输入，高电平有效。

START：A/D 转换启动脉冲输入端，输入一个正脉冲（至少 100 ns 宽）使其启动（脉冲上升沿使 ADC0809 复位，下降沿启动 A/D 转换）。

EOC：A/D 转换结束信号，输出，当 A/D 转换结束时，此端输出一个高电平（转换期间一直为低电平）。

OE：数据输出允许信号，输入，高电平有效。当 A/D 转换结束时，此端输入一个高电平，才能打开输出三态门，输出数字量。

CLK：时钟脉冲输入端。要求时钟频率不高于 640 kHz。

$V_{REF(+)}$、$V_{REF(-)}$：基准电压。

V_{CC}：电源，单一+5 V。

GND：地。

4）工作过程

首先输入 3 位地址信号，并使 ALE=1，同时将地址存入地址锁存器中。此地址经译码器后选通了 8 路模拟输入中的一路送到比较器。START 信号的上升沿使逐次逼近寄存器复位。它的下降沿启动 A/D 转换器工作。然后 EOC 输出信号变低，表明转换工作正在进行。直到 A/D 转换完成，EOC 变为高电平，表示 A/D 转换结束，转换结果已经存入锁存器。同时，EOC 信号变为高电平（可用作中断申请信号）。当 OE 输入高电平时，输出三态门打开，转换结果的数字量就输出到数据总线上，完成一次转换。

5）转换数据传送

A/D 转换后得到的数据应及时传送给单片机进行处理。数据传送的关键问题是如何确认 A/D 转换的完成，因为只有确认完成了转换，才能进行传送。为此可采用下述 3 种方式。

（1）定时传送方式。对于任何一种 A/D 转换器来说，转换时间作为一项技术指标都是已知的、固定的。例如，ADC0809 转换时间为 128 μs，相当于 6 MHz 的 51 单片机的 64 个机器周期。可据此设计出一个延时子程序，A/D 转换启动后即调用此子程序，延迟时间一到，转换肯定已经完成了，接着就可进行数据传送。这一过程与去火车站接客人的过程很类似，只要火车按规定时间到站，随车旅客就能准时到达目的地。

（2）查询方式。A/D 转换芯片有专门用来标识转换完成的状态信号，例如 ADC0809 的 EOC 信号。因此可以用查询方式，不断测试 EOC 的状态，以确认转换是否完成，并接着进行数据传送。这一过程与接收快递的方式很类似，顾客不断地询问快递员是否已经到达送货地点，一旦快递员到了，就可以办理接收货物了。

课件　A/D 与 D/A 芯片 PCF8591

（3）中断方式。把标志转换完成的状态信号（EOC）作为中断请求信号，以中断方式进行数据传送。这一方式与接电话方式很类似，电话铃声响起，表示有电话了，用户才去接电话。

不管使用上述哪种方式，只要一旦确定转换完成，即可通过指令进行数据传送。转换结束后，还要使 OE 信号有效，才可以把转换的数据送出，供单片机接收。

视频　A/D 与 D/A 芯片 PCF8591

7.3　PCF8591 的使用

A/D 与 D/A 是单片机发挥控制核心作用，不可缺少的接口。通过 A/D 接口实现模拟到数字的转换，可以把获取的外部信号转换成单片机可以识别的数字信号；而 D/A 接口实现了数字到模拟的转换，也就是把单片机发布的控制指令变成机械设备可以识别的模拟信号（电压或电流）输出。

A/D 与 D/A 是两个不同的接口，工作的侧重点也不同。现在一些比较高端的单片机，比如 STC 的最新产品都在单片机内部集成了 A/D 与 D/A 功能。由于早期的单片机中并不含有 A/D 和 D/A 接口，就需要使用专门的 A/D 或 D/A 芯片来分别实现模/数或数/模的转换功能，而 PCF8591 则是一款同时集成了 A/D 与 D/A 处理的芯片，基于 I^2C 总线工作，其功能强大、操作简便，所以广受欢迎。

1. PCF8591 的封装与引脚

PCF8591 是 NXP 公司生产的，同时具备 A/D 和 D/A 功能的单片、单电源、低功耗 8 位 CMOS 数据采集器件。该芯片具有 DIP16 和 SO16 两种封装，如图 7-15 所示。PCF8591 共有 16 个引脚，其中有 3 个地址引脚 A0、A1 和 A2 用于编程硬件地址，因此允许将最多 8 个器件连接至 I^2C 总线。该器件的地址、控制和数据通过两线双向 I^2C 总线传输。其功能包括多路复用模拟输入、片上跟踪和保持功能、8 位模/数转换和 8 位数/模转换。最大转换速率取决于 I^2C 总线的最高速率。

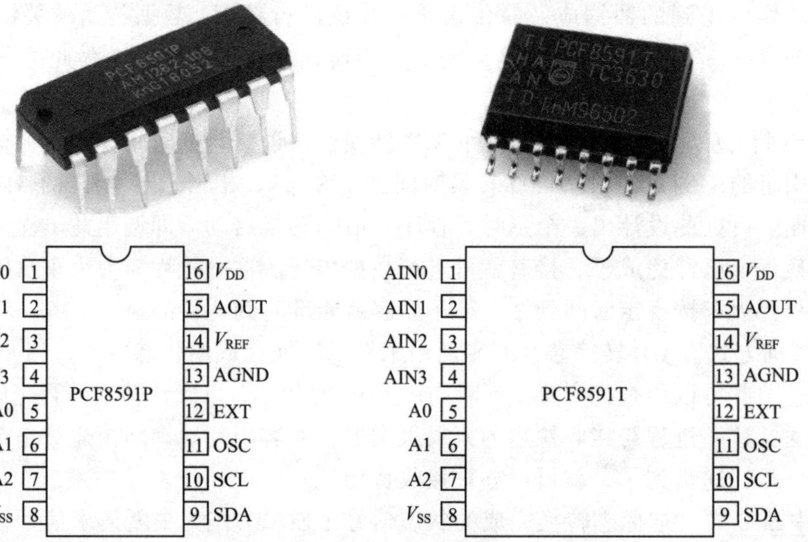

图 7-15　PCF8591 的两种封装和逻辑引脚

由图 7-15 可知：

A0、A1、A2：是地址引脚，是用来确定使用芯片地址的。如果应用中只用到一个 PCF8591 芯片，这 3 个引脚可以全部接低电平，即其地址的低 3 位全部为 0。

AIN0~AIN3：是 4 路模拟输入端，用来采集模拟信号，可通过控制字选定当前采集的是哪一路模拟信号。

AOUT：该引脚是 D/A 转换后结果的输出引脚。

EXT 和 OSC：是 PCF8591 使用晶振时的控制引脚。当使用外部晶振时，EXT 取高电平；

否则为低电平。使用外部晶振时 OSC 接外部晶振。

SCL 和 SDA：这两个引脚是 I^2C 总线进行数据传输的双向数据线。数/模转换的数据通过 I^2C 总线发出，转换的结果由 AOUT 和 OUT 引脚输出；模/数转换的数据可由 I^2C 总线传输至单片机。

2. PCF8591 的地址

使用 PCF8591 必须知晓其操作地址，因为这是一个支持 I^2C 总线的设备，所以其地址由两部分构成：一部分是半导体公司出厂时确定的地址（高 4 位），另一部分是通过芯片引脚设定的芯片地址，最后还有一位是确定读/写方向的。其地址信息如图 7–16 所示。

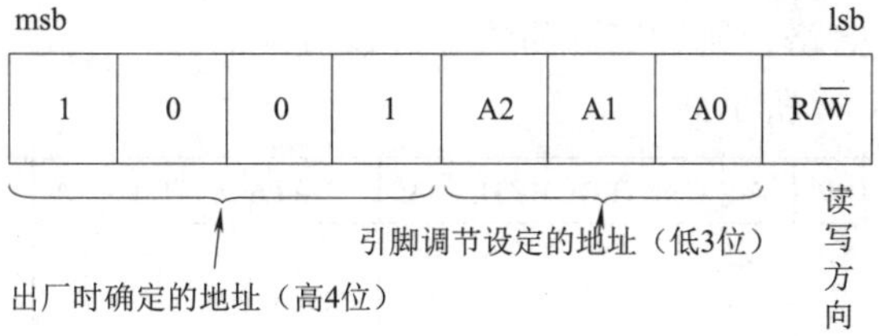

图 7–16　PCF8591 的地址信息

如果 I^2C 总线上只连接了一个 PCF8591 芯片，一般就将 A2、A1、A0 设置为 0，所以其操作地址有两个：一个是读地址 0x91，一个是写地址 0x90。

3. PCF8591 的控制字

使用 PCF8591 芯片，发送到 PCF8591 的第二个字节被存储在控制寄存器，作为芯片控制字用于控制芯片的功能。控制字的高 4 位用于控制是否允许模拟输出，以及控制模拟输入的状态（通过编程可设为单端输入或差分输入）。低 4 位用于选择当前转换的模拟输入通道，以及设定自动增量标志，设定了自动增量标志后每次 A/D 转换后通道号将自动增加。其控制字如图 7–17 所示。

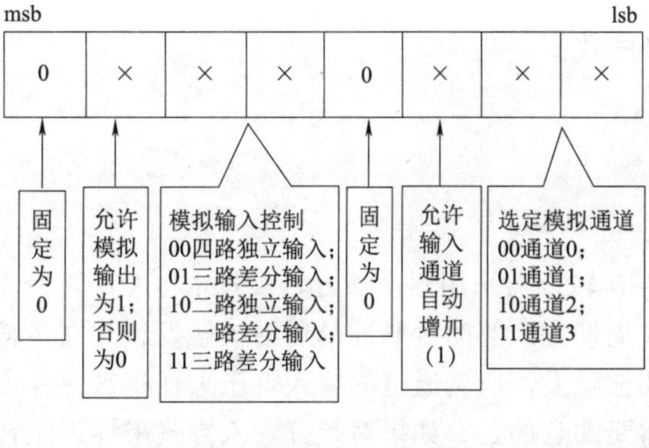

图 7–17　PCF8591 的控制字

4. D/A 转换

如果设定为 D/A 转换功能，则发送到 PCF8591 的第三个字节被存储到 DAC 数据寄存器，并使用芯片上 D/A 转换器转换成对应的模拟电压。这个 D/A 转换器由连接至外部参考电压的电阻分压电路（具有 256 个接头）和选择开关组成，由接头译码器切换一个接头至 DAC 输出线，即完成 D/A 转换。转换输出的模拟电压将会一直保持，直至接收到新的数据字节为止。输出的模拟电压值可按如下公式计算得出。

$$V_{AOUT}=V_{AGND}+\frac{V_{REF}-V_{AGND}}{256}\sum_{i=0}^{7}D_i\times 2^i。\qquad（7-3）$$

调整输入的数值大小，其输出的模拟电压也会随之变化。假设参考电压 V_{REF} 取值为 5 V，V_{AGND} 为 0 V，如果此时输入数据为 10101010，则按理论公式 V_{AOUT} 应为 3.320 132 5 V。读者可以使用面包板搭建实验电路，通过实际测量进行数值验证。

其转换时序如图 7-18 所示。

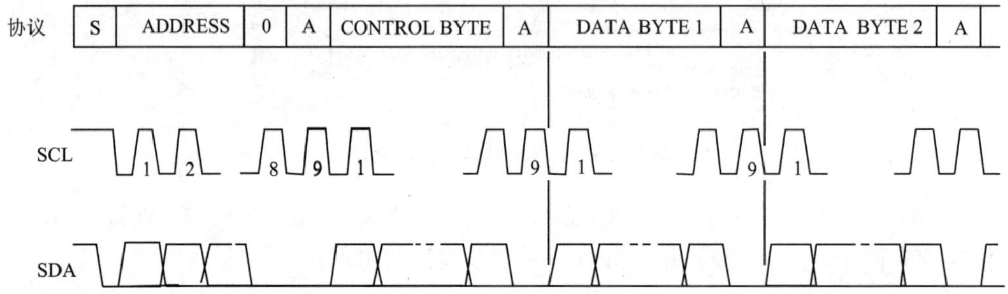

图 7-18　D/A 转换时序图

由图 7-18 可以看出，使用 PCF8591 进行 D/A 转换的步骤如下：

（1）发出起始信号。

（2）发送 PCF8591 的写地址。

（3）应答信号。

（4）发送 PCF8591 的控制字。

（5）应答信号。

（6）发送需要转换的数值。

（7）应答信号。

（8）完成转换。

5. A/D 转换

PCF8591 芯片的 A/D 转换器采用逐次逼近转换技术。A/D 转换周期开始于向 PCF8591 发送读地址。A/D 转换周期在应答时钟脉冲的后沿被触发，并在传输前一次转换结果时执行。一旦一个转换周期被触发，所选通道的输入电压采样将被保存到芯片，并被转换为对应的 8 位二进制码。需要注意的是，如果对差分输入方式采样，则转换结果是 8 位的二进制补码。

转换结果被保存在 ADC 数据寄存器等待传输。如果自动增量标志被置 1，将自动选择下一个通道进行采集转换。读周期传输的第一个字节包含前一次读周期的转换结果。芯片上电复位之后读取的第一个字节是 0x80。PCF8591 芯片的最高 A/D 转换速率取决于实际的 I^2C 总线的传输速度。

A/D 转换时序如图 7-19 所示。

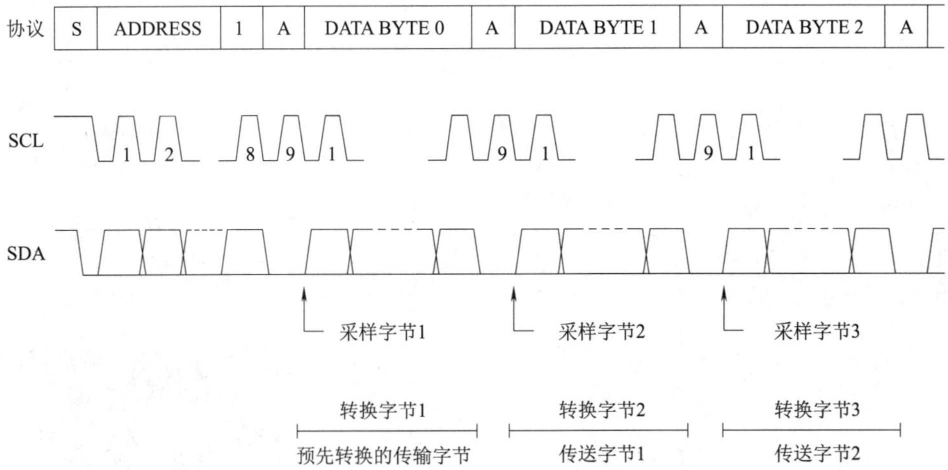

图 7-19　A/D 转换时序图

由图 7-19 可以看出，使用 PCF8591 进行 A/D 转换的步骤如下：

（1）发出起始信号。

（2）发送读地址信号。

（3）应答信号。

（4）读转换结果。

（5）应答信号。

（6）继续读转换结果或结束。

【课堂练习】应用 PCF8591 读取光照数值。

【分析】应用光敏电阻可以将光线强度变化转换为电流变化。应用 PCF8591 的 A/D 转换功能，即可将当前的光线强度以数值形式展示出来。

光敏电阻是用硫化镉或硒化镉等半导体材料制成的特殊电阻器，其工作原理是基于内光电效应。随着光照强度的升高，电阻值迅速降低。在无光照时，呈高阻状态，暗电阻一般可达 1.5 MΩ；在光照条件下，亮电阻可小至 1 kΩ 以下。光敏电阻对光的敏感性（即光谱特性）与人眼对可见光 0.4~0.76 μm 的响应很接近，只要人眼可感受的光，都会引起它的阻值变化。光敏电阻的特殊性能，随着科技的发展将得到极其广泛应用。在 Proteus 中可以使用 LDR 模拟光敏电阻。具体电路原理图如图 7-20 所示。

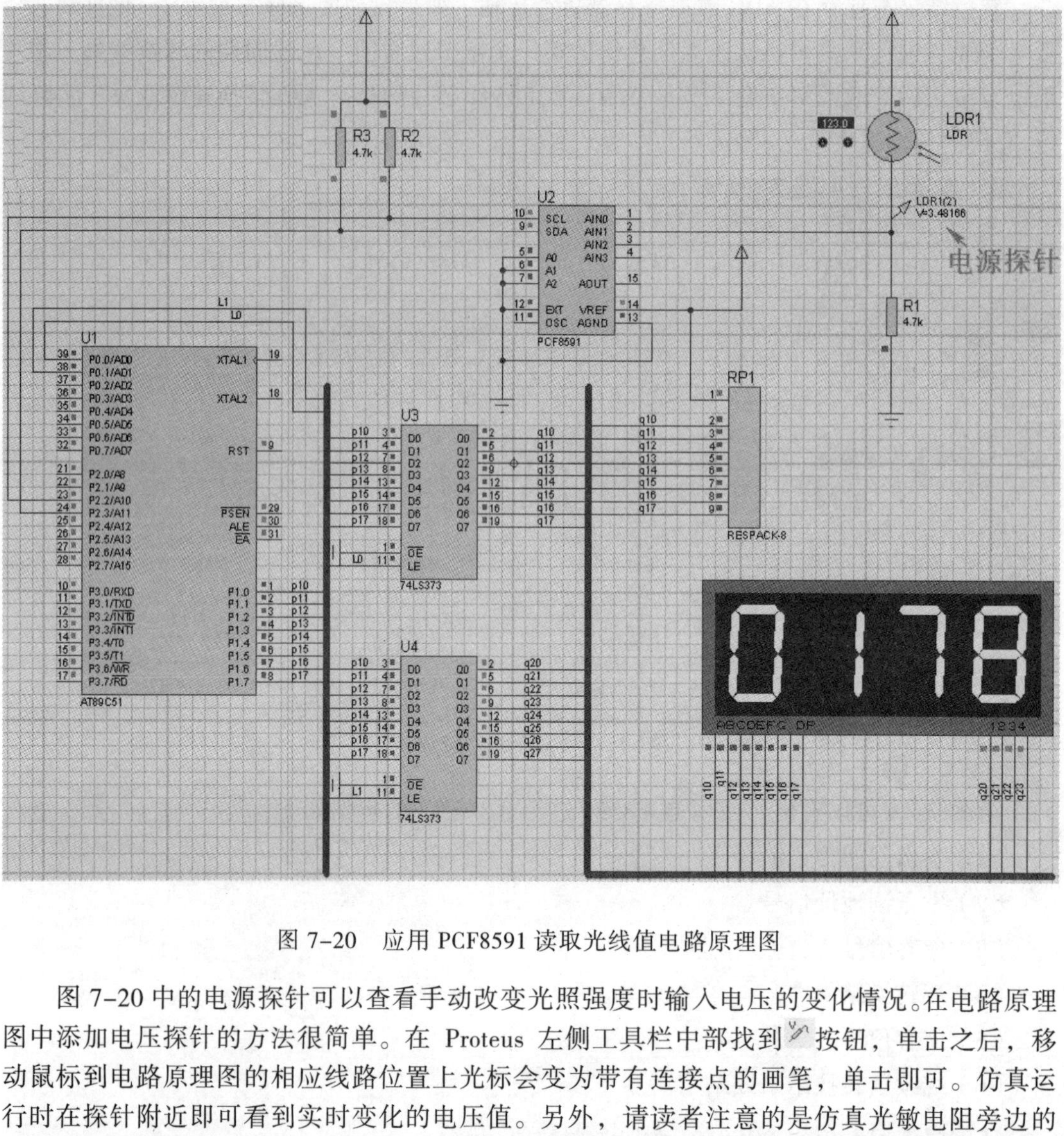

图 7-20　应用 PCF8591 读取光线值电路原理图

图 7-20 中的电源探针可以查看手动改变光照强度时输入电压的变化情况。在电路原理图中添加电压探针的方法很简单。在 Proteus 左侧工具栏中部找到按钮，单击之后，移动鼠标到电路原理图的相应线路位置上光标会变为带有连接点的画笔，单击即可。仿真运行时在探针附近即可看到实时变化的电压值。另外，请读者注意的是仿真光敏电阻旁边的数字为光照值（单位：lm），而数码管显示的数值是对光敏电阻阻值变化时导致电压变化，这个变化的电压经 PCF8591 转换后得到的数值。其计算方法：电路的参考电压是 5 V，A/D 转换的分辨率是 5/256 V=0.019 531 25 V，用得到的数值 178 × 0.019 531 25 V=3.476 562 5 V，与探针测得的结果（3.481 66 V）十分接近。

参考程序如下：

```
#include <reg51.h>
#define uchar unsigned char
#define uint unsigned int

sbit duan=P0^0;
sbit wei=P0^1;
```

```
sbit SDA=P2^3;
sbit SCL=P2^2;

uchar  dm[]={0x3f,0x06,0x5b,0x4f,0x66,0x6d,0x7d,0x07,0x7f,0x6f};
uchar  wm[]={0xfe,0xfd,0xfb,0xf7,0xef,0xdf,0xbf,0x7f};

uchar dsp[]={0,0,0,0};    //显示数组


//延时函数
void delay(uint z)
{
   uchar x;
   for(;z>0;z--)
   for(x=120;x>0;x--);
}
//另一个较短时间的延时函数
void delayUs()
{;;}

//开始信号
void start()
{
   SDA=1;
   SCL=1;
   delayUs();
   SDA=0;
   delayUs();
   SCL=0;
}
//停止信号
void stop()
{
   SDA=0;
   SCL=1;
   delayUs();
   SDA=1;
   delayUs();
}

void ack()
{
   SDA=0;
   delayUs();
   SCL=1;
   delayUs();
   SCL=0;
}
//数据发送
void write(uchar c)
```

```
{
   uchar bite;
    for(bite=0;bite<8;bite++)
    {
         if((c<<bite)&0x80)SDA=1;
         else SDA=0;
         SCL=1;
         delayUs();
         SCL=0;
    }
    SDA=1;
    delayUs();
    delayUs();
    delayUs();
}
//接收函数
uchar read()
{
  uchar byte,bite;
  SDA=1;
  for(bite=0;bite<8;bite++)
     {
       SCL=0;
       delayUs();
       SCL=1;
       delayUs();
       byte<<=1;
       if(SDA==1)byte+=1;
      }
    SCL=0;
    delayUs();
    return(byte);
}
//显示函数
void display(uchar posi,uchar total)
{
     static uchar i=0;
     //消影
     P1=0xff;
     wei=1;
     wei=0;
     //送位选码
     P1=wm[i+posi];
     wei=1;
     wei=0;
     //送段选码
     P1=dsp[i];
     duan=1;
     duan=0;
```

```
    i++;
    if(i==total)
    i=0;
}
//定时器初始化
void init(void)
{
    TMOD |= 0x01;
    EA=1;
    ET0=1;
    TR0=1;
}
//初始化 PCF8591
void initpcf(uchar ch){
    start();
    write(0x90);
    ack();
    write(0x40|ch);
    ack();
    stop();
}

//读取数值
uchar readpcf()
{
   uchar z;
   start();
   write(0x91);
   ack();
   z=read();
   stop();
   return(z);
}

void main()
{
  uchar num=0;
  init();           //初始化时钟
  initpcf(0x01);    //初始化 PCF8591

  while(1)
  {
        num=readpcf();        //读取 A/D 转换后的数值
        //将获得的数值进行分离，为数码管模块显示准备数据
        dsp[0]=dm[num/1000];
        dsp[1]=dm[num/100];
        dsp[2]=dm[(num%100)/10];
        dsp[3]=dm[(num%100)%10];
```

```
        delay(100);
    }
}

void timer0( ) interrupt 1
{
  TH0=(65536-2000)/256;      //重新赋值
  TL0=(65536-2000)%256;
  display(0,4);               //显示函数

}
```

PCF8591既能进行A/D转换也能进行D/A转换，其电路搭建简单，代码容易，应用十分广泛，请读者开动脑筋，开拓思维，在自己的专业领域内设计更多使用该芯片的应用项目。

课件 使用ADC0808实现温度报警

视频 使用ADC0808实现温度报警

7.4 实验：使用ADC0808[①]实现温度报警

【实验目的】

熟练掌握模/数转换芯片ADC0808的工作原理及其在日常生活当中的应用。

【实验内容】

使用单片机和ADC0808芯片共同组成温度报警电路。当实测温度低于60 ℃时，黄灯闪烁，并拉响警报；当实测温度高于160 ℃时，红灯闪烁，并拉响警报。

【实验准备】

采用软件仿真的方式完成。

需要用到以下软件：Keil、Proteus。

在Proteus中采用滑动变阻器来代替温度检测模块，可通过改变滑动变阻器的电阻来改变温度。在实际应用中可以采用温度传感器来获取实时温度信息。

【实验过程】

（1）启动Proteus ISIS，挑选所需元件（见表7-1）。

表7-1 所需元件列表

序号	元件名称（英文）	中文名称或含义
1	AT89C51	Atmel公司生产的51系列单片机
2	7SEG-MPX4-CC-BLUE	4位共阴极数码块
3	POT-HG	滑动变阻器
4	RES	电阻
5	SOUNDER	扬声器
6	RESPACK	排阻（带有8个引脚，并有公共端）
7	ADC0808	模/数转换芯片

① ADC0808与ADC0809在功能方面十分相似，但在精度、运行速度及设计上有所差异，在具体使用中需要认真阅读手册做出合适选择。这里选择ADC0808是因为在Proteus仿真实验中ADC0808的效果较好。

（2）设计仿真的模拟电路图，如图 7-21 所示，并保存文件。

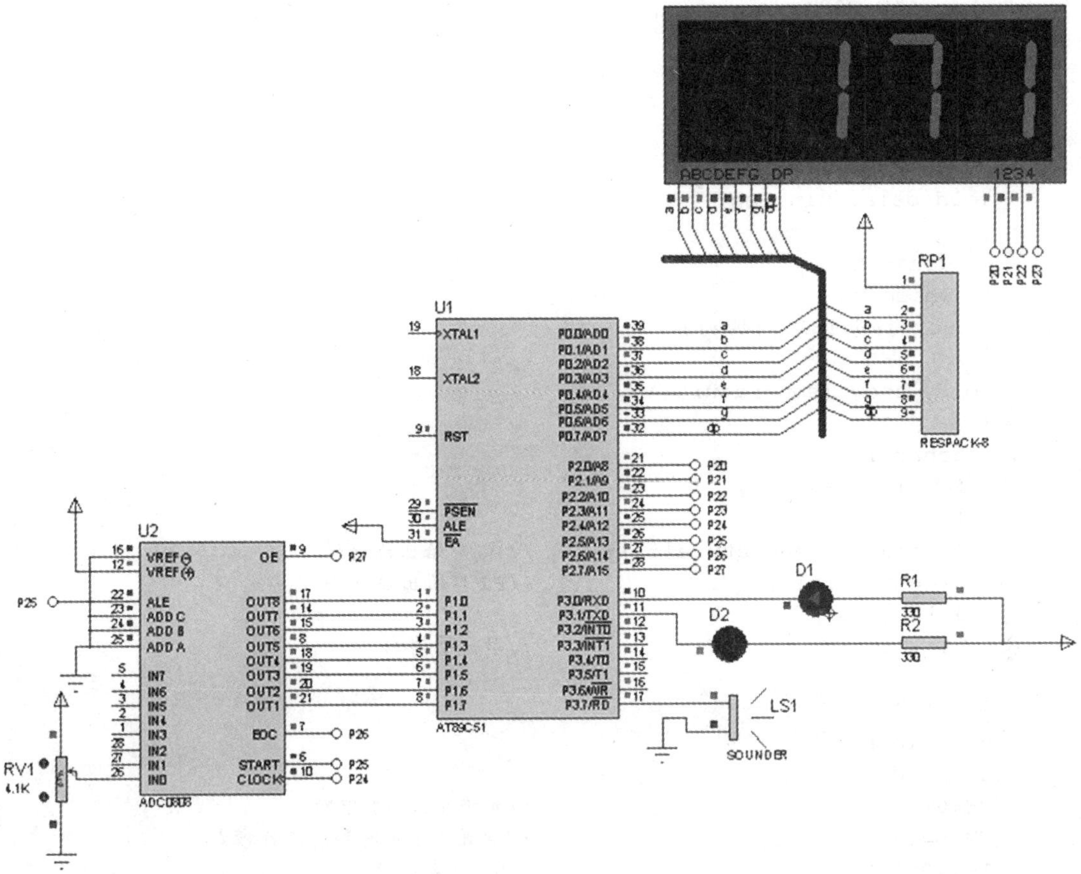

图 7-21　电路原理图

（3）依据电路原理图，在 Keil 中编写程序，进行编译，生成 HEX 文件。

（4）将 HEX 文件写入单片机中，进行联机调试。

（5）检查运行结果，再次修改调试，直至达到预期目的。

【参考程序】

```
#include <reg51.h>
#define uchar unsigned char
#define uint unsigned int
//共阴极数码管的段选码
uchar  code  table[]={0x3f,0x06,0x5b,0x4f,0x66,0x6d,0x7d,0x07,
                     0x7f,0x6f};
//数码管的位选码
uchar  code  table1[]={0xf7,0xfb,0xfd,0xfe};
//数码管中显示的具体内容
uchar  temperature[]={0,0,0};
sbit ST=P2^5;
```

```
sbit OE=P2^7;
sbit EOC=P2^6;
sbit CLK=P2^4;
sbit H_LED=P3^0;
sbit L_LED=P3^1;
sbit BEEP=P3^7;
uchar t=0;

void delay(uint ms)
{
   uchar i;
   while(ms--)
   for(i=0;i<113;i++);
}
void  show_Temperature()
{
  uchar i,
  for(i=0;i<4;i++)
  {
  P0=table[temperature[i]];        //P0 口给出段选码
  P2&=table1[i];                   //P2 口给出位选码
  delay(5);
  P2|=0x0f;                        //数码管消影
  }
}
void main(){
uchar d;
IE=0x8a                            //允许 T0、T1 中断
TMOD=0x12;                         //设置两个定时器的工作模式
TH0=0xf5;                          //T0 设定初值
TL0=0xf5;
TH1=(65536-1000)/256;              //T1 设定初值
TL1=(65536-1000)%256;
TR0 = 1;                           //T0 启动，为 ADC0808 提供时钟
H_LED=L_LED=1;                     //先熄灭两个二极管
while(1)
{
   ST=0;ST=1;ST=0;                 //启动转换
while(1)
{
  if(EOC==1)                       //转换完成
  {
   OE=1;                           //允许结果输出
   d=P1;                           //d 中存放输出的结果
   OE=0;                           //关闭输出
   temperature[2]=d/100;           //得出输出结果中的百位数字
   temperature[1]=d%100/10;        //得出输出结果中的十位数字
   temperature[0]=d%10;            //得出输出结果中的个位数字
   show_Temperature();             //在数码管中显示输出的结果
```

```
if(d<60)                          //判断输出的结果是否小于 60 ℃
{  //如小于 60 ℃，则进入报警状态
    TR1=1;                        //启动 T1
    L_LED=~L_LED;                 //闪烁报警灯
}
else
if(d>160)                         //判断输出的结果是否高于 160 ℃
{  //如高于 160 ℃，则进入报警状态
   TR1=1;                         //启动 T1
   H_LED=~H_LED;                  //报警灯闪烁
}
else                       //如温度在正常范围内则取消报警的设置
{
   TR1=0;                  //关闭 T1
   H_LED=L_LED=1;          //关闭报警灯
}
break;                     //跳出内层的 while(1)
          }
       }
    }
   }

void  timer0( )  interrupt  1         //T0 的中断服务程序
{
  CLK=~CLK;                           //CLK 变换，产生 ADC0808 所需的时钟信号
}
void  timer1( )  interrupt  3         //T1 的中断服务程序
{
  TH1=(65536-1000) /256;              //定时器重新赋初值
  TL1=(65536-1000) %256;
  BEEP=~BEEP;                         //报警音
  if(L_LED==0 || H_LED==0)            //报警灯闪烁时间
{ if(++t!=150) return ;}
   else
{ if(++t!=60) return;}
  t=0;
  delay(20);
}
```

【实验总结】

（1）定时器经常在各种应用中出现，要熟练掌握定时器的各种工作方式及初值的设定方法。

（2）掌握中断服务程序的写法，熟记各种中断在 C51 中的序号。

（3）掌握初步的程序设计技巧，学会使用算术运算符从多位数中获取每一位数字，并用数码管显示的方法。

（4）掌握启动 ADC0808 芯片的方法，并熟知 EOC 等引脚电平变换的含义，及时获取输出结果。

小　结

应用单片机进行工业控制和测量时，离不开 A/D 与 D/A 转换。本模块分别讲述了 A/D 转换器和 D/A 转换器的工作原理、主要性能指标和典型器件结构、引脚以及应用实例。本模块主要涉及两个计算：一个是对 D/A 转换器计算模拟输出值，另一个是对于 D/A 和 A/D 转换都涉及的分辨率的计算，要熟练运用计算公式。本模块还介绍了集合 A/D 与 D/A 功能于一身的 PCF8591，该芯片功能强大，使用简便，在日常开发中有较多应用，读者可以结合自身的专业领域，创新设计更多的项目应用。最后还给出了一个比较实用的示例就是应用 ADC 进行环境监测，这个实例综合了前面已经讲授过的数码管、中断、定时等的内容，该示例稍加修改就可以在实践中进行应用，希望读者仔细研究体会。

习　题

一、填空题

1. 理想的 DAC 转换特性应是使输出模拟量与输入数字量成__________。转换精度是指 DAC 输出的实际值和理论值__________。

2. 将模拟量转换为数字量，采用__________转换器；将数字量转换为模拟量，采用__________转换器。

3. A/D 转换器的转换过程，可分为采样、保持及_____________和_____________4 个步骤。

4. D/A 转换器的分辨率越高，分辨__________的能力越强；A/D 转换器的分辨率越高，分辨__________的能力越强。

5. A/D 转换过程中，量化误差是指____，量化误差是__________消除的。

6. D/A 转换器是把输入的_________转换成与之成比例的_________。

7. 芯片 DAC0832 是一种常用的_________转换器；ADC0809 是一种常用的_________转换器。

8. A/D 转换器种类繁多，按照工作原理可以分为：_________、____________、____________、____________。

二、选择题

1. 采样是将时间上（　　）的模拟量，转换成时间上（　　）的模拟量。
　　A. 连续变化　　B. 离散变化　　C. 随机变化　　D. 任意变化

2. 权电阻网络 DAC 电路最小输出电压是（　　）。
　　A. $\frac{1}{2}V_{LSB}$　　B. V_{LSB}　　C. V_{MSB}　　D. $\frac{1}{2}V_{MSB}$

3. 在 D/A 转换电路中，输出模拟电压数值与输入的数字量之间（　　）关系。
　　A. 成正比　　B. 成反比　　C. 无比例　　D. 成不确定

4. 在 D/A 转换电路中，当输入全部为“0”时，输出电压等于（　　）。

A. 电源电压　　B. 0　　C. 基准电压　　D. 参考电压

5. 在 D/A 转换电路中，数字量的位数越多，分辨输出最小电压的能力（　　）。

A. 越稳定　　B. 越弱　　C. 越强　　D. 越不确定

6. 在 A/D 转换电路中，输出数字量与输入的模拟电压之间（　　）关系。

A. 成正比　　B. 成反比　　C. 无比例　　D. 成不确定

7. ADC0809 芯片可以锁存（　　）模拟信号。

A. 4 路　　B. 8 路　　C. 10 路　　D. 16 路

三、计算题

1. 要求某 DAC 电路输出的最小分辨电压 V_{LSB} 约为 5 V，最大满度输出电压 U_m=10 V，试求该电路输入二进制数字量的位数 n 应是多少？

2. 已知某 DAC 电路输入 10 位二进制数，最大满度输出电压 U_m=5 V，试求分辨率和最小分辨电压。

3. 某 8 位 D/A 转换器，若最小输出电压增量为 0.02 V 当输入二进制 01001101 时，输出电压为多少伏？

四、创新设计题

1. 利用 DAC0832 产生梯形波、三角波。要求绘制电路原理图，并编写程序。

2. 结合生活中的实际需要，设计一款使用 PCF8591 进行 A/D 或 D/A 转换的电路。

模块8

单片机的应用系统设计

单片机在现实生活当中有广泛的应用，但局限于单片机本身的特点，必须开发单片机应用系统才能充分发挥其控制核心的重要作用。单片机应用系统的开发会涉及非常广泛的基础知识和专业知识，是一个不折不扣的知识重组、升华的综合过程。这其中既有硬件方面的设计开发，也有应用软件的设计研发；不仅有单片机自身功能的发掘细化，也有外围电路、元件的选择和拓展。结合不同的专业领域，可以使单片机在更广阔的范围内发挥作用。

内容要点：

- 单片机应用系统开发的原则与流程；
- 使用单片机驱动液晶点阵和液晶显示模块；
- 实时时钟 DS1302 的结构及应用；
- 数字温度传感器 DS18B20 的结构及应用。

8.1 设计原则与开发流程

前面讲述了单片机各功能部件的使用方法，但在实际应用中，单片机是作为产品的核心控制单元出现的，对内部的资源要尽可能地发挥最大作用，提高使用效率；对外部的资源也要进行扩展，扩大单片机的应用范围。

单片机应用系统开发时须遵循如下的设计原则和开发流程。

1. 设计原则

（1）以满足生产生活需要为前提。任何一个单片机应用系统的开发都是与一定的生产、生活需要相适应的，是为了解决生产和生活当中的问题或提高工作效率而诞生的。所以要根据生产与生活的实际需要进行单片机应用系统的产品设计。

（2）以系统稳定、安全、可靠为基础。单片机应用系统通常作为某一专项的设置司职某项专门任务，这就要求该系统必须能稳定运行，安全可靠。一个不能适应环境变化，确保稳定运行的应用系统是不合格的；没有安全性和可靠性的保证，即使开发出单片机应用系统也无人敢用。所以，必须保证系统的稳定性、安全性和可靠性。这是单片机应用系统的基础。

（3）易于日常操作与维护。任何一个系统都需要满足操作的方便性和可维护性，要方便使用者日常的使用，操作流程设计简便，增强用户良好体验。同时也要考虑到安装、维护、维修时的方便性。

（4）预留升级扩展空间。任何一个单片机应用系统在开发之初虽然能够满足生产与生活的需要，但也要充分预计到随着使用、发展和变化，可能带来的系统功能的不足，因此要保留一定的升级处理空间，为将来的设计升级做好预留。这也是吸引用户，提升产品形象的重要环节。

（5）具有较高的性价比。在应用系统开发过程中，要充分考虑到性价比问题，开发设计的应用系统对于所要解决的问题具有恰如其分的性价比，硬件设计过程中，尽量简化外围设计，在确保安全稳定的前提下，功能设计够用即可。软件开发过程中则应适当增加用户体验方面的考虑。这样使开发出来的应用系统在制造成本方面有所降低，在用户体验方面有所提升，达到较高的性价比。

除了上述原则，还应考虑诸如系统的自我诊断功能、自我修复功能、与智能设备连接功能等，都需要开发者在面对具体问题时灵活把握运用，才能开发出适应需求、物尽其用、具有较高性价比的单片机应用系统。

2. 开发流程

1）需求分析

明确的需求分析对于开发单片机应用系统是第一位的环节，没有良好的需求分析而盲目动手，只会事倍功半。好的需求分析，既要满足用户的需求，还应当结合市场的变化，以及当前技术的应用程度、同类产品的功能结构等。在需求调查的基础上，应形成需求分析报告，并对报告进行可行性的分析研究，最终确定开发设计的总体规划。

2）总体设计

总体设计是单片机应用系统开发的蓝图规划。要考虑周全，思维缜密。包括技术路线，软件，硬件功能结合与划分，开发进度与周期，人员配备等都要做出详细而周到的设计规划。

3）硬件设计和软件设计

硬件设计主要指单片机支撑电路设计、辅助元件电路设计、I/O接口设计、人机交互设计、PCB设计等。软件设计是指驱动硬件，用以实现系统功能的应用程序设计。其实是无法严格划分出硬件与软件设计阶段的，因为这两种设计并不是分割开来的两个独立阶段，而是互有渗透、互相融合的两种设计。在完成总体设计之后，需要进行的是硬件电路设计，充分应用仿真设计软件虚拟仿真功能，同时开展软件功能设计；在虚拟仿真成功之后，然后才是生产PCB和焊接测试。所以，硬件设计是软件设计得到实施的物质基础，而软件设计又是发挥硬件功用的关键。硬件设计与软件设计是相辅相成不可分割的设计过程。

硬件设计包括主要芯片选择、主机选择、配置外设、设计输入/输出通道、设计电源和抗干扰措施等内容。在设计过程中要遵循如下原则：

（1）选用符合单片机常规用法的典型电路，采用硬件系统的标准化和模块化设计。

（2）充分考虑系统各组成部分的驱动特性和电气性能的配合情况。包括芯片、器件的选择，去耦滤波，PCB 布线，通道隔离等。

（3）在硬件的选用上充分考虑性价比，以软件功能代替硬件功能，在不影响系统性能要求的情况下，尽量采用软件替代硬件。

（4）系统设计应用保留扩展余地，便于进行二次开发。

软件设计既包括完成系统预定功能的设计，如测量、计算、自动控制和显示等，也包括对系统本身性能监控的设计，协调各执行模块和操作者的关系。

在软件设计过程中主要遵循如下原则：

①符合软件设计规范，代码结构清晰、简洁，流程合理。

②各项功能采用模块化编程，方便编译、调试和代码移植。

③合理规划使用内存，节约硬件资源。

④运行状态实现标志化管理。对各个功能模块的运行状态、运行结果以及运行要求等通过设置状态标志方便查询。

4）综合测试

将硬件和软件结合，分模块进行调试，修正和完善原始设计，最后进行系统联调，完成最终设计。

5）完善开发设计文档

开发设计文档和使用说明文档都是重要的文档资料，是进行开发设计必不可少的文件资料。开发设计文档有规范的文档格式，包括封面、目录、摘要、正文、参考文献、附录等。该文档包括系统的整体设计方案、电路原理图、软件程序流程图、软件测试、硬件测试、结论等内容。使用说明文档是面向最终用户的文档资料，对于系统的特点、功能、使用方法和流程、注意事项等都要有明确的介绍，方便用户参照使用。

课件　单片机应用扩展

8.2　LED 点阵与 LCD 显示

单片机除了能驱动发光二极管和数码管进行简单的信息显示之外，也能驱动 LED 点阵显示和 LCD 液晶块显示。

视频　单片机应用扩展

1. LED 点阵显示

LED 点阵显示屏作为一种新兴的显示器件，是由发光二极管构成的显示点阵。人们通过控制每个 LED 的亮灭实现图形或字符的显示。由于 LED 显示屏亮度高、视角广、工作电压低、功耗小、寿命长、耐冲击、性能稳定，因而被广泛应用于机场、商场、医院、宾馆、证券市场等公共场所。

1）LED 点阵显示屏

将多个 LED 按矩阵方式排列在一起，就构成了一个 LED 点阵显示屏。其中各个 LED 的引脚按照一定的规律连接，以最常见的 8×8 单色 LED 点阵共阳极显示器为例，其内部电路结构和外形规格如图 8-1 所示。

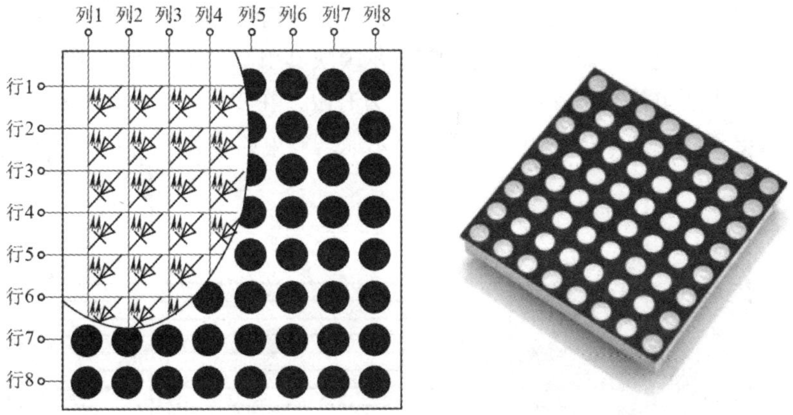

图 8-1　8×8 单色 LED 点阵内部电路结构和外形规格

8×8 单色 LED 点阵由 64 个发光二极管组成，且每个发光二极管放置在行线与列线的交叉点上，对于点阵型 LED 显示可以采用共阴极或共阳极的方法点亮。当对应的某一列置高电平，某一行置低电平，则相应的二极管就点亮。因此要实现一根柱形的显示，需要采用如下设置：

一根竖柱：对应的列置 1，采用扫描行的方法来实现。

一根横柱：对应的行置 0，采用扫描列的方法来实现。

2）显示原理

LED 点阵显示的原理归根到底就是利用 LED 的辉光效应，采用动态扫描的方式实现的，如图 8-2 所示，对于共阳极 LED 点阵显示屏要显示英文字母 B，其显示过程与前面介绍的数码管动态显示原理相似：先送出对应于第一行发光二极管亮灭的列数据并锁存，然后选通第一行，即送行数据，延时一段时间后，将这一行关闭，第一帧显示结束；接着重复上述过程，再送第二行的列数据并锁存，然后选通第二行，送行数据，延时后，再将本行相应发光二极管熄灭，第二帧显示结束；以此类推，等第八行显示之后，又重新点亮第一行，周而复始。只要这样轮回的速度足够快（每秒 24 次以上）时，利用 LED 的辉光效应，就能清楚地看到显示屏上稳定的字符显示了。

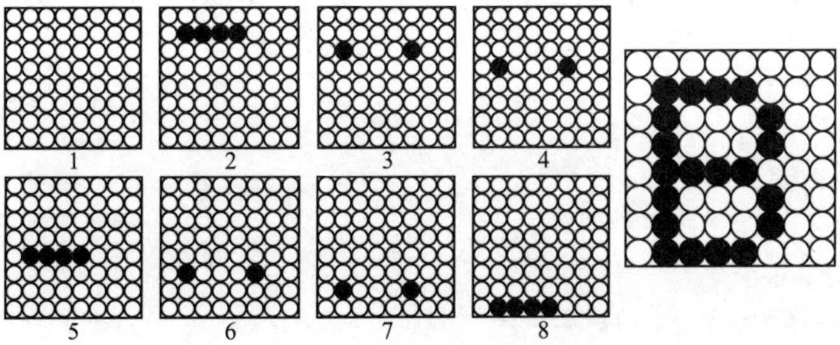

图 8-2　点阵字符的显示过程

【课堂练习】使用单片机控制 8×8 LED 显示点阵显示英文字母 B。

【分析】Proteus 中有 3 种 8×8 点阵 LED 的仿真元件：Matrix-8×8-RED、Matrix-8×8-GREEN、Matrix-8×8-ORANGE，其中 Matrix-8×8-RED 为共阳极的 LED 点阵，而 Matrix-8×8-GREEN、Matrix-8×8-ORANGE 则是共阴极的 LED 点阵。Proteus 仿真中 8×8 液晶点阵模块，在电路原

理图中按默认情况放置时，上方引脚为行线，下方引脚为列线，右为低位，左为高位。

需要说明的是，在电子市场上购买的点阵显示模块其引脚的定义需要进行测量后才能确定行列关系。另外，由于单片机的 I/O 口的驱动能力有限，在实际应用中通常需要加晶体管或者相应的器件进行电流驱动。这里仅为演示说明显示原理。电路连接如图 8-3 所示。

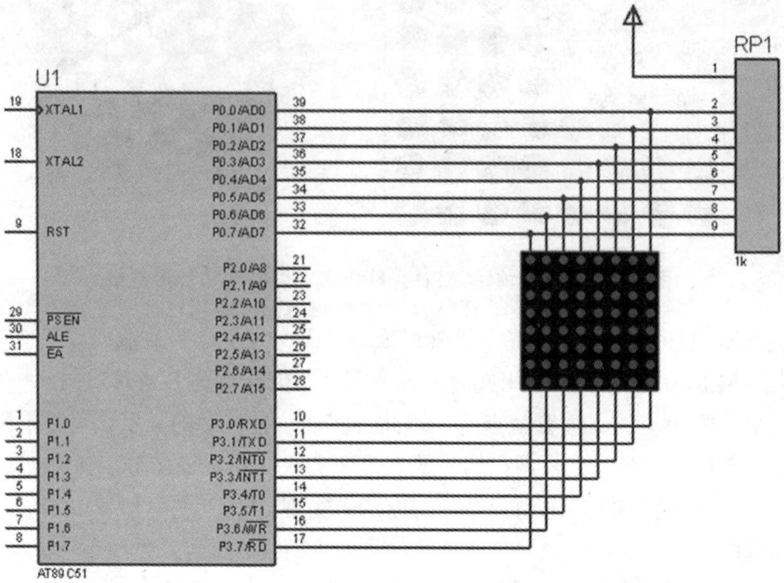

图 8-3　8 × 8 LED 显示点阵显示英文字母 B 电路连接

参考程序如下：

```
#include <reg51.h>
#define uchar unsigned char
//扫描的列数据
uchar code zimub[]={0x78,0x44,0x44,0x78,0x44,0x44,0x78,0x00};
//扫描的行数据
uchar code tab[]={0xfe,0xfd,0xfb,0xf7,0xef,0xdf,0xbf,0x7f};

uchar cnta=0;
uchar cntb=0;

void main()
{
    TMOD=0x01;
    TH0=(65536-3000)/256;
    TL0=(65536-3000)%256;
    TR0=1;
    ET0=1;
    EA=1;
    while(1);
}
void t0( ) interrupt 1
{
```

```
    TH0=(65536-3000)/256;
    TL0=(65536-3000)%256;
    P3=zimub[cntb++];              //输出列扫描数据
    P0=tab[cnta++];                //输出行扫描数据，即选通行
    if(cnta==7)
      cnta=0;
    if(cntb==7)
      cntb=0;
}
```

课件　使用
LED 显示汉字

3）汉字的显示

LED 点阵不仅可以显示 ASCII 字符，还可以显示汉字内容。但汉字结构复杂，字体众多，不借助工具仅用户自己构建是相当困难的。利用 PCtoLCD 等字模生成软件，可以方便地生成字模数据，如图 8-4 所示。

视频　使用
LED 显示汉字

获得汉字的字模数据后，就可以利用 LED 点阵来显示汉字了，其程序驱动方法与显示 ASCII 字符完全一样。只是汉字笔画较多，用 8×8 点阵难以表述，多采用 16×16 以上点阵显示。

16×16 单色 LED 点阵显示屏可由 4 块 8×8 单色 LED 点阵显示器组合而成，即 16 行 16 列，16×16=256 像素。如果采用共阳极连接方式，即每行的 LED 阳极连接在一起，每列的 LED 阴极连接在一起。

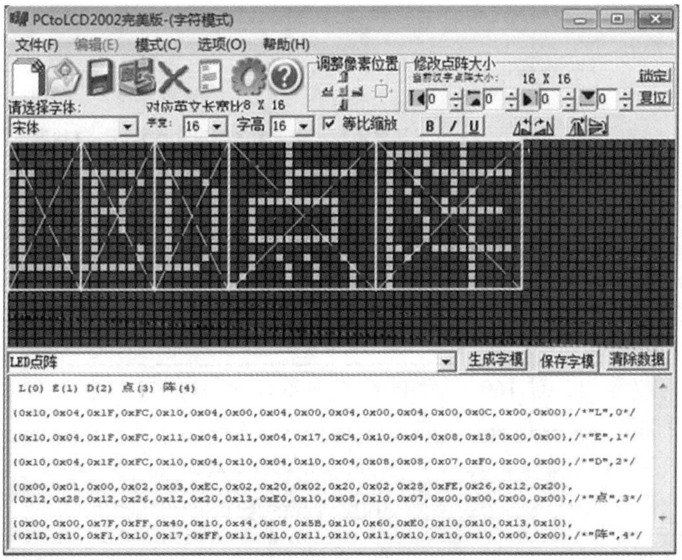

图 8-4　PCtoLCD 生成的字模数据

2. 液晶块显示

LCD（liquid crystal display）为液晶显示器，它一般不会单独使用，而是将 LCD 面板、驱动与控制电路组合成 LCD 模块（1iquid crystal display module，LCM）来使用。LCM 是一种很省电的显示设备，常被应用在数字或微处理器控制的系统中，作为简易的人机接口。

1602 液晶又称 1602 字符型液晶，它是一种专门用来显示字母、数字、符号等的点阵型液晶模块。它由若干个 5×7 或者 5×11 等点阵字符位组成，每个点阵字符位都可以显示一个字符，

每位之间有一个点距的间隔，每行之间也有间隔，起到了字符间距和行间距的作用。正因如此，它不能很好地显示图形。1602 显示的内容为 16×2，即可以显示 2 行，每行 16 个字符（字符和数字）。与 1602 命名类似的还有 12864、19264 等液晶显示模块。

1）1602 的引脚与读/写时序

1602 液晶模块功耗低、体积小、显示内容丰富、超薄轻巧，常用在袖珍式仪表和低功耗应用系统中。1602 液晶分为带背光与不带背光两种。带背光的要比不带背光的稍厚一些，其控制器多为 HD44780，掌握了 HD44780 的操作方法，对于大多数以此为控制器的液晶就都能操控了。1602 液晶显示屏及逻辑引脚如图 8-5 所示。

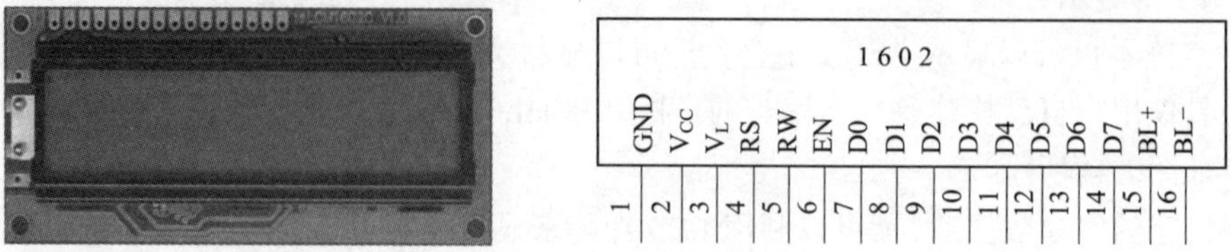

图 8-5　1602 液晶显示屏及逻辑引脚

1602 液晶通常采用标准的 14 引脚（无背光）或 16 引脚（有背光）接口，其各引脚功能见表 8-1。

表 8-1　1602 液晶的引脚及功能

引脚序号	信号名称	功　能
1	GND	电源地
2	V_{CC}	电源，5 V
3	V_L	对比度调整。接正电源时对比度最弱，接地电源时对比度最高①
4	RS	寄存器选择位，RS = 1 选择数据寄存器，RS = 0 选择指令寄存器
5	RW	读/写信号线，RW = 1 读操作，RW = 0 写操作
6	E(或 EN)	使能信号线，高电平时读取信息，负跳变时执行指令
7 ~ 14	D0 ~ D7	D0~D7 为 8 位双向数据端
15 ~ 16	BL+、BL-	15 引脚为背光正极，16 引脚为背光负极。无背光的 1602 无此引脚

从表 8-1 中可以看出，对 1602 液晶的操作主要有读和写两种，读、写的对象也有两种，分别是数据寄存器和指令寄存器；读/写的内容由 D0 ~ D7 传送。另外，读、写时还需要 E（使能信号）配合才能完成读/写操作，其读/写操作时序见表 8-2。

表 8-2　1602 液晶的读/写操作时序

序号	操作含义	输入指令时序	输出结果
1	读状态	RS=L，R/W=H，E=H	D0~D7=状态字
2	读数据	RS=H，R/W=H，E=H	D0~D7=数据
3	写指令	RS=L，R/W=L，D0~D7=指令码，E=高脉冲	无
4	写数据	RS=H，R/W=L，D0~D7=数据，E=高脉冲	无

1602 液晶的读/写操作、屏幕和光标的操作都是通过指令编程来实现的。1602 液晶的内部控制器共有 11 条控制指令，具体见表 8-3。这些指令均由 D0~D7 输入，在 RS、RW 以及 E 信

①对比度过高时会产生“鬼影”，使用时可以通过一个 10 kΩ的电位器来调整对比度。

号的配合下，按照表 8-2 的时序完成 1602 液晶的各项显示处理工作。

2）1602 的 3 个存储区

1602 液晶的内部控制器中还有 3 个存储区域 CGROM、CGRAM 和 DDRAM。其中，CGROM 是字模的存储空间又称字符发生存储器，液晶屏所能显示字符的字模就存储在这里。CGROM 中已经存储了 160 个不同的点阵字符图形，这些字符有：阿拉伯数字、英文字母的大小写、常用的符号和日文假名等，每一个字符都有一个固定的代码，比如大写的英文字母“F”的代码是 01000110B（46H），显示时模块把地址 46H 中的点阵字符图形显示出来，用户就能看到字母“F”。因为 1602 能够直接识别 ASCII 码，所以可以用 ASCII 码赋值，另外，在单片机编程中还可以用字符型常量或变量赋值，如‘F’。1602 的十六进制 ASCII 码表地址如图 8-6 所示。

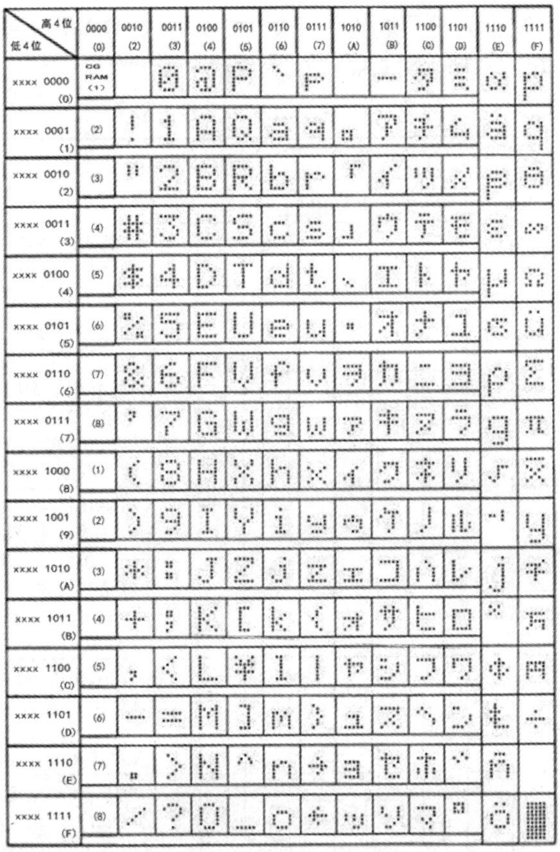

图 8-6 1602 中的字符与字模对照

读取图 8-6 中的字符时，先读上边的列，再读左面的行，如感叹号！的 ASCII 码为 0x21，字母 B 的 ASCII 码为 0x42（前面加 0x 表示十六进制）。

CGRAM 是用户自定义字模的存储区。当 ASCII 码表不能满足用户对字符的要求时，可以在这里创建新的字模。字模的方式和 CGROM 中的一样。一般写入这里的字模，其索引值为（0x00~0x07），当字模建好后，向 DDRAM 中写入 0x00，新建的字符就会显示出来。

DDRAM 是一个 80 字节的 RAM，是字符显示的缓冲区。DDRAM 中最多能存储 80 个 8 位字符代码作为显示数据，对应于显示屏上的各个位置，其中第一行的地址为 00H ~ 27H；第二行为

40H ~ 67H。因此，要显示字符时要先输入显示字符地址，然后再输入显示的内容，也就是告诉模块在哪里显示什么字符，图 8-7 是 1602 的内部显示地址。

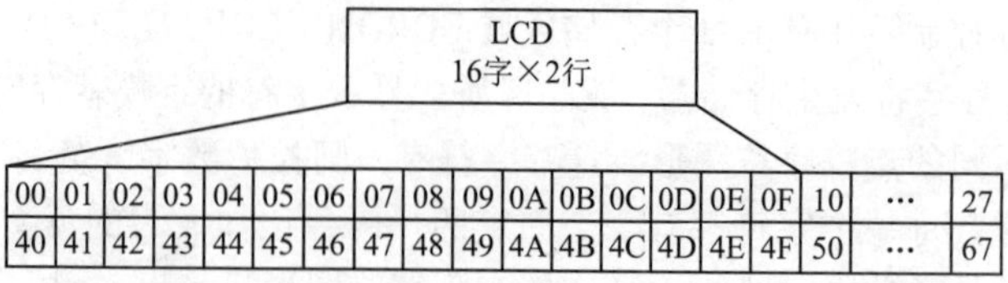

图 8-7　1602 的内部显示地址

例如第二行第一个字符的地址是 40H,但是直接写入 40H 是不能将光标定位在这个位置的，对照表 8-3 的第 8 条指令，写入显示地址时要求最高位 D7 恒定为高电平 1，所以实际写入的数据应该是 01000000B（40H）+10000000B(80H)=11000000B(C0H)才行。

表 8-3　1602 操作指令

序号	指令名称	指令码										含义
		RS	R/W	D7	D6	D5	D4	D3	D2	D1	D0	
1	清显示	0	0	0	0	0	0	0	0	0	1	将 DDRAM 填满 20H,并且设定 DDRAM 的地址计数器(AC)到 00H
2	光标复位	0	0	0	0	0	0	0	0	1	*	设定 DDRAM 的地址计数器(AC)到 00H,并且将游标移到开头原点位置；这个指令不改变 DDRAM 的内容
3	设置输入模式	0	0	0	0	0	0	0	1	I/D	S	I/D=0/1:光标移动方向，高电平右移，低电平左移。 S：屏幕上的文字是否移动，高电平移动，低电平无效
4	显示开/关控制	0	0	0	0	0	0	1	D	C	B	D=0/1：整体显示开关，0 为关闭显示 1 为打开整体显示。 C=0/1：光标控制开关，0 为无光标，1 为显示光标。 B=0/1：控制光标是否闪烁,0为不闪烁,1 为闪烁
5	光标或字符移位	0	0	0	0	0	1	S/C	R/L	*	*	S/C=0/1：光标或显示移位，0 为移动光标，1 为移动文字。 R/L=0/1：左右移动方向，0 为向左移动，1 为向右移动
6	功能设置	0	0	0	0	1	DL	N	F	*	*	DL=0/1：4/8 位数据。 N=0/1：单/双行显示。 F=0/1：5 × 7 点阵/5 × 10 点阵
7	字符发生存储器位置	0	0	0	1	AC5	AC4	AC3	AC2	AC1	AC0	设定 CGRAM 地址
8	数据存储地址	0	0	1	0	AC5	AC4	AC3	AC2	AC1	AC0	设定 DDRAM 地址（显示位址） 第一行：80H ~ 87H；第二行：90H ~ 97H
9	读取忙标志或地址	0	1	BF	AC6	AC5	AC4	AC3	AC2	AC1	AC0	读取忙标志(BF)可以确认内部动作是否完成,同时可以读出地址计数器(AC)的值
10	写数据到 DDRAM 或 CGRAM	1	0	数据内容								将数据 D7 ~ D0 写入内部的 RAM (DDRAM/CGRAM/IRAM/GRAM)
11	从 DDRAM 或 CGRAM 中读数据	1	1	数据内容								从内部 RAM 读取数据 D7 ~ D0 (DDRAM/CGRAM/IRAM/GRAM)

另外，液晶显示模块是一个慢显示器件，在执行每条指令之前一定要确认模块的忙标志为低电平（即不忙状态），否则此指令会失效。

3）1602 的操作步骤

通常使用 1602 液晶时要按下面的步骤进行配置：

（1）延时 15 ms，等待 1602 进入稳定状态；

（2）进行功能配置，写入指令 38H；

（3）关闭 1602 显示，写入指令 08H；

（4）进行清屏操作，写入指令 01H；

（5）设置显示模式，写入指令 06H；

（6）打开显示，写入指令 0CH；

（7）配置行地址，写入指令 80H（第一行）或 C0H（第二行）；

（8）写入相应数据；

（9）重新配置行地址，并写入相应数据。

【课堂练习】使用 1602 模块，输出设定内容。在 Proteus 中可以使用 LM016L 仿真 1602 液晶，其电路连接示意图如图 8-8 所示。

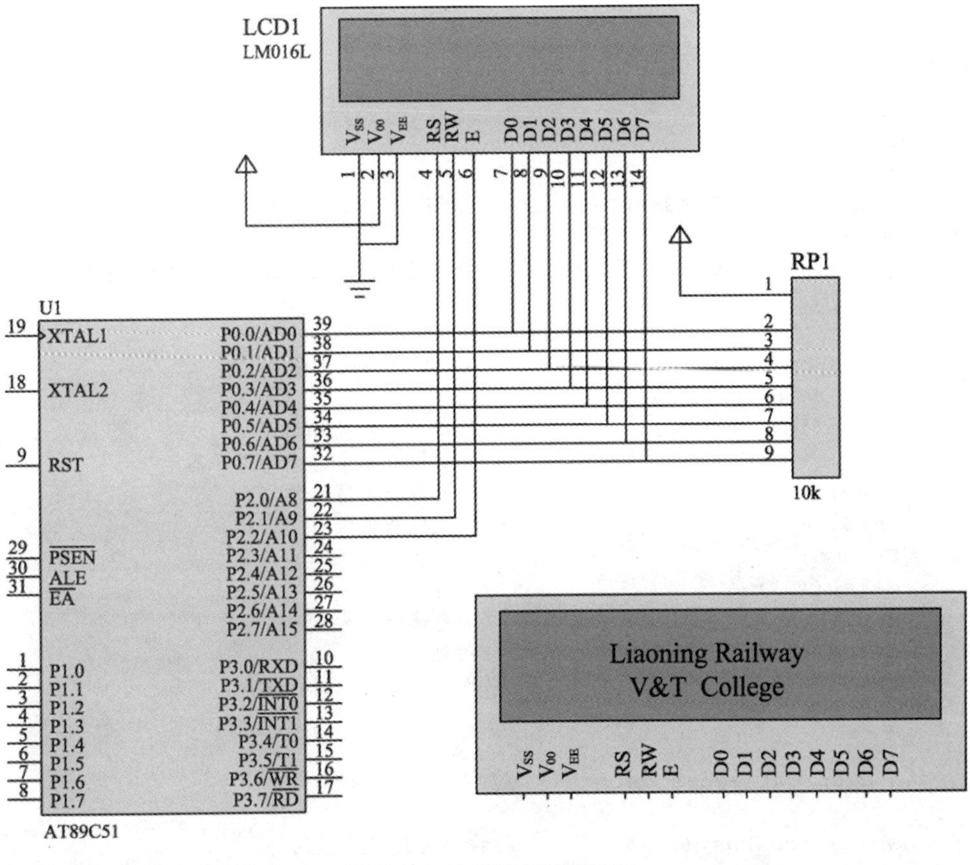

图 8-8　电路连接示意图

参考程序如下：

```
#include  <reg51.h>
#define  uint  unsigned int
#define  uchar  unsigned char

uchar code tab[]={"Liaoning Railway"};   //1602 液晶显示的第一行内容
uchar code tab1[]={"V&T College"};       //1602 液晶显示的第二行内容
uchar num, len, len1;
sbit  RS=P2^0;
sbit  RW=P2^1;
sbit  EN=P2^2;

void delay(uint  x)                      //延时函数
{
  uchar  i;
  while(--x)
  for(i=0;i<120;i++);
}

bit  lcd_busy()                          //1602 工作繁忙状态检测函数
{
  bit  result;
  RS=0;
  RW=1;
  EN=1;
  delay(10);
  result=(bit)(P0&0x80);          //检测是否忙
  EN=0;
  return  result;                 //将状态返回，返回值为 1 则为繁忙;为 0 则为空闲
}

void lcd_cmd(uchar cmd)           //1602 液晶设置命令
{
   while(lcd_busy());             //检测直到有空闲时间
   RS=0;                          //设定操作对象为指令寄存器
   RW=0;                          //设定当前为写操作
   EN=0;                          //拉低使能信号
   P0=cmd;                        //写入指令代码
   delay(10);                     //延时
   EN=1;                          //拉高使能信号
   delay(10);                     //延时
   EN=0;                          //产生负跳变，执行指令
}

void disp_dat(uchar dat)          //1602 显示内容
{
   while(lcd_busy());             //检测直到产生空闲
   RS=1;                          //设定操作对象为数据寄存器
   RW=0;                          //设定为写操作
```

```
    EN=0;                        //拉低使能信号
    P0=dat;                      //写入指定数据
    delay(10);                   //延时
    EN=1;                        //拉高使能信号
    delay(10);                   //延时
    EN=0;                        //产生负跳变，写入数据
}

void lcd_init()                  //1602 初始化
{
    EN=0;
    lcd_cmd(0x38);               //显示模式设置
    delay(1);
    lcd_cmd(0x0C);               //显示开关、光标设置
    delay(1);
    lcd_cmd(0x06);               //屏幕显示方式设置
    delay(1);
    lcd_cmd(0x01);               //清屏
    delay(1);
    lcd_cmd(0x80);               //指针初始化
    delay(1);
}
void main()
{
    lcd_init();                  //1602 初始化
    delay(10);                   //延时
    len=sizeof(tab);             //获取第一行内容长度
    len1=sizeof(tab1);           //获取第二行内容长度
    lcd_cmd(0x80);               //设定第一行的显示位置，即 0x80+0x00
    for(num=0;num<len;num++)     //循环输出要显示的第一行内容，每次输出 1 字节
    {
        disp_dat(tab[num]);      //每次显示 1 字节
    }
    lcd_cmd(0xc3);               //设定第二行显示的位置，即 0x80+0x43
    for(num=0;num<len1;num++)    //循环输出要显示的第一行内容，每次输出 1 字节
    {
        disp_dat(tab1[num]);     //每次显示 1 字节
    }
    while(1);                    //执行死循环，屏幕将保持显示状态
}
```

如果需要动态移动，还可以再加上一条屏幕移动指令 0x1f，代码如下：

```
for(num=0; num<16; num++)
{
  lcd_cmd(0x1f);
  delay(50);
}
```

8.3 实时时钟 DS1302

课件 实时时钟DS1302

视频 实时时钟DS1302

日历时钟芯片又称实时时钟 RTC（real-time clock），可以提供精确的时间、日期服务。一些较高端的 51 单片机内部已经集成了 RTC 时钟，但多数还是需要使用外接 RTC 芯片。常见的 RTC 芯片有 DS12887、DS1302、DS1307、PCF8485 等。其中，DS1302 是具有 SPI 总线接口的时钟芯片，是单片机应用经常使用的外围芯片。

1. DS1302 简介

DS1302 是美国 DALLAS 公司推出的一种高性能、低功耗、带 RAM 的实时时钟电路，广泛应用于电话、传真、便携式仪器等产品领域。它的功能很多，不仅可以对年、月、日、周、时、分、秒进行计时，还具有闰年补偿功能，其工作电压为 2.5 ~ 5.5 V。DS1302 采用 SPI 三线接口与 CPU 进行同步通信，并可采用突发方式一次传送多个字节的时钟信号或 RAM 数据。其内部有 31 字节的 RAM，用于临时性存放数据，并提供了主电源/后备电源双电源引脚，同时提供了对后备电源进行涓细电流充电的能力。

DS1302 有 DIP 和 SOP 两种封装形式，共有 8 个外接引脚，其实物及逻辑引脚图如图 8-9 所示。

（a）DIP-8封装　（b）SOP-8封装　（c）逻辑引脚

图 8-9　DS1302 实物及其逻辑引脚图

DS1302 的引脚功能如下：

V_{CC1}、V_{CC2}：主电源与后备电源。V_{CC2} 是系统的主电源，V_{CC1} 是后备电源，通常接在电池上，因此在主电源关闭的情况下，该芯片也能保持正常运行。DS1302 由 V_{CC1} 或 V_{CC2} 两者中的较大者供电。当 V_{CC2} 大于 V_{CC1}+0.2 V 时，V_{CC2} 给 DS1302 供电。当 V_{CC2} 小于 V_{CC1} 时，DS1302 由 V_{CC1} 供电。

X1、X2：连接振荡源，外接 32.768 kHz 晶振，为系统提供计时脉冲。

RST：复位/片选线。RST 输入有两种功能：首先，RST 接通控制逻辑，允许地址/命令序列送入移位寄存器；其次，RST 提供终止单字节或多字节数据传送的方法。当 RST 为高电平时，所有的数据传送被初始化，允许对 DS1302 进行操作。如果在传送过程中 RST 置为低电平，则会终止此次数据传送，I/O 引脚变为高阻态。加电运行时，在当前工作的电源大于 2.0 V 之前，RST 必须保持低电平。只有在 SCLK 为低电平时，才能将 RST 置为高电平。

I/O：双向串行数据输入/输出端。

SCLK：串行时钟输入端。

其中，RST、I/O、SCLK 与单片机的 I/O 口线直接连接，按 SPI 协议进行通信。

2. DS1302 的控制字与时序

1）DS1302 的控制字

单片机与 DS1302 之间的通信主要通过对控制字的写入方式来实现。DS1302 的控制字见表 8-4。其各位的含义如下：

最高有效位 D7 必须是逻辑 1，如果为 0，则不能把数据写入 DS1302 中。

D6 位为 0 表示存取日历时钟（$\overline{CK}$）数据；为 1 表示存取 RAM 数据。

D5 ~ D1 位用于指示要操作单元的地址。

最低有效位 D0 位为 0 表示进行写操作；为 1 表示进行读操作。

控制字节总是从最低位开始输出。

表 8-4　DS1302 的控制字

位序	D7	D6	D5	D4	D3	D2	D1	D0
功能定义	1	RAM / $\overline{CK}$	A4	A3	A2	A1	A0	RD / $\overline{WR}$

在控制指令字输入后的下一个 SCLK 时钟的上升沿，数据被写入 DS1302，数据输入从低位即 D0 位开始。同样，在紧跟 8 位的控制指令字后的下一个 SCLK 脉冲的下降沿读出 DS1302 的数据，读出数据时同样是从低位即 D0 位到 D7 位。

2）DS1302 的读/写时序与实现

DS1302 是严格按时序进行读/写的。其读/写的时序是不同的，这点是要注意的。首先分析一下读取字节的时序，如图 8-10 所示。

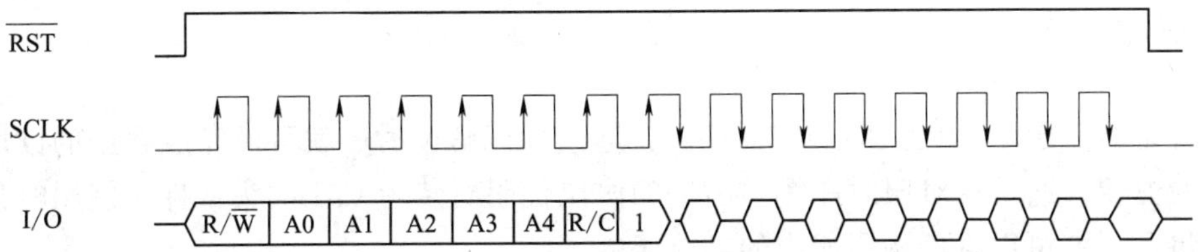

图 8-10　DS1302 读取字节的时序

在读取字节数据信息时，$\overline{RST}$ 引脚必须拉高，当 $\overline{RST}$ 为低电平时是不允许对 DS1302 进行读取操作的。具体进行读取信息时，要连续地执行 2 字节的操作，前一个字节是写入控制字，后一个字节才是读字节的操作。写控制字时，是在 SCLK 上升沿时写入的；而读字节时，则是在 SCLK 的下降沿时进行的。写控制字和读字节都是从最低位开始的。

对照图 8-10，使用 C51 给出读一个字节信息的时序代码：

```
……
RST=0;         //初始置 RST 为低电平
SCLK=0;        //初始时时钟为低电平
RST=1;         //RST 拉高，此时可以进行 DS1302 的读/写操作
```

现在进行写入控制字的操作：

```
SCLK=0;                        //时钟处于低电平
delayus(2);                    //自定义延时函数延时 2 μs
for(i=0; i<8; i++)             //循环 8 次，每次输出 1 位数据
{  SDA=控制字的最低位数据;      //输出最低位数据
   delayus(2);                 //延时 2 μs
   SCLK=1;                     //时钟线拉高
   delayus(2);                 //再延时 2 μs，使 SCLK 的高电平持续一会儿，这时 SDA
                                 中的数据进行写入操作
   SCLK=0;                     //时钟线拉低
   将控制字右移 1 位
}
```

接下来，进行读取字节的操作：

```
delayus(2);            //首先延时 2 μs
for(i=0;i<8;i++)
 { dat>>=1;            //dat 为将要返回的数据
   if(SDA==1)          //此时判断 SDA 数据线上的值是否为 1
   dat|=0x80;          //如果是 1，则在 dat 中写入 1
   SCLK=1;             //拉高时钟线
   dealyus(2);         //延时 2 μs
   SCLK=0;             //拉低时钟线
   delayus(2);         //延时 2 μs
 }
```

此时的 dat 为读取出来的字节信息：

```
SCLK=1;                //再次拉高时钟线
RST=0;                 //结束读取，结束数据传输过程
……
```

以上就是对照图 8-10 给出的 C51 代码，通过代码解读时序就可以完成数据的读取。为了使用的方便，通常将对照时序图写出来的协议代码封装为 C51 的头文件，使用时只须进行文件包含，就可以直接调用相应的功能函数了。

图 8-11 是写字节数据的时序，与图 8-10 的分析基本相同，也是需要连续 2 字节的操作，先要写入控制字，这部分时序是完全相同的，所不同的是接下来继续写入数据信息的代码，与读信息不同，写信息时是在每个时钟的上升沿写入的。换句话说，要向 DS1302 中写一字节的信息，实际上是重复地写了两次，只是两次写的内容不同而已，第一次写的是控制字，第二次写的是数据信息。

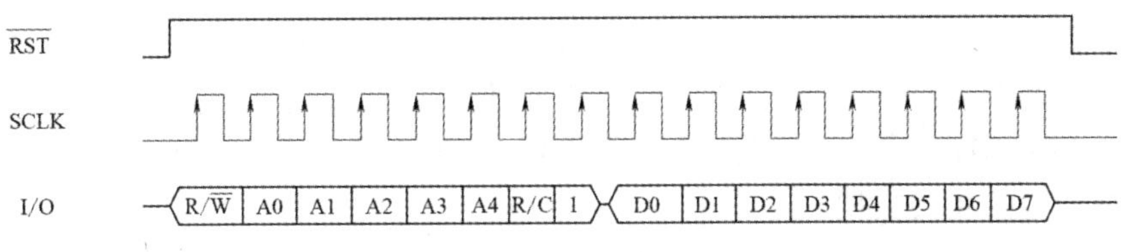

图 8-11　DS1302 写字节的时序

3）DS1302 的寄存器

DS1302 内部有 12 个寄存器，其中有 7 个寄存器与日历、时钟相关，其中存放的数据位为 BCD 码形式，这 7 个寄存器及其含义见表 8-5。

表 8-5　DS1302 的主要寄存器及其含义

<table>
<tr><th rowspan="2">寄存器名</th><th colspan="2">读写地址</th><th colspan="8">传送的字节内容及含义</th><th rowspan="2">取值范围</th></tr>
<tr><th>写入</th><th>读取</th><th>D7</th><th>D6</th><th>D5</th><th>D4</th><th>D3</th><th>D2</th><th>D1</th><th>D0</th></tr>
<tr><td>秒</td><td>80H</td><td>81H</td><td>CH</td><td colspan="3">10 秒</td><td colspan="4">秒</td><td>00-59</td></tr>
<tr><td>分</td><td>82H</td><td>83H</td><td>0</td><td colspan="3">10 分</td><td colspan="4">分</td><td>00-59</td></tr>
<tr><td rowspan="2">时</td><td rowspan="2">84H</td><td rowspan="2">85H</td><td>12(1)</td><td rowspan="2">0</td><td>$\overline{\text{AM}}$/PM</td><td>0</td><td colspan="4" rowspan="2">小时</td><td rowspan="2">0-12
00-23</td></tr>
<tr><td>24(0)</td><td>小时</td><td>小时</td></tr>
<tr><td>日期</td><td>86H</td><td>87H</td><td>0</td><td>0</td><td colspan="2">10 日</td><td colspan="4">日</td><td>每月日期</td></tr>
<tr><td>月份</td><td>88H</td><td>89H</td><td>0</td><td>0</td><td>0</td><td>10 月</td><td colspan="4">月</td><td>01-12</td></tr>
<tr><td>周</td><td>8AH</td><td>8BH</td><td>0</td><td>0</td><td>0</td><td>0</td><td>0</td><td colspan="3">星期</td><td>01-07</td></tr>
<tr><td>年度</td><td>8CH</td><td>8DH</td><td colspan="4">10 年</td><td colspan="4">年</td><td>00-99</td></tr>
<tr><td>保护</td><td>8EH</td><td>8FH</td><td>WP</td><td>0</td><td>0</td><td>0</td><td>0</td><td>0</td><td>0</td><td>0</td><td>1/0 是/否保护</td></tr>
<tr><td>充电</td><td>90H</td><td>91H</td><td colspan="4">TCS 为 1010 时为涓流充电</td><td colspan="2">DS</td><td colspan="2">RS</td><td></td></tr>
</table>

注：充电寄存器管理对 DS1302 进行涓流充电的设置。其中，DS 位是选择 V_{CC1} 和 V_{CC2} 之间是通过 1 或 2 个二极管连接，01 则为一个，10 则为二个，若为 00 或 11 时，则充电器被禁止。

RS 位是 V_{CC1} 和 V_{CC2} 之间连接电阻大小的选择位。其值为 01 则连接电阻为 2K；为 10 则连接电阻为 4 kΩ；为 11 则连接电阻为 8 kΩ。

TCS 是涓流充电的选择位，只有其值为 1010 时才能进行涓流充电工作，否则涓流充电被禁止。

秒寄存器的 D7 位为 1 时，DS1302 进入低功耗状态，停止走时；为 0 时，DS1302 正常工作开始走时。

此外，DS1302 还有时钟突发寄存器及与 RAM 相关的寄存器等。时钟突发寄存器可一次性顺序读/写除充电寄存器外的所有寄存器内容，其实质是指一次传送多字节的时钟信号。时钟突发寄存器的命令控制字为 BEH（写）、BFH（读）。

DS1302 与 RAM 相关的寄存器分为两类：一类是单个 RAM 单元，共 31 个，每个单元组态为 1 个 8 位的字节，其命令控制字为 C0H～FDH，其中奇数为读操作，偶数为写操作；另一类为突发方式下的 RAM 寄存器，此方式下可一次性读/写所有的 RAM 的 31 字节，命令控制字为 FEH(写)、FFH(读)。这个 RAM 是 DS1302 给用户存储信息的空间，可以用来存储一些用户设定的相关数据。

通常使用的 DS1302 其实就是对这些寄存器内容的设定（写入）和读取。读/写时需要依据上述规定的读/写时序进行。

4）使用 DS1302 的过程

使用 DS1302 来输出时间等信息，与单纯使用单片机的定时器相比，能在很大程度上缓解频繁的计算对 CPU 的压力，使 CPU 有充裕的时间去处理其他业务信息。使用 DS1302 主要遵循如下几个步骤：

（1）DS1302 初始化。这一过程包括对秒、分、时、日、月、年、星期等寄存器的初始值设定。是使用 DS1302 开始工作的前提准备。具体为：写保护寄存器设定，初始要打开写保护开关。只有打开写保护，才能进行下面的设定；

初始秒寄存器的设定；

初始分钟寄存器的设定；

初始小时寄存器的设定,通过这里可以设定显示小时的方式为 12 小时制还是 24 小时制；

初始日期寄存器设定，即是一个月中具体哪一天的设定；

初始月寄存器设定，设定当前为一年中的哪一个月；

初始年度寄存器设定，设定当前的年度是哪一年，这里的年度只能从 00 到 99，世纪值由用户在使用过程中自行加入；

初始周寄存器设定，设定当前日期是星期几；

充电寄存器设定，是否处于充电模式；

写保护寄存器设定，此处要将写保护关闭，防止运行过程中更改初始设置。

这一初始化过程只需要执行一次，设定好以后，DS1302 开始正常工作走时，不需要重复执行。

（2）DS1302 数据读取。在使用过程中，只需要读取相应的寄存器内容，并将其显示出来即可。需要注意的是，读取 DS1302 相应的寄存器，其返回的值也是 BCD 码形式，需要通过运算将其十位和个位数字分离出来再显示。如读取分钟寄存器的值为 i，则将其十位数分离出来用 i/16 或者是通过右移 4 位来实现，分离其个位数用 i%16 即可。

【课堂练习】应用 DS1302 制作简单的电子时钟，将设定的时间信息通过数码管显示出来。

【分析】对照前面的介绍将 DS1302 连接到单片机上，按照时序图要求，对 DS1302 进行初始化设定。在主机中使用定时器在每隔 1 s 读取 DS1302 中时间寄存器的数值，并将其显示在数码管中，实现电子时钟。具体电路原理图如图 8-12 所示。

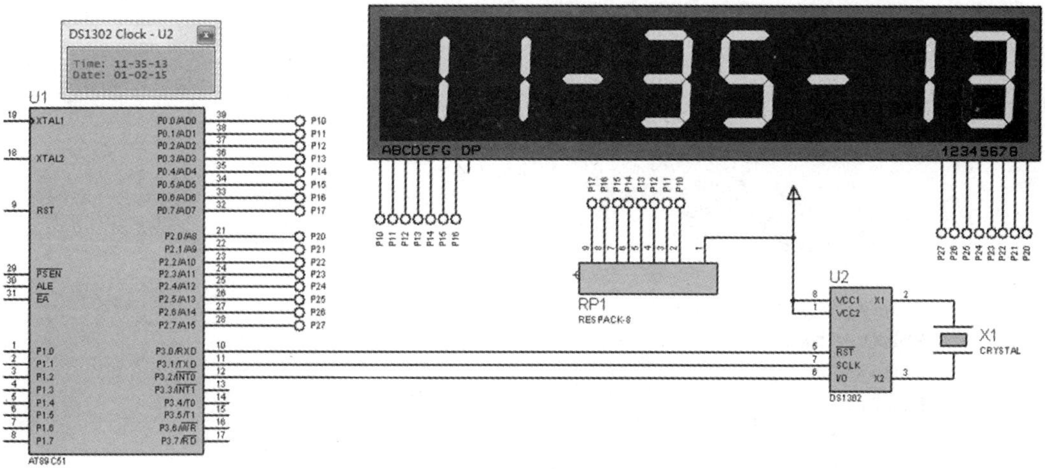

图 8-12　使用 DS1302 制作的简易电子时钟电路原理图

参考程序如下：

```
#include <reg51.h>
#include <intrins.h>
#define uchar unsigned char
#define uint unsigned int
#define Write_SECOND  0x80    //定义秒寄存器写地址
#define Write_MINUTES 0x82    //定义分钟寄存器写地址
#define Write_HOUR    0x84    //定义小时寄存器写地址
#define Write_DATE    0x86    //定义日期寄存器写地址
#define Write_MONTH   0x88    //定义月份寄存器写地址
#define Write_WEEK    0x8A    //定义周寄存器写地址
#define Write_YEAR    0x8C    //定义年度寄存器写地址
#define Write_PROTECT 0x8E    //定义保护寄存器写地址
#define delay1us()  _nop_()   //定义延时 1 μs
uchar timeflag=0;
uchar times=0;

sbit RST=P3^0;
sbit SCLK=P3^1;
sbit SDA=P3^2;

uchar currentTime[7];  //当前时间信息存储
uchar dspbuffer[7];  //待显示的时间信息
//DS1302 中各寄存器的读地址，顺序依次为秒、分、时、日、月、周、年
uchar code Read_address[]={0x81,0x83,0x85,0x87,0x89,0x8b,0x8d};
uchar code table[]={0x3f,0x06,0x5b,0x4f,0x66,0x6d,0x7d,0x07,0x7f,
                    0x6f,0x00,0x40};
uchar code table1[]={0x7f,0xbf,0xdf,0xef,0xf7,0xfb,0xfd,0xfe};
void delay(uchar z)
{
   uchar y,x;
   for(y=z;y>0;y--)
```

```
    for(x=120;x>0;x--);
}

//向 DS1302 中写入一字节的信息
void Write_Ds1302_Byte(uchar temp)
{
    uchar i;
    for (i=0;i<8;i++)
    {
        SCLK=0;
        SDA=temp&0x01;
        temp>>=1;
        SCLK=1;
    }
}
//向 DS1302 内的指定地址写入一字节的信息
void Write_Ds1302(uchar address,uchar dat )
{
    RST=0;
    delay1us();
    SCLK=0;
    delay1us();
    RST=1;
    delay1us();
    Write_Ds1302_Byte(address);
    Write_Ds1302_Byte(dat);
    RST=0;
}
//读取 DS1302 指定寄存器中的值
uchar Read_Ds1302(uchar address )
{
    uchar i,temp=0x00;
    RST=0;
    delay1us();
    SCLK=0;
    delay1us();
    RST=1;
    delay1us();
    Write_Ds1302_Byte(address);
    for (i=0;i<8;i++)
    {
        SCLK=0;
        temp>>=1;
        if(SDA)
        temp|=0x80;
        SCLK=1;
    }
    RST=0;
    SCLK=0;
```

```
  delay1us();
  SCLK=1;
  delay1us();
  SDA=0;
  delay1us();
  SDA=1;
  delay1us();
  return temp;
}
void DS1302_Init( )          //DS1302 初始化,写入时间信息为 11: 35: 10
{
  Write_Ds1302(Write_PROTECT,0x00);    //去掉写保护
  Write_Ds1302(Write_SECOND,0x10);     //写秒寄存器
  Write_Ds1302(Write_MINUTES,0x35);    //写分钟寄存器
  Write_Ds1302(Write_HOUR,0x11);       //写入小时寄存器
  Write_Ds1302(Write_PROTECT,0x80);    //恢复保护状态
}

void Get_Time(void)           //读取 DS1302 的时间信息
{
  uchar i;
  EA=0;
  for(i=0;i<7;i++){       //依次读出 DS1302 中的时间信息
  currentTime[i]=Read_Ds1302(Read_address[i]);
  }
  EA=1;
  dspbuffer[0]=(currentTime[2]&0xf0)>>4;
  dspbuffer[1]=(currentTime[2]&0x0f);
  dspbuffer[2]=11;                    //显示分隔横线
  dspbuffer[3]=(currentTime[1]&0xf0)>>4;
  dspbuffer[4]=(currentTime[1]&0x0f);
  dspbuffer[5]=11;                    //显示分隔横线
  dspbuffer[6]=(currentTime[0]&0xf0)>>4;
  dspbuffer[7]=(currentTime[0]&0x0f);
}
void display()
{ uchar i;
 for(i=0;i<8;i++)
  {
   P0=table[dspbuffer[i]];    //送段选码
   P2=table1[i];              //位选码
   delay(5);
   P2=0xff;                   //消影
  }
}
void  main( )                 //主函数
{
  TMOD|=0x01;
  TH0=(65536-5000)/256;
```

```
    TL0=(65536-5000)%256;
    EA=1;
    ET0=1;
    TR0=1;
    DS1302_Init();
    Get_Time();
    while(1)
    {   display();
        delay(50);
    }
}

//T0 中断服务函数
void t0_int() interrupt 1
{
      TH0=(65536-5000)/256;
       TL0=(65536-5000)%256;
        if(++times==20)
        {    Get_Time();
             times=0;
        }
}
```

课件 实时时钟 DS18B20

视频 实时时钟 DS18B20

8.4 数字温度传感器 DS18B20

DS18B20 是美国 DALLAS 公司出品的支持单总线协议的温度传感器，与传统的热敏电阻温度传感器不同，它能够直接读出被测温度。并且可根据实际要求通过简单的编程实现 9~12 位的数字值读数方式，并能在 93.75~750 ms 内将温度值转化 9 ~12 位的数字量。因而使用 DS18B20 可使系统结构更简单，可靠性更高。该芯片为单总线设备，自身耗电量很小，从总线上“偷”一点电存储在片内的电容中就可正常工作，一般无须另加电源。更难得的是，该芯片在检测完成后会把检测值数字化，因而无须再进行模/数的转换工作，不仅效率提高了，而且由于在单总线[①]上传送的是数字信号使得系统的抗干扰性好、可靠性高、传输距离远。

1. DS18B20 的外形和引脚定义

DS18B20 有多种封装形式，其中 TO-92 直插式最为常见。这种封装外形与一个“三极管”很相类似，全部传感元件和数据转换电路都集成在一起，使用时无须添加外围元件，体积小、功能强。其外形如图 8-13 所示。

DS18B20 引脚定义也很简单：

DQ 为数字信号输入/输出端；

GND 为电源地；

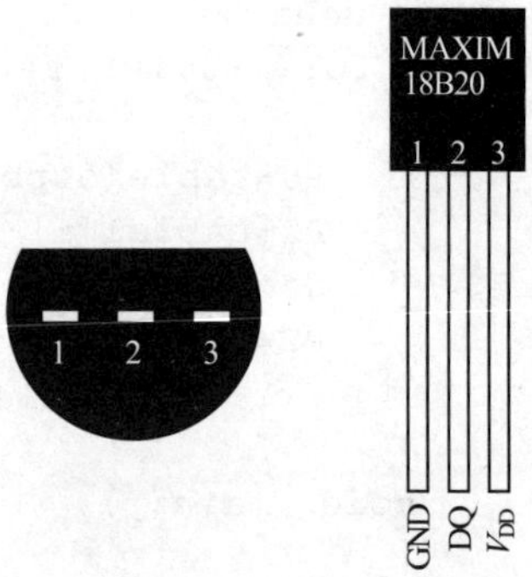

图 8-13　DS18B12 外形

①有关单总线内容详见模块 6。

（3）V_{DD}为外接供电电源输入端（在寄生电源接线方式时直接接地）。

按照引脚定义，DS18B20 只需要接到控制器（单片机）的一个 I/O 口上就可以进行通信。由于单总线为开漏结构，所以需要外接一个 4.7 kΩ 的上拉电阻。如要采用寄生工作方式，只要将 V_{DD} 电源引脚与单总线并联即可。但在程序设计中，寄生工作方式也会对总线的状态有一些特殊的要求。

2. DS18B20 的存储器种类与作用

DS18B20 集温度检测和数字数据输出于一身，功能十分强大。

DS18B20 内部有 3 种类型的存储器，分别是：

（1）64 位 ROM 只读存储器。这里用来存放 DS18B20 的 ID 编码，前 8 位是家族编码（或是产品类别编码），中间 48 位是芯片唯一的序列号，最后 8 位是以上 56 位的 CRC 码（冗余校验码）。这 64 位数据在出产时已经设置完成，用户不能更改。

（2）RAM 数据暂存器。共有 9 字节容量，主要用于内部计算和数据暂时存取，数据在掉电后会丢失。这 9 字节各有分工，见表 8-6。

表 8-6 DS18B20 的数据暂存器

字节编号	寄存器名称	寄存器各位的功能及含义							
0	温度值低位字节	2^3	2^2	2^1	2^0	2^{-1}	2^{-2}	2^{-3}	2^{-4}
1	温度值高位字节	S	S	S	S	S	2^6	2^5	2^4
2	报警 TH 寄存器	E^2PROM 中 TH 的副本，在复位时会被刷新							
3	报警 TL 寄存器	E^2PROM 中 TL 的副本，在复位时会被刷新							
4	配置寄存器	0	R1	R0	1	1	1	1	1
5	保留字节								
6	保留字节								
7	保留字节								
8	CRC 冗余校验字节	上述 8 字节的 CRC 检验值							

表 8-6 中配置寄存器的 R0 和 R1 位是用来确定温度值分辨率的。DS18B20 提供 4 种分辨率，其默认值为 11，表示当前的温度分辨率为 12 位。当 R1R0 的值分别为 00、01 和 10 时，与之对应的分辨率分别为 9 位、10 位、11 位。这 4 种分辨率对应的最小分辨温度值分别为 0.5 ℃、0.25 ℃、0.125 ℃、0.062 5 ℃。

温度值高位字节的前 5 位都是符号位 S，如果设定的分辨率低于 12 位时，相应地要使温度值低位字节的后几位为 0。比如系统分辨率为 10 位时，由低位字节的后 2 位设为 0，而高位字节不变。

（3）E^2PROM 非易失性记忆体。主要用于存放上下限温度报警值和配置数据。DS18B20 共有 3 字节的 E^2PROM，并且都在 RAM 寄存器中存有镜像，方便用户进行操作。

3. 使用 DS18B20 进行温度检测全流程

1）初始化

任何应用单总线协议的器件进行工作时都必须从初始化开始，DS18B20 也不例外。

初始化序列由主器件发送的复位脉冲和从器件的响应信号构成。复位脉冲是由主器件发送到总线上的至少 480 μs 的低电平信号。当 DS18B20 接到此复位脉冲信号后则会在 15~60 μs 后回发一个芯片的响应脉冲，告知主器件已经做好工作准备。每一次通信之前必须进行初始化，其复位的时间、等待时间、回应时间应严格按单总线时序编程。

2）发送 ROM 指令

当通信的双方建立了联系后，即开始进行正式通信的准备工作，这时由主器件发送 ROM 指令。

ROM 指令为 8 位，主要是对从器件的 64 位光刻 ROM 进行操作。以达到了解总线挂接情况，并确定通信对象的目的。单总线上可以同时挂接多个从器件，这些从器件的 64 位 ROM ID 各不相同，如果总线上只挂接了一个 DS18B20 芯片时，可以使用跳过 ROM 指令。ROM 指令共有 5 条，每一个工作周期只能发 1 条，ROM 指令分别是搜索 ROM、读取 ROM、ROM 匹配、跳过 ROM、报警搜索。具体的 ROM 指令及其功能见表 8-7。

表 8-7 ROM 指令

指令名称	命令代码	具体功能
搜索 ROM	F0H	用于确定挂接在同一总线上 DS1820 的个数，识别 64 位 ROM 地址，为操作各器件做好准备
读取 ROM	33H	读 DS18B20 温度传感器 ROM 中的编码（即 64 位地址），只有当总线上只存在一个 DS18B20 的时候才可以使用此指令；如果挂接不止一个 DS18B20，通信时将会发生数据冲突
ROM 匹配	55H	发出此命令之后，接着发出 64 位 ROM 编码，单总线上与该编码相对应的 DS18B20 会做出响应，为下一步对该 DS18B20 的读/写做准备
跳过 ROM	CCH	忽略 64 位 ROM 地址，直接向 DS18B20 发温度变换命令。适用于总线上只有单个芯片工作的形式
报警搜索	ECH	执行后只有检测到的温度超过设定的上、下限值，芯片才做出响应

3）发送 RAM 操作指令

RAM 操作指令就是指挥 DS18B20 具体做什么操作，这是芯片控制的关键。

RAM 操作指令同样为 8 位长度，共 6 条。RAM 操作指令分别是温度变换、读暂存器、写暂存器、复制暂存器、重调 E^2PROM、读供电方式。具体的 RAM 操作指令及其功能见表 8-8。

表 8-8 RAM 操作指令及其功能

指令名称	命令代码	具体功能
温度变换	44H	启动 DS18B20 进行温度转换，12 位转换时最长为 750 ms（9 位为 93.75 ms）。结果存入内部 9 字节 RAM 中
读暂存器	BEH	从 RAM 中读取数据，读取从 RAM 的 0 号字节开始，一直可以读取到整个 RAM 中 9 字节的数据。在读取过程中可用复位信号中止读取，忽略不读后面的字节可以减少读取时间
写暂存器	4EH	向 RAM 中写入数据的指令，随后写入的 2 字节的数据会被存储到 RAM 中 2（TH）、3（TL）两字节中。写入过程中可以用复位信号中止写入
复制暂存器	48H	复制报警触发器 TH、TL 以及配置寄存器中第 2、3、4 字节内容到 E^2PROM 中
重调 E^2PROM	B8H	从 E^2PROM 中内恢复报警触发器 TH、TL 以及配置寄存器中的第 2、3、4 字节
读供电方式	B4H	读 DS18B20 的供电方式。寄生供电时，DS18B20 发送“0”；外接电源供电时，DS18B20 发送“1”

4）进行数据读/写

RAM 操作指令结束后则将进行指令执行或数据的读/写，这个操作要视存储器操作指令而定。如执行温度转换指令则控制器（单片机）必须等待 DS18B20 执行完指令，一般转换时间为 500 μs。如执行数据读/写指令，则需要严格遵循 DS18B20 的读/写时序来操作。

若要读出当前的温度数据需要经历 2 个工作周期：第一个周期内要完成为复位、跳过 ROM 指令、执行温度转换存储器操作指令，然后等待 500 μs 温度转换时间；第二个工作周期依然为复位、跳过 ROM 指令、执行读 RAM 的存储器操作指令，然后才可以读到数据（最多为 9 字节，中途可停止，只读简单温度值则读前 2 字节即可）。其他的操作流程也大同小异，不再赘述。

DS18B20 读/写时隙与单总线协议要求一致，这部分内容在模块 6 中已经做过叙述，读者可以参照前文，这里不再重复。在通信时是以 8 位“0”或“1”为 1 字节，字节的读或写是从低位开始的，即 D0 到 D7，字节的读/写顺序是自上而下的。具体的字节含义请参见表 8-6。

【课堂练习】使用 DS18B20 检测当前温度，并通过数码管将温度值显示出来。

【分析】DS18B20 采用单总线协议与主机通信，其连线十分简单，只需要与单片机的任何引脚相连就可以进行通信。使用之前，由主机发出复位信号，收到从机的应答后，使用 ROM 指令对 DS18B20 的工作初始情况进行设定。然后就可以使用 RAM 命令进行当前温度的读取了。在 Proteus 中，提供了 DS18B20 的仿真元件，在元件的搜索框中输入 DS18B20 就可以找到了。其电路原理图如图 8-14 所示。

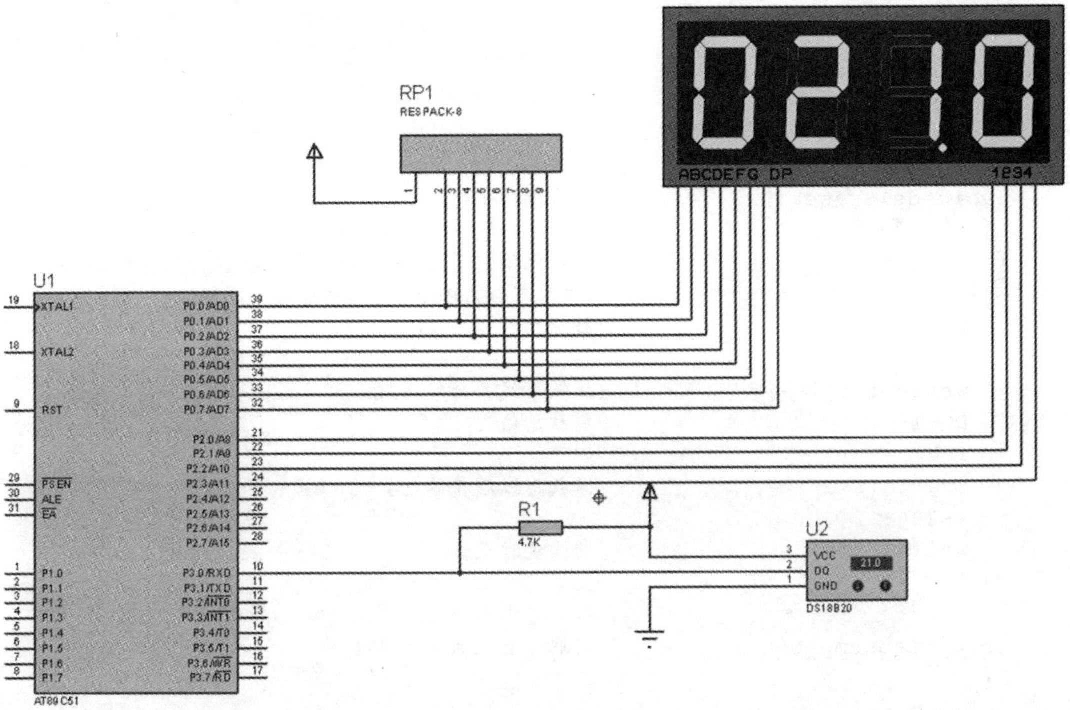

图 8-14　DS18B20 温度检测电路原理图

参考程序如下：

```
#include <reg51.h>
#define uchar unsigned char
#define uint unsigned int
#define jump_ROM 0xcc               //跳过 ROM
#define start 0x44                  //开始温度转换
#define read_RAM 0xbe               //读取温度

sbit DQ=P3^0;                       //单总线接口
//共阴极数码管的段选码
Uchar code table[]={0x3f,0x06,0x5b,0x4f,0x66,0x6d,0x7d,0x07,
0x7f,0x6f,0x40};
//带有小数点显示的段选码
uchar code table1[]={0xbf,0x86,0xdb,0xcf,0xe6,0xed,0xfd,0x87,
                     0xff,0xef};
//位选码
uchar code address[]={0xfe,0xfd,0xfb,0xf7};
//转换后的温度值
uchar temperature[]={0,0,0,0};

uint temp;                           //实际读取到的温度
float temp_f;                        //带浮点的温度

void delay(uint z)                   //单位延时 1 ms 函数
{
  uint x,y;
  for(x=z;x>0;x--)
  for(y=120;y>0;y--);
}

void ds18reset()               //单总线初始化
{
  uint i;                      //一定要使用 uint 型，以一个 i++执行的时间，
                               // 作为与 DS18B20 通信的小时间间隔
  DQ=0;                        //拉低总线
  i=103;
  while(i>0)i--;               //拉低总线并持续 480 μs
  DQ=1;                        //释放总线
  i=4;
   while(i>0)i--;              //释放总线后持续 15～60 μs
  i=200;
  while(--i);                  //继续延时至结束
}

bit readtemp_bit()             //读取 1 位温度 (读时隙)
{
  uint i;
  bit bitdat;
  DQ=0;i++;                   //拉低总线(延时 1 μs 以上)，以产生读时隙
```

```
  DQ=1;i++;i++;              //释放总线（延时 2μs 以上），等待从机响应
  bitdat=DQ;                 //读取此时总线上的信号，此为从机的反应信号
  i=8; while(i>0)i--;        //延时，直到读时隙结束
  return bitdat;
}

uchar readtemp_byte()              //读取 1 字节的信息
{
  uchar i,bittmp,dat;
  dat=0;
  for(i=1;i<=8;i++)
  {
   bittmp=readtemp_bit();          //获取 1 位数据
   dat=(bittmp<<7)|(dat>>1);      //每次获取的是信息是从低位到高位的，进行重新组合
  }
   return dat;
}

void writetemp_byte(uchar dat)    //写 1 字节信息（含写 1、写 0 时隙）
{
  uint i;
  uchar j;
  bit bittmp;
  for(j=1;j<=8;j++)
  {
   bittmp=dat&0x01;                //取得 dat 中最后一位的数值
   dat>>=1;                        //dat 中的值右移 1 位
   if(bittmp)                      //判断这一位是否为高电平，并开始写 1 时隙
   {DQ=0;i++;i++;                  //首先拉低总线，并延时 15μs 以内
    DQ=1;                          //释放总线
    i=8; while(i>0)i--;            //延时至写 1 时隙完成
   }
   else                            //如果当前信息是 0，则开始写 0 时隙
   {DQ=0;                          //拉低总线
    i=8; while(i>0)i--;            //延时至 60μs
    DQ=1;                          //释放总线
    i++;i++;                       //延时结束写 0 时隙结束
  }
  }
}
void starttest()                    //温度检测函数
{
  ds18reset();                      //初始化 DS18B20
  delay(1);
  writetemp_byte(jump_ROM);         //发出跳过 ROM 命令
  writetemp_byte(start);            //发出温度变换的 RAM 命令
}

uint obtaintemp()                   //获取检测温度
```

```
{
  uchar low,high;                      //low与high分别代表获取温度数据的低字节和高字节
  ds18reset();                         //初始化 DS18B20
  delay(1);
  writetemp_byte(jump_ROM);            //发出跳过 ROM 命令
  writetemp_byte(read_RAM);            //发出读 RAM 命令
  delay(1);
  low=readtemp_byte();                 //最多可以读到 9 字节，一般只需要读前两个字
                                       //节即可。按先低后高顺序
  high=readtemp_byte();
  temp=high;
  temp<<=8;
  temp|=low;                           //将读取的温度数据进行组合，形成最终温度
  return temp;
}
void display(uint ltemp)               //数码管显示函数
{
   uchar posi;                //变量，用以确定数字显示的位置
    if(ltemp<=0x0800)         //判断其符号位，如小于则为正温度，否则为负温度
     {
       temp_f=ltemp>>4;         //DS18B20 的默认分辨率为 0.0625 度,与乘以 0.0625
                                //作用相同
       ltemp=temp_f*10+0.5;          //将它放大 10 倍，并进行四舍五入
       temperature[0]=ltemp/1000;      //百位数温度，因其放大了 10 位，所以要
                                       //除 1000，下同
       temperature[1]=ltemp%1000/100;        //十位数温度
       temperature[2]=ltemp%1000%100/10;   //个位数温度
       temperature[3]=ltemp%10;              //1 位小数位温度
     }
     else                            //此处处理负数温度
     {                               //计算机中的数字以补码形式表示
      ltemp^=0xffff;                 //用负数的补码与 0xffff 按位异或可求出其绝对值

      temp_f=ltemp>>4;               //DS18B20 的默认分辨率为 0.0625 度
      ltemp=temp_f*10+0.5;           //将它放大 10 倍，使显示时可显示小数点后一位，
      temperature[0]=10;             //显示负号
      temperature[1]=ltemp%1000/100;              //显示十位数
      temperature[2]=ltemp%1000%100/10;           //显示个位数
      temperature[3]=0;                           //负数温度没有小数位
     }
    for(posi=0;posi<4;posi++)
    {
      P2=aaddress[posi];                   //打开位选
       if(posi==2)                         //判断当前显示的是否是个位数字
      {
         P0=table1[temperature[posi]];   //个位数字显示为带小数点的数字
      }
      else
      {
         P0=table[temperature[posi]];   //显示数字
```

```
            }
          delay(5);
          P2=0xff;
       }
   }
   void main()                          //主函数
   {
     while(1)
     {
        starttest();                    //开始检测
        delay(1);
        display(obtaintemp());          //读出数据
     }
   }
```

课件 使用 LED 显示 16 点阵汉字

视频 使用 LED 显示 16 点阵汉字

8.5 实验：使用 LED 显示 16 点阵汉字

【实验目的】

（1）了解 LED 点阵显示的基本原理和实现方法。

（2）掌握点阵汉字的编码和使用软件提取汉字字模编码的方法。

【实验内容】

使用字模软件提取汉字字模，并使用 16×16 液晶点阵将其显示出来。

【实验准备】

字模提取软件：PCtoLCD；仿真软件：Proteus；C51 编辑软件：Keil。

【实验过程】

（1）启动 Proteus ISIS，挑选所需元件（见表 8-9）。

表 8-9 所需元件列表

序号	元件名称（英文）	中文名称或含义
1	AT89C51	Atmel 公司生产的 51 系列单片机
2	74HC154	4-16 译码器
3	74LS373	锁存器
4	MATRIX-16×16-BLUE	16×16 点阵①

（2）汉字笔画较多，不能简单使用 8×8 点阵来显示。实际生活中，可以使用 4 块 8×8 液晶点阵组合成 16×16 点阵来显示汉字。本实验中使用 Proteus 中的元件来模拟 16×16 点阵。

单片机驱动 16×16 点阵显示汉字的原理：首先由 P0 口输出显示数据信号的第一行的左半部分，从 P00 向 P07 方向扫描，从图 8-15 中可以看到，这一行全灭，即为 00000000，十六进制则为 0x00H；接着 P2 口输出显示数据信号给第一行的右半部分，即第一行的 P20~P27 口，方向为 P20 到 P27。显示汉字“爱”时，P24 点亮，由左到右排，为 P20 灭、

①Proteus 中并未提供 16 点阵的模拟元件，可在本书的网络课程资源中获得。

P21 灭、P22 灭、P23 亮、P24 灭、P25 灭、P26 灭、P27 灭，即二进制 00001000，转换为十六进制为 0x10H。

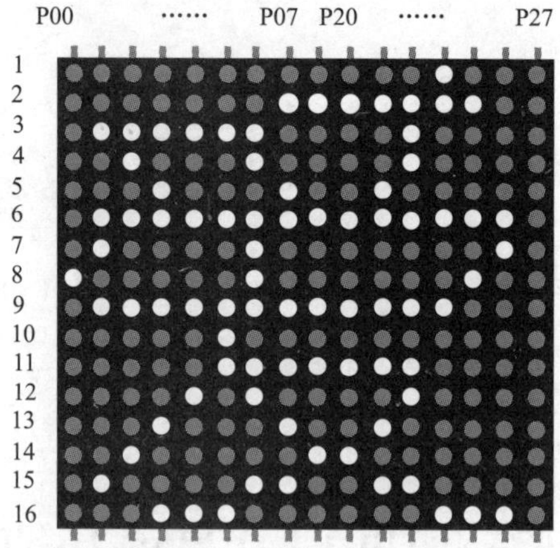

图 8-15　16×16 点阵汉字显示原理

接着单片机再次转向第二行的左半部分，P07 点亮，其余为灭，为 10000000，即十六进制 0x80H；第二行右半部分为 P27 灭、P26 灭、P25 亮、P24 亮、P23 亮、P22 亮、P21 亮、P20 亮，为 00111111，即十六进制 0x3FH。

以此类推，继续进行下面的扫描，一共扫描 32 个 8 位，可以显示出汉字“爱”。

（3）使用 PCtoLCD 提取出所需汉字的字模。在使用该软件时，需要注意设置字模的提取方式。这里设定：点阵格式为“阴码”、取模方式为“逐行式”、取模走向为“逆向”、自定义格式为“C51 格式”，如图 8-16 所示。

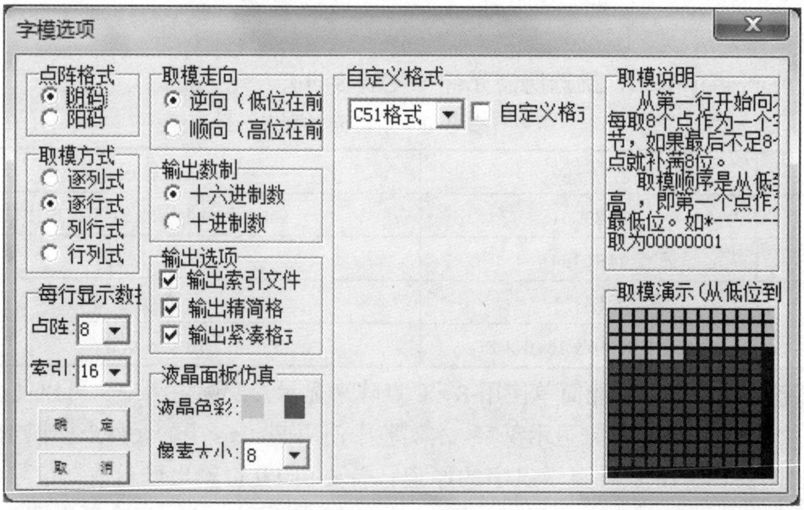

图 8-16　“字模选项”的设定

（4）使用 Proteus 绘制出电路原理图，如图 8-17 所示。

（5）使用 Keil 进行驱动程序编写，并编译调试，生成 HEX 文件。将生成的 HEX 文件装入上面的仿真电路图中。

（6）进行仿真运行、修改、调试。

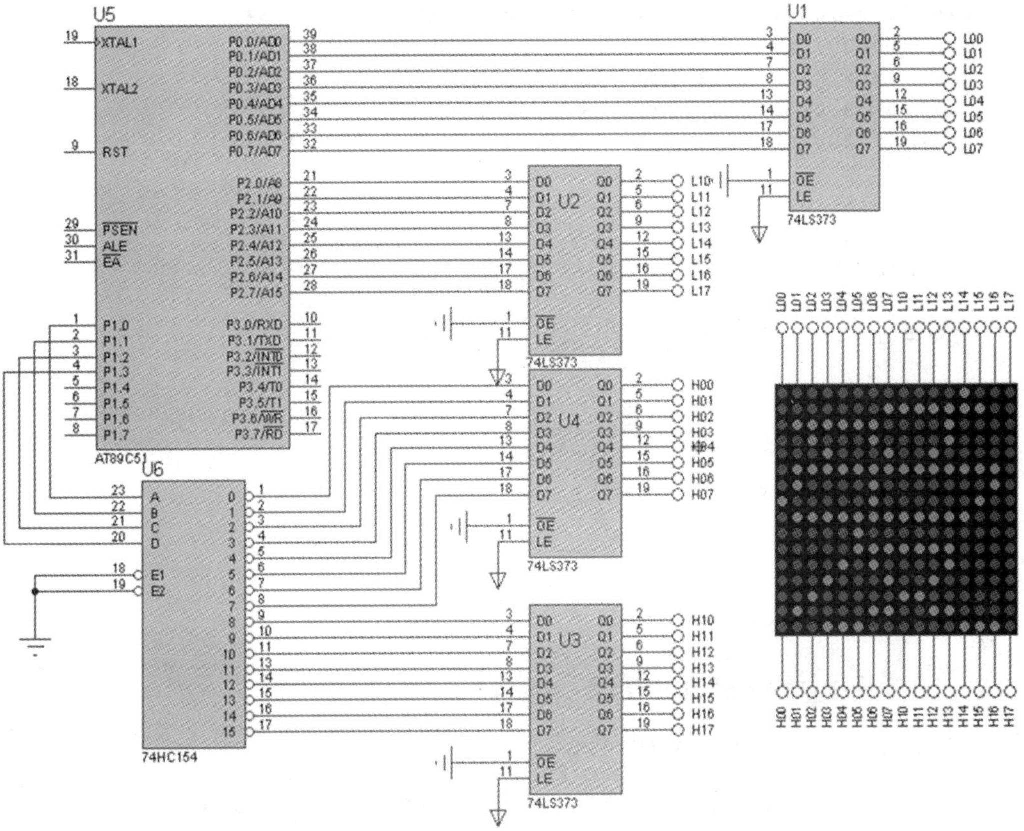

图 8-17 电路原理图

【参考程序】

```
#include <reg51.h>
#define uchar unsigned char
#define uint unsigned int
uchar code hanzi[][32]={
{0x00,0x10,0x80,0x3F,0x7E,0x08,0x44,0x08,
0x88,0x04,0xFE,0x7F,0x42,0x40,0x41,0x20,
0xFE,0x1F,0x20,0x00,0xE0,0x0F,0x50,0x08,
0x88,0x04,0x04,0x03,0xC2,0x0C,0x38,0x70},/*"爱",0*/
{0x40,0x00,0x40,0x00,0x40,0x00,0x40,0x00,
0x40,0x00,0x40,0x00,0xC0,0x1F,0x40,0x00,
0x40,0x00,0x40,0x00,0x40,0x00,0x40,0x00,
0x40,0x00,0x40,0x00,0xFF,0x7F,0x00,0x00},/*"上",1*/
{0x08,0x08,0x10,0x04,0x20,0x02,0xFC,0x1F,
0x84,0x10,0x84,0x10,0xFC,0x1F,0x84,0x10,
0x84,0x10,0xFC,0x1F,0x80,0x00,0x80,0x00,
0xFF,0x7F,0x80,0x00,0x80,0x00,0x80,0x00},/*"单",2*/
```

```
{0x00,0x02,0x08,0x02,0x08,0x02,0x08,0x02,
0x08,0x02,0xF8,0x3F,0x08,0x00,0x08,0x00,
0x08,0x00,0xF8,0x07,0x08,0x04,0x08,0x04,
0x08,0x04,0x04,0x04,0x04,0x04,0x02,0x04},/*"片",3*/
{0x08,0x00,0x88,0x0F,0x88,0x08,0x88,0x08,
0xBF,0x08,0x88,0x08,0x8C,0x08,0x9C,0x08,
0xAA,0x08,0xAA,0x08,0x89,0x08,0x88,0x48,
0x88,0x48,0x48,0x48,0x48,0x70,0x28,0x00},/*"机",4*/
};
void delay(uint ms)
{
  uchar  j;
  while(ms--)
  for(j=0;j<120;j++);
}

main()
{
  uchar i,j,k,m;
  P1=0;
  while(1)
    {
     for(k=0;k<5;k++)               //显示汉字的个数
     {
        for(m=0;m<50;m++)
        {
           for(i=0,j=0;i<16;i++)
           {
               P1=i;                  //行扫描，只用了P1口的低4位，对应0~15行
               P0=hanzi[k][j++];      //显示汉字的左半部分
               P2=hanzi[k][j++];      //显示汉字的右半部分
               delay(2);              //延时
            }
               j=0;                   //j复位
               P1=0xff;               //消影处理
           }
        }
     }
}
```

【实验总结】

（1）汉字显示的方法很多，不仅有行扫描的方法，还有列扫描和点扫描等。

（2）这里只用了一个点阵模块，动态显示了5个汉字，按照这个方法可以增加液晶点阵数量，进行多个汉字显示，进一步还可以达到滚动的广告屏的效果。

（3）实际制作过程中，还要考虑到单片机的负载能力，需要增加锁存器的驱动元件。

（4）要理解并会运用多维数组，实现复杂信息的处理。

小　结

本书前面的模块侧重于单片机内部各组成部分的原理介绍及应用，本模块则对于单片机应用系统的开发流程、开发中应遵循的原则进行了介绍。除此之外，还重点介绍了日常使用频率较高的几种元件。应用这些元件，可以完成一些初步的单片机应用系统的设计，读者可进一步体会创造、创新的乐趣。液晶点阵和液晶模块、DS1302、DS18B20 等元件的应用既有本身的特点也应用到了前面讲述的中断、定时、串口等内容，是对知识应用的一个综合。单片机应用系统的开发，涉及的内容较多，需要开动思维，多做实践练习，只有在不断的探索中，才能得到锻炼。

习　题

一、填空题

1. 8×8 单色点阵由__________个发光二极管组成，且每个发光二极管放置在行线与列线的_______。

2. 16×16 单色 LED 点阵显示屏可由_____块______单色 LED 点阵显示器组合而成，即 16 行、16 列，16×16=256 像素。

3. 1602 液晶也叫 1602 字符型液晶，它是一种专门用来显示字母、数字、符号等的液晶模块。1602 可以显示____行，每行____个字符（字符和数字）。

4. 1602 液晶模块内部的字符发生存储器（CGROM）已经存储了 160 个不同的点阵字符图形。因为 1602 识别的是______码，所以可以用______码直接赋值。在单片机编程中还可以用字符型常量或变量赋值，如"A"。

5. 1602 液晶模块第二行第一个字符的地址是 40H，写入显示地址时要求最高位 D7 恒定为_____，所以在实际写入的数据应该是__________才行。

6. DS1302 芯片在进行读或写时，均要求 RST 必须为______信号。

7. 在 DS1302 的写时序中，第一字节是_____字节，第二字节是____字节。这两个字节的写入都是在 SCLK 的______沿进行的。

8. 在 DS1302 的读时序中，先要写______字节，然后才能再读_____字节。读_____字节时要在 SCLK 的_____沿进行。

9. DS1302 的启动和停止，是利用____寄存器的第___位 CH 信号控制的，当写入 1 时 DS1302 就保持最后一次状态不动；当写入____时，DS1302 又从最后一次状态中开始继续计时。

10. 在 DS1302 使用过程中，每一次对寄存器内容进行写操作，都必须将写保护寄存器中的 WP 位先置____，以解除保护，操作完成后，也要及时关闭写保护，即再次将 WP 位置___。

11. DS1302 的控制字中，D7 位必须为____，D0 位为____时，表示读取数据；为____时，表示写入数据。

12. 每一个 DS18B20 都有一个唯一的通过工厂___刻的____位的_____ ID。

13. DS18B20 内部有___类存储器。其中 RAM 暂存器有____字节，E^2PROM 有____字节，ROM 寄存器有_____位。

14. DS18B20 有___种分辨率，其中默认分辨率为___位。这个分辨率是由配置寄存器中的 R0 和 R1 来确定的，分辨率为 12 位，其所能分辨的最小温度是______度。

15. DS18B20 的跳过 ROM 命令是____H，会直接忽略掉从器件的_____位的 ROM 地址，直接向其发出温度变换命令，这通常适用于只有___个从机工作的情况。

16. DS18B20 的 RAM 命令____H，表示启动温度转换。

17. DS18B20 挂接在单总线上，因其是开漏结构，需要在单总线上连接一个_____kΩ的____电阻。

二、创新设计题

1. 使用 DS1302 与 LCD1602 并结合矩阵键盘制作一个可调控的电子时钟。
2. 使用 DS18B20 与 LCD1602 并结合矩阵键盘制作一个可以设定报警的温度监控装置。
3. 结合自身专业领域，寻找需要用单片机解决的问题，并设法开发解决。

附录 A　习题答案

模块 1

一、填空题

1. 低 8 位
2. 外部程序
3. 12，6
4. 分开
5. 2
6. 低，程序
7. 低
8. RST，2
9. 哈佛结构，普林斯顿结构
10. 节拍、状态、机器周期、指令周期
11. +5 V、0 V、负逻辑、－12 V、+12 V
12. 11110000，异或

二、选择题

1. B　2. A　3. B　4. A　5. C　6. D　7. D　8. B　9. A、A　10. D、A

三、判断题

1. ×　（若晶振频率为 8 MHz，才可能为 1.5 μs。）
2. ×　（CPU 由运算器和控制器组成。）
3. ×　（MCS－51 为 8 位单片机。）
4. √
5. √
6. ×　（一个指令周期由若干个机器周期组成。可能是 1、2 或 4 等。）
7. √
8. √

四、计算题

（略）

模块 2

一、选择题

1. A　2. A　3. A　4. D　5. B　6. B　7. B　8. A　9. A　10. A、B、A

二、创新设计题

1. （略）

2. 参考程序如下：

```
#include <reg51.h>
#include <intrins.h>                    //使用循环移位函数必须包含此文件
unsigned char temp=0xfe;                //temp 的初值为最初只点亮一个灯
void main( )
{
      unsigned char i;
      while(1)
      {
          P1=temp;
          temp=_crol_(temp,1);          //循环左移，此处用循环右移也可以
          for(i=0;i<255;i++);           //延时作用
      }
}
```

电路原理图：（略）。

模块 3

一、填空题

1. 高 8 位地址信息
2. 并行，地址， P0 口，P1 口、P2 口、P3 口；P3 口
3. P3 口
4. 4，上拉电阻；置 1
5. 独立式键盘，矩阵式键盘
6. 逐行扫描法，行列反转法
7. RS 触发器，硬件，延时程序，软件去抖
8. 共阴极，共阳极，共阴极，阴极，高
9. 8，漏极开路，三态
10. 8，4

二、简答题

（略）

三、创新设计题

（略）

模块 4

一、选择题

1. B　2. D　3. B　4. B　5. B　6. A　7. B　8. B　9. C

二、填空题

1. 中断请求、中断响应、中断处理、中断返回
2. 5，2，外部中断 0

3. 外部中断0、外部中断1，低电平、下降沿（负跳变），IT0、IT1，低电平，下降沿（负跳变）
4. IE，IP
5. IP，自然优先级
6. EX1 = 1 或 IE = 0x04
7. 低电平、负跳变

三、简答题

（略）

四、编程题

1. EA = 1； EX1 = 1； PX1 = 1； IT1 = 1；

或 IE = 0x84； IP=0x04； TCON=0x04；

2. EA=1； EX0=1； ET0=1； EX1=1； ET1=1； IT0=1； IT1=1； PT0=1； PT1=1；

或 IE = 0x8f； TCON=0x05； IP=0x0a；

3. EA=1； EX0=1； EX1=1； IT0=1； IT1=1； PX1=1；

或 IE = 0x85； TCON=0x05； IP=0x04；

4. EA=1； EX0=1； IT0=1；

或 IE = 0x81； TCON=0x01；

五、创新设计题

1. 电路原理图

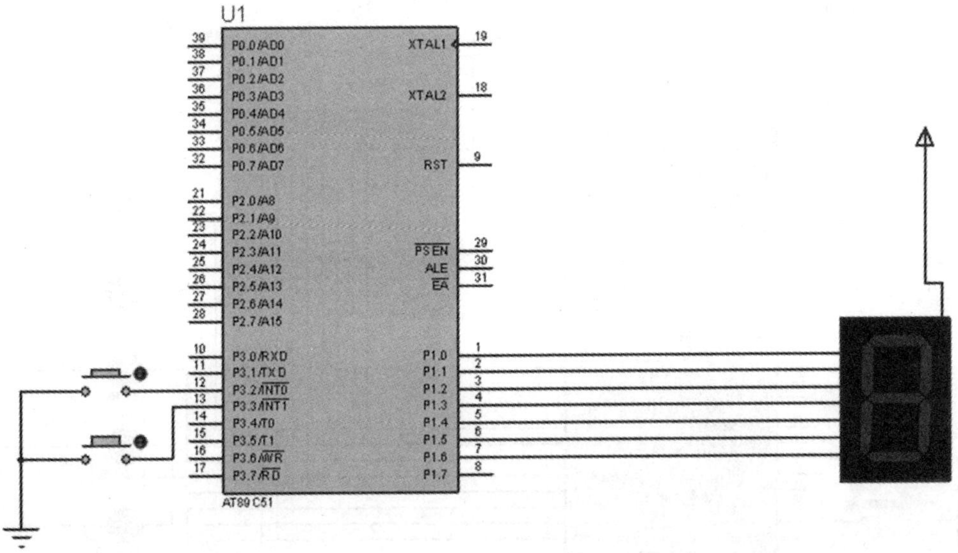

参考程序

```
#include <reg51.h>
#define uchar unsigned char
#define uint unsigned int
uchar  code
codetable[]={0x40,0x79,0x24,0x30,0x19,0x12,0x02,0x78,0x00,0x10};
uchar position=0;
```

```
void main(){
     EA=1;
     EX0=1;
     EX1=1;
     IT0=1;
     IT1=1;
     while(1);
}
void int0() interrupt 0    //外部中断 0
{
    if(position<9)
    {position=position+1;}
    else
    {position=0;}
    P1=codetable[position];
}
void int1() interrupt 2  //外部中断 1
{
    if(position>0)
    {position=position-1;}
    else
    {position=9;}
    P1=codetable[position];
}
```

2. 电路原理图

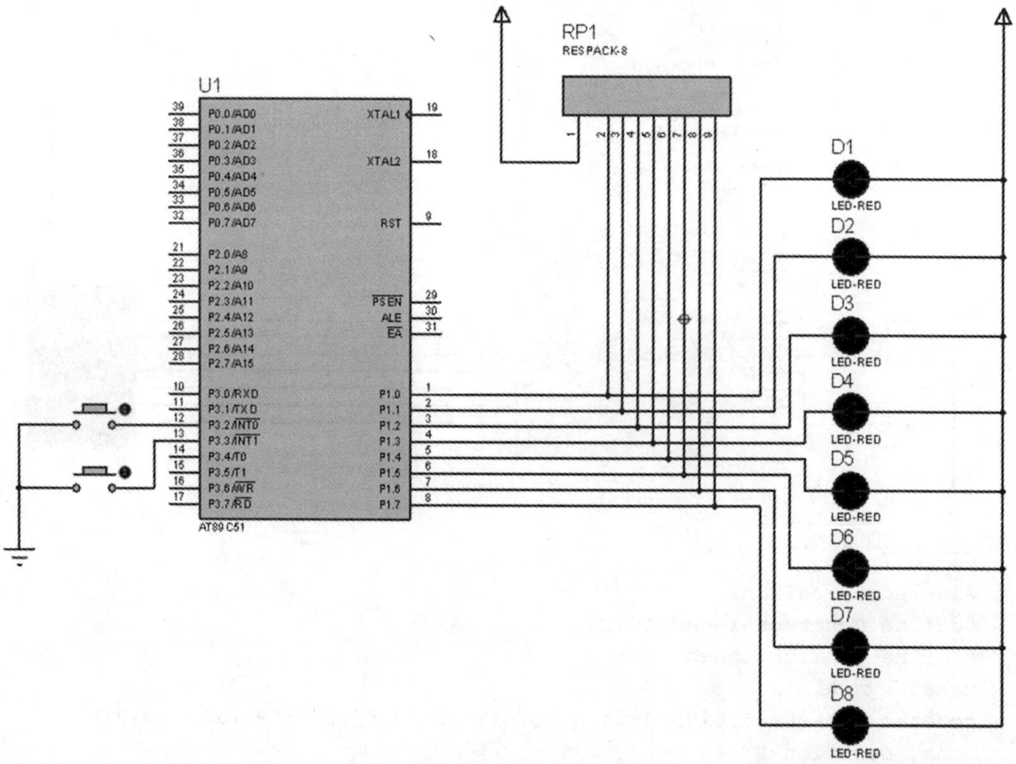

参考程序

```
#include <reg51.h>
#define uchar unsigned char
#define uint unsigned int
uchar tmp=0x55;
void delay(uint ms)
{
  uchar j;
  while(ms--)
  for(j=113;j>0;j--);
}
void main(){
    EA=1;
    EX0=1;
    EX1=1;
    IT0=1;
    IT1=1;
    while(1);
}
void  int0()  interrupt  0
{
      uchar i;
      for(i=0;i<=9;i++)
      {
        P1=~P1;
     delay(500);
   }
      P1=0xff;
}
void  int1()  interrupt  2
{
   uchar i;
   for(i=0;i<=9;i++)
   {
     P1=tmp;
     tmp=~tmp;
     delay(500);
   }
   P1=0xff;
}
```

模块 5

一、填空题

1. 2，16

2. 0、1、2、3

3. 13

4. 65536

5. 0、1

6. 3、T0

7. 2

8. 单片机内部的机器周期

9. 单片机外部事件

10. TR0 = 1

11. TF1、TR1

12. 工作方式、计数初值、振荡周期

二、选择题

1. C	2. A	3. D	4. B	5. C	6. B	7. C	8. A	9. C	10. C
11. B	12. D	13. A	14. C	15. B	16. D	17. A	18. B	19. C	20. A

三、判断题

1. √	2. ×	3. ×	4. ×	5. ×	6. √	7. √	8. √	9. √	10. ×

四、计算题

1. $T_P=f_{osc}/12=12/12\ \mu s=1\ \mu s$

$N=T/T_P=150/1=150$

方式 0 的定时初值：

TH=(8 192−150)/32=0xFB

TL=(8 192−150)%32=0x0A

方式 1 的定时初值：

TH=(65 536−150)/256=0xFF

TL=(65 536−150)%256=0x6A

方式 2 的定时初值：

TH=TL=256−150=156=0x6A

2. 方式 0 的最大定时范围：$8\ 192 \times 2\ \mu s = 16\ 384\ \mu s$

方式 1 的最大定时范围：$65\ 536 \times 2\ \mu s = 131\ 072\ \mu s$

方式 2 的最大定时范围：$256 \times 2\ \mu s = 512\ \mu s$

五、简答题

1. 当 GATE=0 时，软件启动定时器，即用指令使 TCON 中的 TR0 置 1 即可启动定时器 0；当 GATE=1 时，软件和硬件共同启动定时器，即用指令使 TCON 中的 TR0 置 1 时，只有外部中断 INT0 引脚输入高电平时才能启动定时器 0。

2. 先使用硬件实现单位时间的定时，通过软件设置计数来实现较长时间的定时。

3. T0 的实际用途是定时 1 s，每隔 1 s 计数器 0 溢出一次。

六、创新设计题

1. 参考程序

```
#include <reg51.h>
bit F0=0;
```

```
void main()
{
  TMOD=0x60;
  TL1=56;
  TH1=56;
  TR1=1;
  ET1=1;
  EA=1;
While(1);
}
void serve() interrupt 3
{
    if (!F0)
{
    TMOD=0x10;
    TL1=63036%16;
    TH1=63036/16;
    F0=~F0;
  }
    else
   {
       TMOD=0x60;
       TL1=56;
       TH1=56;
       F0=~F0;
     }
     }
```

2. 参考程序

```
#include <reg51.h>
bit F0;
sbit temp0=P1^0;
sbit temp1=P1^1;
void main()
{
  TMOD=0x00;
  TL0=0x1c;
  TH0=0xb1;
  TR0=1;
  F0=0;
  ET0=1;
  EA=1;
  while(1);
}
void serve() interrupt 1
{
  TL0=0x1c;
  TH0=0xb1;
  temp0=!temp0;
  if(F0==0)
```

```
  F0=1;
  else
{
    F0=0;
    temp1=!temp1;
}
}
```

3. 参考程序

```
#include <reg51.h>
#define uchar unsigned char
uchar count;
sbit temp0=P1^0;
void main()
{
    TMOD=0x02;
    TL0=206;
    TH0=206;
    TR0=1;
    ET0=1;
    EA=1;
    count=0;
    While(1);
}
void serve() interrupt 1
{
  count++;
  if(count<=7)
     temp0=1;
  else
     temp0=0;
  if(count==10)
     count=0;
}
```

4. 参考程序

```
#include <reg51.h>
#define uchar unsigned char
uchar cou,tim;
void main()
{
    TMOD=0x02;
    TL0=16;
    TH0=16;
    TR0=1;
    ET0=1;
    EA=1;
    P1=0;
    cou=0;
    tim=1;
```

```
    while(1);
}
void serve() interrupt 1
{
   tim++;
   if(tim==500)
   {
P1=0x01<<cou;
tim=1;
cou++;
if(cou==8)
    cou=0;
   }
}
```

5. 参考程序

```
#include <reg51.h>
sbit temp1=P1^1;
void main()
{
  unsigned char i;
  TMOD=0x20;
  TL1=56;
  TH1=56;
  TR1=1;
  while(1)
  {
  while(TF1==1)
  {
    TF1=0;
    i++;
    if(i==5)
   {
     temp1=!temp1;
     i=0;
   }
  }
 }
}
```

模块 6

一、填空题

1. 单工、半双工、全双工
2. 方式 1
3. 方式 0
4. 并行数据传送，串行数据传送，串行数据传送

5. 异步，同步
6. 起始，数据，校验，停止
7. 发送缓冲，接收缓冲
8. 同步移位，并行输出，并行输入
9. 事先约定
10. 方式 2，自动装入
11. 300Bd。提示：串口每秒传送的字符为（1 800/60）字符/s=30 字符/s，比特率为 30 字符/s × 10 bit/字符=300 bit/s，所以波特率为 300 Bd。
12. 接收缓冲寄存器 SBUF、波特率发生器
13. RI=0，REN=1
14. 660 Bd
15. 2，3
16. 9，奇偶校验位，地址帧或数据帧
17. 同步移位寄存器
18. 负
19. 点对点，15
20. 平衡，差分，1 219，100
21. 4，2，2，热插拔
22. 全双工，主从，4，数据输出，数据输入，数据输入，数据输出
23. 数据，串行时钟
24. 位，位，高，低
25. 开始，结束，应答
26. 1
27. 时隙
28. 复位，释放，响应
29. 64，ROM

二、单项选择题

1. B　2. B　3. C　4. C　5. D　6. C　7. A　8. A　9. B　10. A　11. C　12. B

三、多项选择题

1. ABCDE　2. ABCDE

四、判断题

1. √　2. √　3. ×　4. √　5. √　6. ×　7. √　8. √　9. √

五、计算与简答题

1.

①f_{osc}=12 MHz，SMOD=0，波特率为 2 400 Bd；

$$T1初值=256-\frac{2^{SMOD}}{32}\times\frac{f_{osc}}{12\times 波特率}\approx 256-13.02=243=F3H。$$

②f_{osc}=6 MHz，SMOD=1，波特率为 1 200 Bd；

$$T1初值=256-\frac{2^{SMOD}}{32}\times\frac{f_{osc}}{12\times波特率}\approx 256-26.04=230=E6H。$$

③f_{osc}=11.059 2 MHz，SMOD=1，波特率为 9 600 Bd；

$$T1初值=256-\frac{2^{SMOD}}{32}\times\frac{f_{osc}}{12\times波特率}\approx 256-6=250=FAH。$$

④f_{osc}=11.059 2 MHz，SMOD=0，波特率为 2 400 Bd；

$$T1初值=256-\frac{2^{SMOD}}{32}\times\frac{f_{osc}}{12\times波特率}\approx 256-12=244=F4H。$$

2. 串行缓冲寄存器 SBUF 有两个：一个是串行发送缓冲寄存器，另一个是串行接收缓冲寄存器，用同一个特殊功能寄存器名 SBUF 和同一单元地址 99H。接收缓冲寄存器还具有双缓冲结构，以避免在数据接收过程中出现帧重叠错误。

在完成串行初始化后，发送时只需将发送数据输入 SBUF，CPU 将自动启动和完成串行数据的发送；接收时 CPU 将自动把接收到的数据存入 SBUF，用户只需从 SBUF 中读取接收数据。

六、创新设计题

（略）

模块 7

一、填空题

1. 正比，之差
2. A/D、D/A
3. 量化，编码
4. 最小输出模拟量，最小输入模拟量
5. 1 个 LSB 的输出所对应的模拟量的范围，不可
6. 数字量，模拟量
7. 数/模，模/数
8. 计数式 A/D 转换器，逐次逼近型 A/D 转换器，双积分型 A/D 转换器、并行 A/D 转换器

二、选择题

1. A、B　2. B　3. A　4. B　5. C　6. A　7. B

三、计算题

1. 依据公式可得 $\frac{10}{2^n-1}$ V=0.005 V

$$2^n-1=\frac{10}{0.005}=2\ 000$$

$$2^n\approx 2\ 000$$

$$n\approx 11$$

所以，该电路输入二进制数字量的位数 n 应是 11。

2. 其分辨率可以表示为最小输出电压与最大输出电压之比的百分数，即

$$\frac{1}{2^{10}-1}=\frac{1}{1\,023}\approx 0.001=0.1\%$$

因为最大满度输出电压为 5 V，所以，10 位 DAC 能分辨的最小电压为

$$V_{LSB}=5\times\frac{1}{2^{10}-1}\text{ V}=5\times\frac{1}{1\,023}\text{ V}\approx 0.005\text{ V}=5\text{ mV}$$

3. 最小输出电压增量为 0.02 V，即 $u_{Omin}=0.02\text{ V}$，则输出电压 $u_O=u_{Omin}\times\sum_{i=1}^{n-1}D_i\times 2^i$。

当输入二进制码 01001101 时，输出电压 $u_o=0.02\times 77\text{ V}=1.54\text{ V}$

四、创新设计题

（略）

模块 8

一、填空题

1. 64，交叉点上
2. 4，8 × 8
3. 点阵型，2，16
4. ASCII，ASCII
5. 高电平 1，11000000B 或 C0H
6. 高电平
7. 地址，数据，上升
8. 地址，数据，数据，下降
9. 秒，7，0
10. 0，1
11. 1，1，0
12. 光，64，ROM
13. 3，9，3，64
14. 4，12，0.062 5
15. CC，64，1
16. 44
17. 4.7，上拉

二、 创新设计题

（略）

附录 B　常用资料

常用元器件在 Proteus 中的中英文名称对照表

序号	英文名称	中文名称
1	AND	与门
2	BATTERY	直流电源
3	BELL	铃、钟
4	BUFFER	缓冲器
5	BUZZER	蜂鸣器
6	CAP	电容
7	CAP　POL	有极性电容
8	CON	插口
9	CRYSTAL	晶体振荡器
10	DIODE	二极管
11	FUSE	熔断器
12	INDUCTOR	电感
13	LAMP	灯泡
14	LED	发光二极管
15	METER	仪表
16	MICROPHONE	麦克风
17	MOSFET	MOS 管
18	MOTOR　AC	交流电动机
19	MOTOR　SERVO	伺服电动机
20	NAND	与非门
21	NOR	或非门
22	NOT	非门
23	NPN	NPN 晶体管
24	OPAMP	集成运放
25	OR	或门
26	PNP	PNP 晶体管
27	POT	滑动变阻器
28	PELAY-DPDT	双刀双掷继电器
29	RES	电阻
30	BRIDGE	桥式电阻
31	RESPACK	排阻
32	SCR	晶闸管
33	SOCKET	插座
34	SPEAKER	扬声器
35	SW	开关
36	SW-PB	按钮
37	7SEG	数码管

常用数码管码表

数字	gfedcba(不含 dp 位)		(dp)gfedcba	
	共阴	共阳	共阴	共阳
0	3FH	40H	BFH	C0H
1	06H	79H	86H	F9H
2	5BH	24H	DBH	A4H
3	4FH	30H	CFH	B0H
4	66H	19H	E6H	99H
5	6DH	12H	EDH	92H
6	7DH	02H	FDH	82H
7	07H	78H	87H	F8H
8	7FH	00H	FFH	80H
9	6FH	10H	EFH	90H
A	77H	08H	F7H	88H
b	7CH	03H	FCH	83H
C	39H	46H	B9H	C6H
d	5EH	21H	DEH	A1H
E	79H	06H	F9H	86H
F	71H	0EH	F1H	8EH

常用波特率初值表

波特率/(bit/s)	晶振/MHz	初值		误差/%	晶振频率/MHz	初值		误差(12MHz 晶振)/%	
		(SMOD=0)	(SMOD=1)			(SMOD=0)	(SMOD=1)	(SMOD=0)	(SMOD=1)
300	11.059 2	0xA0	0X40	0	12	0X98	0X30	0.16	0.16
600	11.059 2	0XD0	0XA0	0	12	0XCC	0X98	0.16	0.16
1 200	11.059 2	0XE8	0XD0	0	12	0XE6	0XCC	0.16	0.16
1 800	11.059 2	0XF0	0XE0	0	12	0XEF	0XDD	2.12	−0.79
2 400	11.059 2	0XF4	0XE8	0	12	0XF3	0XE6	0.16	0.16
3 600	11.059 2	0XF8	0XF0	0	12	0XF7	0XEF	−3.55	2.12
4 800	11.059 2	0XFA	0XF4	0	12	0XF9	0XF3	−6.99	0.16
7 200	11.059 2	0XFC	0XF8	0	12	0XFC	0XF7	8.51	−3.55
9 600	11.059 2	0XFD	0XFA	0	12	0XFD	0XF9	8.51	−6.99
14 400	11.059 2	0XFE	0XFC	0	12	0XFE	0XFC	8.51	8.51
19 200	11.059 2	—	0XFD	0	12	—	0XFD	—	8.51
28 800	11.059 2	0XFF	0XFE	0	12	0XFF	0XFE	8.51	8.51

附录 C　应用 STC-ISP 烧录程序

写好的单片机应用程序要下载到单片机内部才可以运行，这一过程也有人称为烧录。传统的单片机烧录过程相当复杂，需要借助专业的设备才能进行。如果实验板采用的 STC 系列单片机支持 ISP，可以通过串口，使用烧录程序直接下载到单片机中，如同复制一个文件一样简单。

程序下载使用的软件是 STC-ISP。这个软件可以在 STC 的网站下载。该软件应用起来也十分方便。下载软件后直接解压，并不需要进行安装。双击解压后得到的文件直接就可以运行，该软件的运行界面及程序的下载过程按下图所示操作即可。

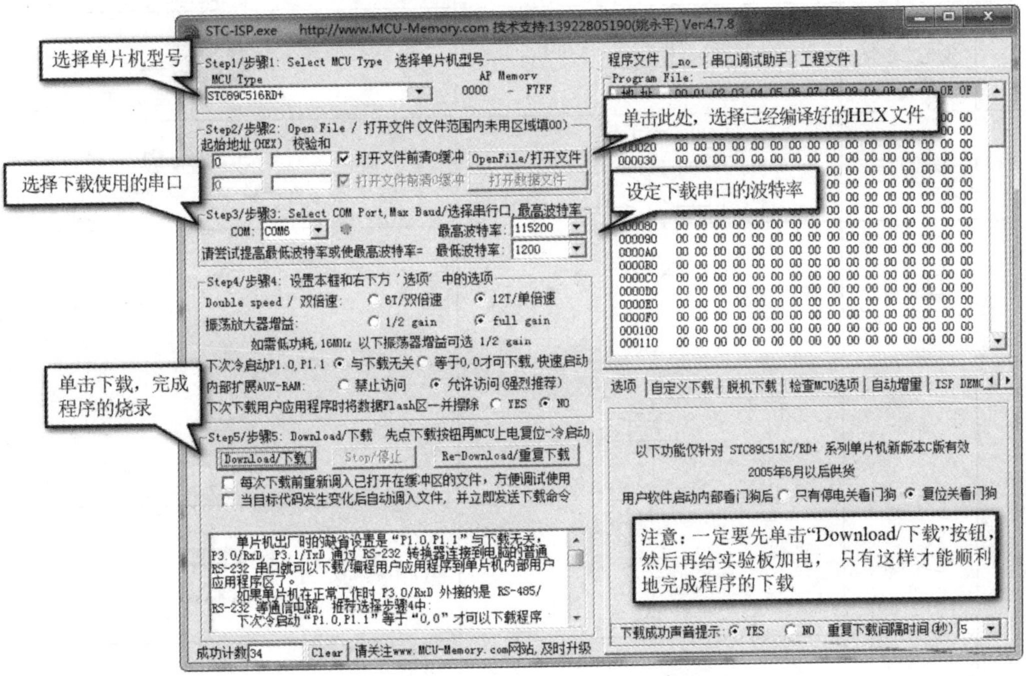

附录 D　图形符号对照表

图形符号对照表

序号	名称	国家标准的画法	软件中的画法
1	二极管		
2	发光二极管	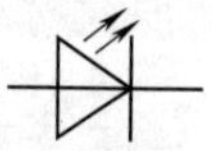	
3	按钮开关	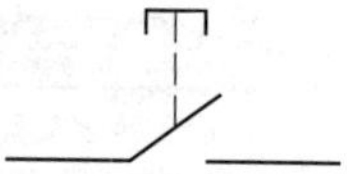	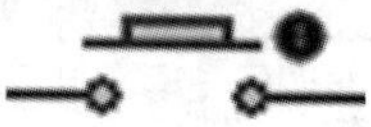
4	三极管	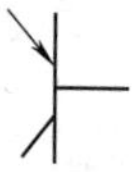	
5	晶振	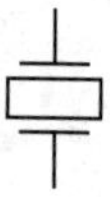	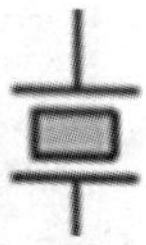
6	电解电容	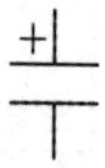	
7	光敏电阻		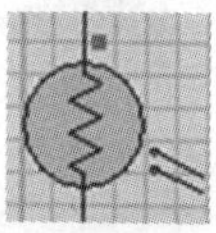
8	电动机		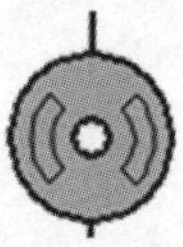
9	扬声器	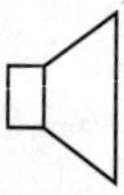	
10	或非门	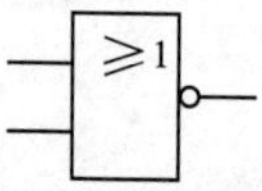	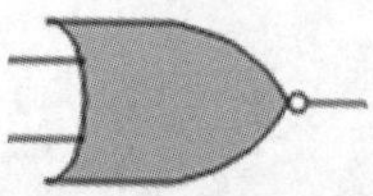

续表

序号	名称	国家标准的画法	软件中的画法
11	与非门	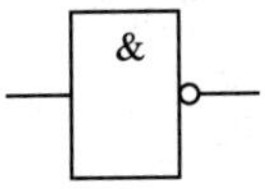	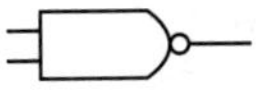
12	非门	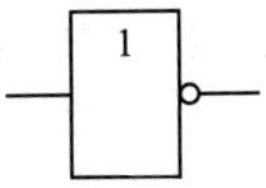	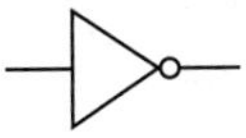

参考文献

[1]赵旭辉，张胜平. 单片机应用技术[M]. 北京：中国铁道出版社，2015.
[2]郭天祥. 新概念 51 单片机 C 语言教程[M]. 北京：电子工业出版社，2012.
[3]周坚. 单片机应用与接口技术[M]. 北京：机械工业出版社，2011.
[4]王贤勇，赵传申. 单片机原理与接口技术应用教程[M]. 北京：清华大学出版社，2010.
[5]冯佳. 单片机控制装置安装与调试项目教程[M]. 北京：中国人民大学出版社，2010.
[6]任向民. 微机接口技术实用教程[M]. 北京：清华大学出版社，2010.